学/者/文/库/系/列

基于结构设计的聚氨酯复合材料的制备及性能研究

刘晓东　崔向红　王　阳
张晓臣　李天智　陈明月　著

哈尔滨工程大学出版社
Harbin Engineering University Press

内容简介

本书系统地介绍了聚氨酯复合材料的分子设计原理、合成方法、制备技术及性能评价。通过对聚氨酯分子链结构的调控，探索不同分子结构对材料表面结构、界面作用、力学性能、热稳定性等的影响机制。同时，结合现代分析测试技术，如扫描电子显微镜(SEM)、傅里叶变换红外光谱(FT-IR)和动态机械分析(DMA)，深入分析聚氨酯复合材料的微观结构与宏观性能之间的关系。通过丰富的实验数据和理论分析，为高性能聚氨酯复合材料的制备提供了理论指导和技术支持。

本书可供从事聚氨酯复合材料研究、开发和应用的科研人员、技术人员，以及相关专业师生阅读参考。

图书在版编目(CIP)数据

基于结构设计的聚氨酯复合材料的制备及性能研究 / 刘晓东等著. -- 哈尔滨 : 哈尔滨工程大学出版社, 2025. 6. -- ISBN 978-7-5661-4805-6

Ⅰ. TB383

中国国家版本馆 CIP 数据核字第 2025VG6425 号

基于结构设计的聚氨酯复合材料的制备及性能研究

JIYU JIEGOU SHEJI DE JU'ANZHI FUHE CAILIAO DE ZHIBEI JI XINGNENG YANJIU

选题策划 宗盼盼
责任编辑 马佳佳
封面设计 李海波

出版发行 哈尔滨工程大学出版社
社　　址 哈尔滨市南岗区南通大街 145 号
邮政编码 150001
发行电话 0451-82519328
传　　真 0451-82519699
经　　销 新华书店
印　　刷 哈尔滨午阳印刷有限公司
开　　本 787 mm×1 092 mm　1/16
印　　张 13.25
字　　数 261 千字
版　　次 2025 年 6 月第 1 版
印　　次 2025 年 6 月第 1 次印刷
书　　号 ISBN 978-7-5661-4805-6
定　　价 66.00 元

http://www.hrbeupress.com
E-mail:heupress@hrbeu.edu.cn

前　言

聚氨酯复合材料作为一种多功能、高性能的材料，在现代工业和科技领域具有广泛的应用价值。其独特的物理和化学性质，如优异的弹性、耐磨性、耐化学腐蚀性等，使得它在汽车、建筑、航空航天等多个领域发挥着重要作用。随着科技的不断进步，各行业对聚氨酯复合材料的性能要求也在不断提高，这促使研究者们不断探索新的制备方法和改性手段，以提升其综合性能。聚氨酯复合材料的结构设计与其性能之间存在着密切的联系。通过合理的结构设计，聚氨酯复合材料可以实现性能优化和提升，以满足不同应用领域的需求。

本书基于结构设计的视角，系统阐述了聚氨酯复合材料的制备工艺、结构特点及其性能表现。全书内容涵盖了聚氨酯及其复合材料的基础知识、结构设计原则，以及通过结构设计来优化聚氨酯复合材料的性能。主要内容包括概述、聚氨酯复合材料的结构表征与性能测试、基于表面微纳结构的聚氨酯低表面能材料的研制、基于界面作用的 BSC/PU-EP 复合材料的研制、基于周期性结构的阻尼隔声复合材料隔声性能的研究、基于质量弹簧/约束阻尼结构耗能机制的阻尼复合材料的研制、聚氨酯空心球复合材料的制备与性能研究，深入探索了聚氨酯微相结构、界面设计及复合结构设计等对聚氨酯复合材料性能的影响，通过深入研究聚氨酯复合材料的结构与性能，为高性能聚氨酯复合材料的制备提供理论指导和实践依据。

本书第 1 章、第 2 章、第 3 章由刘晓东执笔；第 4 章、第 6 章由崔向红执笔；前言、5.1 节和 5.2 节由王阳执笔；5.3 节至 5.5 节由张晓臣执笔；7.1 节由李天智执笔；7.2 节和 7.3 节由陈明月执笔。全书由刘晓东统稿。本书由国家重点研发计划项目（2023YFE0200500）、黑龙江省科学院科研基金项目（KY2023GJS02）资助，在此表示感谢。

由于著者学识有限，书中难免存在疏漏及不妥之处，恳请广大读者批评指正。

著　者

2025 年 3 月

目　　录

第1章　概　　述

1.1　聚氨酯复合材料的基本理论

聚氨酯(polyurethane,PU)是一种由多元醇与多异氰酸酯通过聚合反应生成的具有重复氨基甲酸酯(—NH—COO—)链节的高分子材料。根据合成原料和工艺的不同,聚氨酯可以分为聚酯型、聚醚型和聚烯烃型等几大类。这些不同类型的聚氨酯在分子结构、物理性质和化学性质上存在显著差异,因此在实际应用中的表现也各不相同。

聚氨酯材料具有许多独特的优点,如高弹性、优异的耐磨性和良好的机械性能,因此在许多领域得到广泛应用。然而,传统聚氨酯材料也存在一些缺陷,如易产生微裂纹、耐热性差等,这限制了其进一步应用。为了克服这些问题,研究者们通过改变聚氨酯的分子结构和引入改性剂,成功制备出多种高性能聚氨酯复合材料。这些复合材料在强度、韧性、耐磨性及自愈性等方面表现出了显著优势,极大地拓宽了聚氨酯材料的应用范围。其中最为突出的是其优异的力学性能。聚氨酯分子链中含有大量的氨基甲酸酯键,使得材料在受力时能够表现出良好的韧性和弹性,能够承受较大的冲击和振动。聚氨酯复合材料还具有良好的耐磨性,能够在长期使用中保持稳定的性能。同时,其耐腐蚀性也十分出色,能够抵御多种化学物质的侵蚀。除了力学性能外,聚氨酯复合材料还具有很好的加工性能。它可以通过注塑、挤出、喷涂等多种加工方式制备成各种形状和尺寸的产品,从而满足不同领域的需求。聚氨酯复合材料的热稳定性也很高,能够在较高的温度下保持稳定的性能。

聚氨酯复合材料因其优异的性能和广泛的应用领域而备受关注。在汽车行业中,聚氨酯复合材料被广泛应用于内饰件、座椅、方向盘等部位,不仅可以提高汽车的舒适性和安全性,还能实现轻量化设计,提高燃油经济性。在电子行业,聚氨酯复合材料则主要用于电子器件的封装和保护,能够有效防止电子器件受潮、腐蚀等损害。聚氨酯复合材料还被广泛应用于建筑、家具、体育器材等领域,为这些行业提供了优质、环保的材料解决方案。

1.1.1 结构设计在聚氨酯复合材料中的重要性

聚氨酯复合材料作为一种具有优异性能的材料,近年来在汽车、电子、建筑等领域得到了广泛应用。其性能的优化与结构设计密不可分,因为结构设计不仅影响材料的力学性能、热学性能,还对其加工性能、使用寿命等产生重要影响。因此,对结构设计在聚氨酯复合材料中的重要性进行深入研究具有重要意义。

随着技术的进步和应用场景的扩展,复合材料的传统机械性能已经无法满足现代工业的需求。目前,人们更加重视复合材料的功能和性能,复合材料的性能主要取决于其组成材料和结构设计。为了实现新的功能,研究人员通过合成新型材料和设计新型结构,开发出多种新型复合材料,以满足人们对高性能复合材料的需求。然而,新材料的合成过程既耗时又费力,难以迅速实现大规模应用。因此,通过调整材料的结构来优化性能成为本领域一个重要的研究方向。这种方法可以通过微观或宏观的结构设计,利用现有的材料或新材料,调整复合材料的性能,从而优化聚合物基复合材料的性能或赋予其新的功能。结构设计在聚氨酯复合材料中的重要性主要体现在性能优化、减振性能、声学性能、应用领域扩展、环境适应性和连接效率等多个方面。

1. 性能优化

结构设计对聚氨酯复合材料的性能有着直接的影响。通过调整聚氨酯复合材料的结构,可以优化其力学性能、耐久性和功能性。例如,通过改变异氰酸酯指数(R 值)、外加剂掺量和养护龄期,可以优化超高韧性聚氨酯复合材料的制备技术,从而得到性能更优的材料。

2. 减振性能

在振动控制领域,聚氨酯-橡胶复合材料的阻尼性能可以通过结构设计得到显著提升。研究表明,通过调整聚氨酯泡沫的厚度比例和使用分段式隔离层,可以显著降低结构的振动响应峰值,并增加损耗因子,尤其是在低频区域。

3. 声学性能

聚氨酯泡沫复合材料的声学性能也可以通过结构设计进行优化。通过采用声子晶体局域共振理论设计复合材料结构,以提高聚氨酯复合材料的平均传输损耗,从而改善其声学性能。

4. 应用领域扩展

结构设计的进步使得聚氨酯复合材料能够应用于更广泛的领域。例如,随着5G 时代的到来,聚氨酯复合材料已被应用于 5G 通信塔。与传统材料相比,聚氨酯复合材料更轻质且性能更高。

5. 环境适应性

结构设计还涉及聚氨酯复合材料的环境适应性。例如,纳米纤维素与聚氨酯材料所制备的复合材料具有良好的力学性能和生物相容性,可以应用在传感器、3D 打印、自修复材料、阻燃材料等多个领域。

6. 连接效率

在复合材料的连接设计中,螺栓连接的设计对于整体结构的承载能力和安全性至关重要。对于聚氨酯复合材料而言,螺栓连接的设计和优化可以显著提高应用效率。

对于聚氨酯复合材料,结构设计不仅影响材料的基本性能,还决定了材料在特定应用中的性能表现和效率。通过精心的结构设计,聚氨酯复合材料能够在多个领域发挥关键作用,满足现代工业对高性能材料的需求。为了推动聚氨酯复合材料的进一步发展,深入研究其结构设计对于性能的影响显得尤为重要。本书围绕这一主题展开研究,以期为相关领域的研究和应用提供有益的参考。

1.1.2　聚氨酯的阻尼改性与分子结构设计基础

为了拓宽聚氨酯阻尼材料的阻尼温域并提高损耗因子,研究者们主要采取了以下几种方法。

1. 聚氨酯软段与硬段的分子结构设计

聚合物的分子结构直接影响其阻尼性能。具有强极性侧基或体积较大的侧基的聚合物在链段运动时会产生较大的摩擦阻力,因此具有较大的阻尼损耗因子和较好的阻尼效果。通过分子主链化学嵌段或侧链接枝的方式对阻尼性能好的基团进行接枝,调节分子中软硬段种类、配比及交联密度等,以提高阻尼性能。这种方法可以通过改变分子链的刚性结构,调节主链与侧链上刚性链与柔性链的不同配比,从而改善聚氨酯的阻尼性能。

聚氨酯阻尼材料的分子结构设计分类如图 1-1 所示。

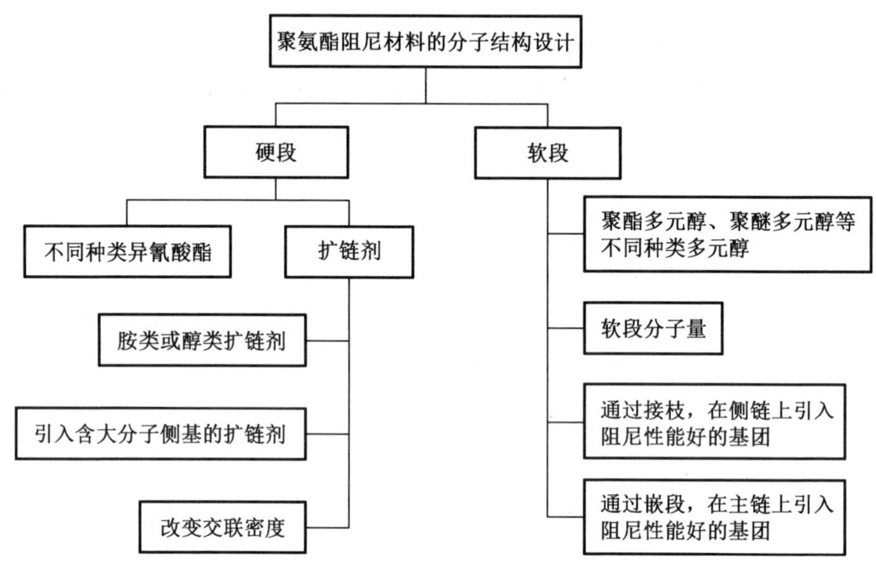

图 1-1　聚氨酯阻尼材料的分子结构设计分类图

2. 互穿聚合物网络(IPN)技术

优异的阻尼减振材料需要具备较宽的阻尼温域,理想的阻尼温域应接近材料的使用温度。由于单一组分聚合物的阻尼温域通常较窄,一般只有 20~30 ℃,这限制了它们在更宽工作温域或较大交变频率环境中的应用。通过共混、共聚等方法来拓宽阻尼温域是较常用的方式,这些方法要求共混组分的玻璃化转变温度(T_g)之间有一定的距离,以形成有效的阻尼平台。互穿聚合物网络技术的发展为阻尼材料的制备提供了一个有效的新途径。

互穿聚合物网络是由两种或两种以上热力学上互不相容的交联聚合物互相贯穿形成的特殊材料,它们之间无化学交联。利用互穿聚合物网络技术可以有效地控制高分子共混物组分间的相容性,拓宽阻尼温域。互穿聚合物网络技术通过网络互穿和链缠绕效应,强迫互溶,提高阻尼性能。互穿聚合物网络的关键特性包括相的连续性和物理缠结点的数量。

(1)互穿聚合物网络的形成方式

①顺序聚合互穿聚合物网络:A 组分首先聚合,B 组分和催化剂在 A 组分的网络中发生原位聚合。

②同步聚合互穿聚合物网络(SIN):两种单体或预聚体及催化剂共混,同时生成交联网络的方法。

③乳液互穿聚合物网络:在乳化剂中形成核壳结构的微互穿聚合物网络,在形成膜后可能会发生交联。

④梯度互穿聚合物网络:组分间的位置变化肉眼可见,一种合成方法是将B组分单体与A组分交联聚合物混合,使B组分在扩散均匀前发生快速聚合,得到的膜的一侧A组分占大部分,另一侧B组分占大部分,在中间部分,二者含量呈逐渐变化趋势。

⑤热塑性互穿聚合物网络:这种材料依靠自身的性质交联,而不是化学交联,在高温下可以流动。

⑥半互穿聚合物网络:一种聚合物是交联的,另一种聚合物是线形的。

(2)互穿聚合物网络物理共混

互穿聚合物网络的核心在于通过化学手段实现两种性质迥异的聚合物的共混,这种共混在宏观上表现为混合,而在微观层面则保持相分离,形成了一种分子层面的物理混合状态。互穿聚合物网络因其独特的结构特性,在阻尼领域显示出显著的效果,特别是在声音和振动的吸收上,这得益于其宽广的玻璃化转变区域。

在互穿聚合物网络体系中,两种聚合物的相容性通常较差,这使得它们可以通过互穿聚合物网络技术被强制混合。这种混合带来了几个显著的特点。

①强迫互溶:即使两种聚合物在热力学上不兼容,互穿聚合物网络技术也能使它们在一定程度上混合。

②协同作用:两种聚合物在互穿聚合物网络结构中相互影响,共同贡献于材料的整体性能。

③双连续相:两种聚合物网络在空间上互相贯穿,形成双连续的相结构。

④界面互穿:两种聚合物网络在界面处相互穿透,增加了物理缠结点。

(3)互穿聚合物网络两组分之间的相容性

在多种材料共混或形成互穿聚合物网络时,组分间的相容性对阻尼损耗峰的形状有显著影响。相容性差时,相分离程度大,导致各个组分形成独立的损耗峰,阻尼效果不佳。相容性太好时,不同组分形成分子级共混,只出现一个峰,不利于拓宽阻尼损耗峰宽度。适中的相容性可以产生一个阻尼损耗平台,从而获得较大的阻尼温域和较好的阻尼效果。选择 T_g 相差较大的聚合物作为互穿聚合物网络的组分,可以有效拓宽材料的损耗峰,从而拓宽阻尼温域。这是因为不同 T_g 的聚合物在不同温度下的贡献可以互补,使得整体材料在更宽的温度范围内表现出良好的阻尼性能。在互穿聚合物网络体系中,两组分之间的相容性可以分为以下三种情况。

①完全不相容体系:两种聚合物几乎不混合,保持各自独立。

②部分相容体系:两种聚合物在一定程度上混合,但仍然保持一定的分离。

③完全相容体系:两种聚合物完全混合,形成单一相。

这些不同的相容体系会影响互穿聚合物网络的阻尼性能,通常部分相容体系能够在保持一定相分离的同时,通过界面效应提供更好的阻尼性能。这些损耗峰的特征可以通过动态力学分析(DMA)等技术进行表征,如图 1-2 所示。通过调整互穿聚合物网络中各组分的比例和相容性,可以优化材料的阻尼性能,以满足特定的应用需求。

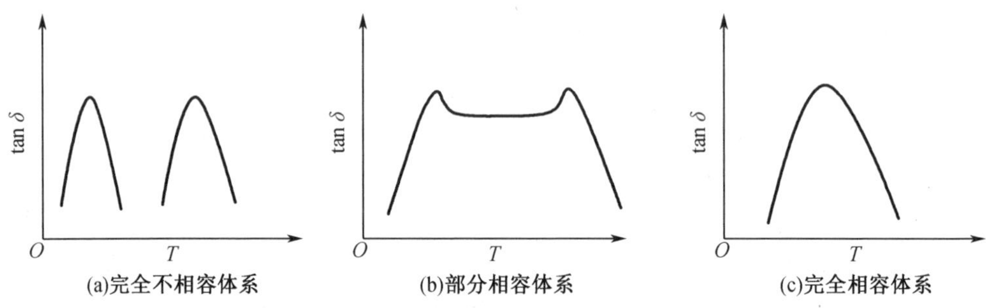

图 1-2　两组分体系不同相容性的 tan δ-T 曲线

3. 交联度

在多组分聚合物体系中,增加交联度可以提高组分间的相容性。较低的交联度可能导致阻尼损耗峰向互相靠近的方向移动,但不会增大阻尼损耗因子,因为阻尼损耗因子主要由各组分的分子结构决定。适当的交联度调整可以获得较宽的阻尼损耗峰。

4. 化学共聚

化学共聚改性是指将聚氨酯链段与其他聚合物链段通过接枝共聚或嵌段共聚连接在一起,引入不同柔顺性和不同 T_g 的分子链段,通过提高阻尼温域的方法来提高聚氨酯材料的阻尼性能。

5. 物理共混

物理共混指通过橡塑并用或加入填料、改性剂来提高阻尼性能。在聚氨酯中加入填料会限制分子链的自由运动,增大材料的应变和能量损耗,增加应力-应变间的相对滞后性,从而提高材料的阻尼性能。常用的填料包括石墨、硫酸钡、滑石粉、云母粉、碳纤维及玻璃纤维等。根据应用需求选择合适的填料类型及含量;通过化学或物理方法实现填料在聚氨酯基体中的均匀分散;利用填料与聚氨酯基体之间的相互作用,形成稳定的界面结构。

6. 有机小分子杂化

近年来,将有机小分子与聚合物混合以制备高阻尼性材料的方法受到了广泛关注。这一方法最初由吴驰飞教授提出。有机小分子,尤其是那些带有极性基团的分子(例如受阻酚、受阻胺等)能够与聚合物分子之间形成氢键。当材料受到振动能的作用时,这些氢键会断裂,将振动能转化为热能,同时会形成新的氢键,然后再次断裂,循环进行这个过程,使得材料具有高的损耗因子,从而展现出优异的阻尼性能。

常见的有机小分子如 N,N-二环己基-2-苯并噻唑次磺酰胺(DZ,又名促进剂)和 3,9-双[1,1-二甲基-2-[(3-叔丁基-4-羟基-5-甲基苯基)丙酰氧基]乙基]-2,4,8,10-四氧杂螺[5,5]十一烷(AO-80,又名抗氧剂)的结构式如图 1-3 所示。AO-80 因其独特的双酚结构,相较于单酚抗氧剂,具有更少的挥发和抽提损失,以及更优越的稳定性和防老化性能。AO-80 与大多数聚合物具有良好的相容性,尤其适用于聚酰胺、聚甲醛、聚丙烯等聚合物。这种有机小分子与聚合物的结合,不仅提高了材料的阻尼性能,而且拓宽了其应用范围,特别是在减震降噪领域发挥出巨大的潜力。

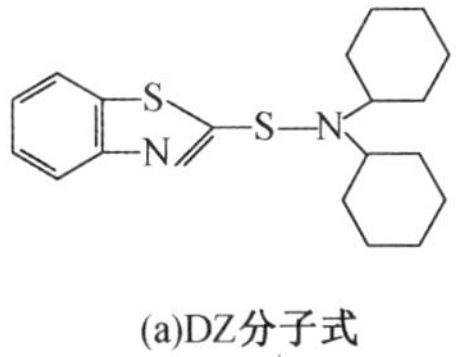

(a)DZ分子式

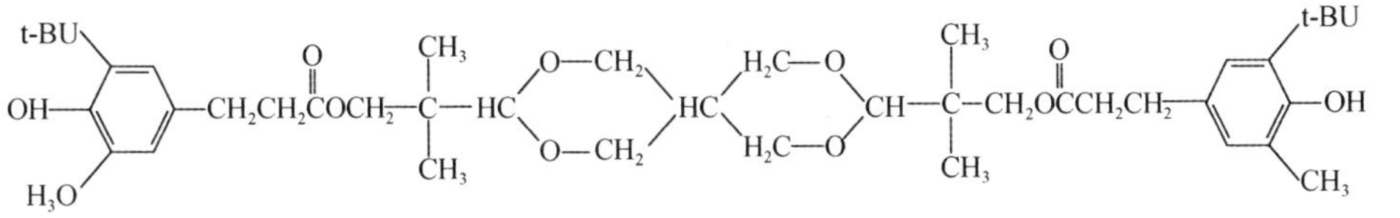

(b)AO-80分子式

图 1-3　有机小分子结构式

软硬段结构设计、物理共混、化学共聚和互穿聚合物网络是主要的聚氨酯改性手段。软硬段结构设计通过调整聚氨酯分子链中软段和硬段的比例来优化材料的阻尼性能;物理共混和化学共聚通过拓宽阻尼温域来提高聚氨酯的阻尼性能;互穿聚合物网络通过网络互穿和链缠绕效应控制高分子共混物组分间的相容性,进一步拓宽阻尼温域。

近年来,随着对聚氨酯研究的深入,新的改性手段如构建悬挂链结构、超分子结构和压电阻尼结构开始出现。悬挂链结构通过在聚氨酯交联网络上引入一些悬挂链,增加材料在 T_g 之后的能耗,从而提高聚氨酯材料在 T_g 之后的阻尼因子,拓宽有效阻尼温域。超分子结构则通过分子间的非共价键相互作用,如氢键,增强聚氨酯的内聚力和阻尼性能。压电阻尼结构结合了阻尼性能和压电性能,通过结构设计使聚氨酯在受到机械应力时产生电荷,将机械能转化为电能,从而实现阻尼效果。

这些改性手段的发展,不仅提高了聚氨酯的阻尼性能,还拓宽了其应用范围。例如,通过改变扩链剂与交联剂的比例,可以观察到软链段和硬链段之间氢键的变化,进而影响聚氨酯微相分离的演变,导致材料的机械性能和动态黏弹性发生特定的变化。此外,通过引入长支链的扩链剂,可以改善聚氨酯弹性体的动态黏弹性和阻尼性能,增加阻尼温域。这些研究为聚氨酯材料的设计和应用提供了新的思路和方法,使其在减震降噪等领域具有更广泛的应用前景。

综上所述,通过合理设计和调整聚合物的分子结构、相容性、交联度以及填料的类型和添加量,可以有效提高聚合物的阻尼性能,拓宽其阻尼温域,从而在更广泛的应用领域中发挥更好的性能。这些方法的共同目标是通过分子结构设计和材料复合,调节聚氨酯材料的动态力学性能,以实现在更宽的温度范围内具有更高的阻尼性能。通过这些策略,可以设计出具有高阻尼性能和宽温域应用的聚氨酯阻尼材料,满足不同工业应用的需求。

1.2 低表面能材料结构设计的理论基础

低表面能材料,亦被称作低表面能涂料或不粘涂料,其表面能普遍低于100 mJ/m² 这一阈值。这类材料的特性在于,其表面能越低,液滴(诸如水、二碘甲烷等)与材料表面形成的接触角就越大,相应地,界面间的黏附力也会降低。低表面能之所以能成为这类材料的显著特征,归因于材料表面基团的高键能、低极化率,以及分子链所展现出的低内聚能密度、弱分子间作用力和高度的柔顺性。这些特性使得粉尘、微生物、黏附性污染物等高表面能物质更容易从材料表面脱离。

在日常生活和工业生产中,黏附现象无处不在。而在众多领域中,流体、微生物和微粒等在界面上的不良附着,往往直接引发一系列技术应用上的难题。特别是在抗菌领域,细菌凭借其高繁殖效率和高黏附性,在医疗器材、水资源管理设备、日常用品及食品包装上大肆滋生,由此带来的经济损失难以估量。同样,在海洋防污领域,水体中大量的强吸附力微生物,如硅藻等,极易附着在船只、天然气平台等设施的表面,这不仅大幅提高了设备的运行和维护成本,还加剧了有害物的排放,对水体环境构成了威胁。

因此,低表面能材料的研发具有深远的应用价值。这类材料利用自身的低表面能物理特性,使得高黏附性物质难以在其表面稳固附着。随后,通过流体的剪切力或清理设备的辅助,即可轻松清除表面的附着物。这一处理方式不仅绿色环保,而且高效实用,是低表面能材料得以广泛应用的重要原因。

目前,制备低表面能材料的方法主要有两种。第一种方法是受到“荷叶效应”的启发,通过在材料表面构建微/纳米级的粗糙结构来实现低表面能特性。这一方法借鉴了自然界中荷叶表面的自洁现象。然而,这种复杂的微/纳米级结构在实际应用中表现出一定的脆弱性,容易受到磨损,从而导致材料失去低表面能特性。此外,磨损后留下的残余微纳结构难以去除,这极大地限制了该方法的应用范围。第二种方法则是利用含氟、硅的聚合物对基材表面进行改性处理。这种方法通过引入特定的化学基团,赋予材料表面以低表面能的特性。然而,改性低表面能涂层中所含的氟、硅成分具有一定的生物毒性,这对使用环境构成了潜在的威胁。

鉴于上述两种方法存在的局限性,开发一种既具有高使用强度,又具备良好加工性,同时保持低生物毒性的低表面能材料,成为当前诸多领域的研究热点。这一研究不仅具有重要的学术价值,更展现出广阔的应用前景,为解决黏附问题提供了新的可能。

1.2.1　低表面能材料的理论基础与模型

液体在材料表面的润湿性,作为衡量界面稳定性和评估表面能的关键性质,对于表面性质的研究及生产生活的实际应用具有至关重要的作用。

1. 接触角

1805 年,Thomas Young 首次提出了润湿性和接触角的概念。润湿性能够反映液体在固体表面上的铺展能力,而接触角 θ 则是评估润湿性的一个重要指标,同时也是计算表面自由能时不可或缺的热力学参数。具体来说,接触角是指在气、液、固三相交汇的点处,由固液界面切线与气液界面切线在液体内部所夹的角(图 1-4)。

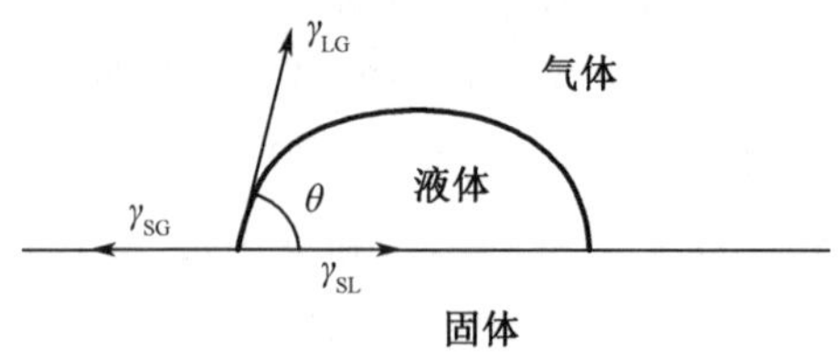

γ_{LG}—液-气界面的表面张力;γ_{SG}—固-气界面的表面张力;γ_{SL}—固-液界面的表面张力。

图 1-4　液体在固体表面接触角示意图

接触角的大小主要受两方面因素的影响:一是液体自身的表面张力,二是材料表面的化学组成及其粗糙程度。液体在材料表面的接触角 $\theta<5°$时,该表面为超亲水表面;当 $5°\leqslant\theta<75°$时,该表面为亲水表面;当 $75°\leqslant\theta\leqslant150°$时,该表面为中间润湿表面;$\theta>150°$时,该表面为超疏水表面。

2. 滚动角和接触角滞后

接触角主要评估的是液体在材料表面静态时的润湿性,但液体与材料之间的黏附力实际上是一个动态过程,因此我们还需考虑动态润湿性,其中就包括了滚动角和接触角滞后。滚动角具体指的是,当液滴位于一个倾斜的表面上,并且这个表面倾斜至一定角度时,液滴刚好开始滚动,此时倾斜表面与水平面之间所形成的那个临界角度,通常用 α 来表示(图 1-5)。在测量滚动角的过程中,我们会将平板从 0°逐渐旋转到 90°,直到观察到液滴开始滑离或者滚离基板的表面。滚动角的大小其实能够反映出液体与材料表面之间的黏附效果,也就是说,如果想要得到一个超疏水表面,或者希望材料具备自清洁的性能,那么液滴在材料表面上具有足够小的滚动角就是实现这些目标的一个必要条件。

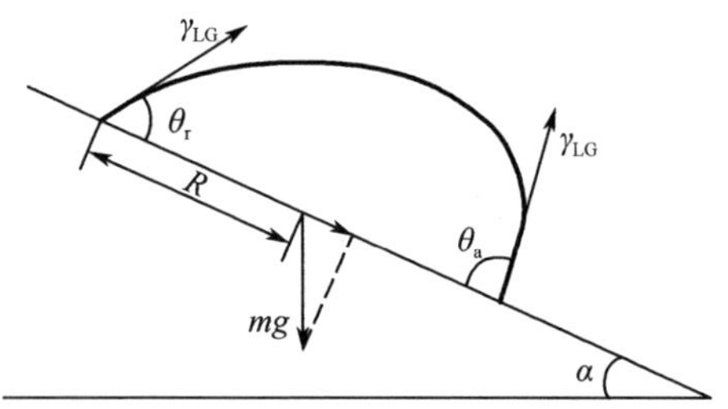

γ_{LG}—液-气界面的表面张力;θ_a—前进接触角;θ_r—后退接触角;α—液滴滚动角;

m—液滴的质量;g—重力加速度;R—液滴半径。

图 1-5　液体受力及固体表面滚动角示意图

产生接触角滞后这一现象的根源在于材料表面的纳米级结构。当我们将液滴置于这样的表面上时,其接触角并非固定不变,而是可以在一个范围内变化,这个范围由前进接触角 θ_a 和后退接触角 θ_r 界定,而液滴的具体接触角数值则取决于其放置的方式。θ_a 与 θ_r 之间的差值称为接触角滞后。

为了测量前进接触角和后退接触角,通常采用一种在倾斜板上进行的方法。在这个过程中,逐渐倾斜支撑表面,使得重力对液滴的作用逐渐增强,直到达到某个特定的倾斜角度,液滴开始滑动。在倾斜的过程中,使用相机来观察液滴的形状变化。然后,根据液滴开始滑动之前所拍摄的图像,可以确定出前进接触角 θ_a 和后退接触角 θ_r 的具体数值。

此外,当将液滴在倾斜表面上的横向附着力视为等同于重力在该方向上的分量 $mg\sin\alpha$ 时,就可以得到一个关于液滴滚动角 α 的表达式。这个表达式提供了进一步理解和分析液滴在倾斜表面上滚动行为的基础。

$$\sin\alpha = \frac{\omega\gamma_{LG}k}{mg}(\cos\theta_r - \cos\theta_a) \tag{1-1}$$

式中,g 为重力加速度;m 为液滴的质量;ω 为液滴的直径;γ_{LG} 为液-气界面的表面张力。从这些参数的关系中,可以推断接触角滞后与滚动角之间存在正相关关系,也就是说,当接触角滞后减小时,滚动角也会相应地减小。

3. 润湿理论模型

液体与固体表面之间的润湿性能,可以通过 Young 方程来进行数学描述。该方程深刻揭示了液滴在固体表面上所形成的接触角(θ)与固-气界面的表面张力(γ_{SG})、固-液界面的表面张力(γ_{SL})以及液-气界面的表面张力(γ_{LG})之间的内在联系。其具体的数学表达式如下:

$$\cos\theta = \frac{\gamma_{SG} - \gamma_{SL}}{\gamma_{LG}} \tag{1-2}$$

需要明确的是,Young 方程是在一个理想化的前提下建立的,即假定材料表面是完全光滑的,并且界面间不存在任何形式的相互作用力,如图 1-6(a)所示。然而,在真实环境中,几乎找不到具有这样理想表面的材料。为了更贴近实际情况,需要对 Young 方程进行一定的修正和优化。

在 1936 年,Wenzel 基于 Young 方程,进一步将表面粗糙度这一重要因素纳入考量,他指出,对于非光滑的表面,其实际表面积是大于宏观表面积的。基于这一洞察,Wenzel 提出了一个全新的模型——Wenzel 模型,用以描述液体在非光滑表面上的接触角 θ_w。通过这个模型,可以更准确地理解和预测液体在非光滑表面上

的润湿行为,这对于深入探究和利用润湿现象具有重要的指导意义。Wenzel 模型的具体数学表达式如下:

$$\cos\theta_w = \frac{r(\gamma_{SG} - \gamma_{SL})}{\gamma_{LG}} = r\cos\theta \tag{1-3}$$

式中,r 代表的是表面的粗糙因子,它反映了实际表面积与宏观表面积之间的比值;θ_w 则表示在非光滑表面上观察到的宏观接触角;θ 是基于 Young 方程计算出的静态接触角。

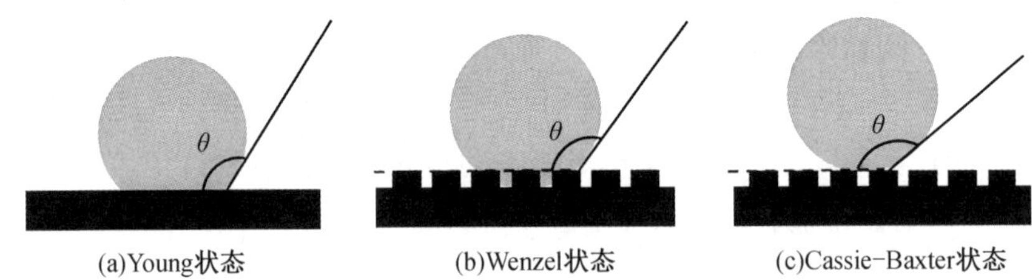

图 1-6 液滴在非光滑表面润湿状态示意图

Wenzel 模型的一个重要贡献就是它揭示了表面粗糙度如何影响液体的润湿性。

然而,Wenzel 模型的一个基本假设是,液体与非光滑表面之间是完全接触的,也就是说,液体会完全填充界面上的所有空隙,如图 1-6(b)所示。这个假设虽然在一定程度上简化了问题,但也使得该模型在某些实际应用场景中存在一定的局限性。因为在实际情况下,液体与固体表面之间的接触可能并不总是如此完全和理想。因此,在应用 Wenzel 模型时,需要充分考虑到这些可能的限制因素。

粗糙表面的微结构往往会滞留一定量的空气,这使得液滴在接触这类表面时难以完全润湿。这种由液滴、空气和固体共同构成的复合界面的润湿特性与 Wenzel 方程所描绘的理想状态存在一定的差异。为了更准确地描述这一现象,Cassie 和 Baxter 在 1944 年提出了一个新的表面润湿模型——Cassie-Baxter 模型。该模型通过特定的公式来计算非光滑表面的宏观接触角,具体公式如下:

$$\cos\theta_{CB} = f_1\cos\theta_1 + f_2\cos\theta_2 \tag{1-4}$$

式中,θ_{CB} 为非光滑表面的宏观接触角,它描述了液滴在这样的表面上所呈现的整体润湿状态;f_1 和 f_2 分别表示液滴在固相和气相中所占的面积分数,它们分别反映了液滴与固体表面和空气之间的接触比例;θ_1 和 θ_2 是液滴在固相和气相界面上的本征接触角,它们分别描述了液滴与固体和空气之间固有的润湿性质。

这个公式综合考虑了液滴与固体表面直接接触的部分及被空气隔离的部分,

从而更真实地反映了液滴在非光滑表面上的润湿情况。Cassie-Baxter 模型提供了一种更为贴近实际的分析方法,有助于更深入地理解和预测液滴在不同表面上的行为。

$$\cos \theta_{CB} = f_1 \cos \theta_1 + (f_1 - 1) \tag{1-5}$$

为了简化问题,通常会做出一个假设,即认为水与气相界面的接触角 θ_2 为 180°,这意味着水与空气之间是完全不润湿的。基于这个假设,可以将原公式进行简化,得到一个更为简洁的表达式。这个简化的公式能够帮助我们更直观地理解液滴在非光滑表面上的润湿行为,并为相关的研究和应用提供便利。

在 Cassie-Baxter 模型中,我们观察到液滴、固体和气体三者之间形成了接触,如图 1-6(c)所示。值得注意的是,研究结果显示,在特定条件下,Cassie-Baxter 模型和 Wenzel 模型之间是可以相互转化的。具体来说,当液滴受到外部力的作用时,Cassie-Baxter 模型有可能转变为 Wenzel 模型;而当液滴受热时,Wenzel 模型有可能转变为 Cassie-Baxter 模型。此外,还存在一种特殊的临界状态,它同时满足了这两种模型的条件。

这个模型提供了一个更为严谨和完整的框架,用于解释和理解界面润湿性的基本原理。通过它,可以更深入地探究液滴、固体和气体三者之间的相互作用,以及这些相互作用如何影响界面的润湿行为。这对于理解和应用润湿现象具有重要的指导意义。

1.2.2 低表面能材料研究现状

具有低表面能的聚合物材料已广泛应用于诸多领域,如微纳结构制造、芯片实验室系统、超疏水表面和生物材料工程。各种类型的低表面能材料因其独特的低能表面特性而受到广泛研究,并随着应用领域的拓宽不断发展。

1. 基于氟、硅改性低表面能材料现状

含氟低表面能材料之所以受到广泛关注,是因为它们所拥有的独特性质和巨大的潜在应用价值。这些独特性质主要归因于碳氟键(C—F 键)的独特属性。C—F 键的键能高达 480 kJ/mol,相较于 C—H 键(其键能约为 420 kJ/mol)更为强大。这种较高的键能导致了含氟材料具有较低的极化率,进而赋予了这些材料一系列关键性质,比如低溶解度,不易溶解于各种溶剂中,低摩擦使得材料表面更加光滑,减少摩擦阻力,高热稳定性以及最为显著的低表面能有助于材料表面形成难以润湿的特性。这些特性使得含氟低表面能材料在多个领域具有广泛的应用

前景。

An 等通过结合丙烯酸和 1H,1H,2H,2H-全氟十二烷基丙烯酸酯(PFDA),成功合成了 PAA-co-PFDA 随机共聚物。随后,An 等利用这一共聚物与聚六亚甲基双胍盐酸盐(PHMB)进行络合,制备出了 PAA-co-PFDA/PHMB 复合纳米颗粒。将这些纳米颗粒与医用纱布浸渍后,所得材料展现出了杀菌、抗黏附和止血的多重功能。

Song 等采用了一步化学气相沉积法,首先在沉积过程中引入单体,生成了随机共聚物聚(二甲基氨基甲基苯乙烯-co-1H,1H,2H,2H-全氟烷基丙烯酸酯)(简称 P(DMAMS-co-PDFA),或 PDP)。接着,他们将 PDP 沉积在亲水且带负电荷的聚酯织物上,形成了一层氟化聚阳离子涂层。分析结果显示,该 PDP 涂层不仅具有出色的接触灭菌效果,还表现出了疏水、疏油性能。值得注意的是,涂层中的含氟成分由于比药用成分具有更低的表面能,在成膜过程中更容易迁移到材料表面。这一特性虽然有助于形成疏水层,但同时也可能使药物成分与外界细菌隔离,从而降低界面的抗菌性能。因此,在未来的抗菌涂层研究中,如何平衡含氟基团、抗菌官能团片段和材料相容性之间的关系,将成为主要的研究方向。

低表面能材料在耐腐蚀和抗磨损领域同样展现出了显著的应用潜力。Rabnawaz 等利用氟化油(PFPO-COOH)的末端羟基与草酰氯进行化学反应,生成酸性氯化物。他们利用这种酸性氯化物与多羟基的苯乙烯/(甲基)丙烯酸酯共聚物(P1)发生反应,成功制备出了含氟接枝共聚物(P3)。通过将 P1、P3 以及交联剂六亚甲基二异氰酸酯二聚体(HDID)以不同的比例混合并进行热固化,他们开发出了一种既耐磨损又抗污染的涂层材料。

Li 等对偏氟乙烯-六氟丙烯共聚物(VDF-co-HFP)进行预处理,合成了端羟基液体含氟聚合物(LFH)。他们利用 LFH 与聚四氢呋烷二醇(PTMG)和 4,4-二苯基甲烷二异氰酸酯(MDI)反应,合成了一系列氟化聚氨酯预聚体。这些预聚体在经过热固化后,形成了具有优异耐蚀性和超疏水性的聚合物涂层,非常适合应用于海洋防腐蚀领域。在海洋环境中,船体、钻井设备等粗糙表面经常面临严重的腐蚀问题。在这些表面喷涂含氟涂层成为一种高效的防腐蚀减阻方案。然而,过高的氟含量也会带来一些问题,比如可能导致水体中氟元素过剩并破坏环境,同时也可能降低涂层的疏水性能。因此,在开发这类涂层时,如何合理选择氟的浓度成为一个值得深入研究的问题。

尽管含氟聚合物作为低表面能材料表现出色,但其生物毒性和高昂的生产成本却成为制约其广泛应用的关键因素。因此,近年来,以聚二甲基硅氧烷(PDMS)为代表的含硅低表面能聚合物因其多重优势而备受瞩目。这类材料不仅对环境友好,而且成本相对较低,同时展现出卓越的综合性能。

含硅低表面能材料之所以具有低表面自由能的特性,主要是因为其特殊的分子结构。在这些材料中,硅元素主要以 Si—O 键的形式存在,而分子链上广泛分布的甲基则像一层“盾牌”,有效地屏蔽了 Si—O 主链,从而赋予了材料低表面自由能的特性。这种结构特点使得含硅低表面能材料展现出了广阔的应用前景。

Zhang 等巧妙地设计了一种基于氨基甲酸酯的两性离子,并通过加聚反应将其引入聚二甲基硅氧烷的侧链上,成功制备出了 PDMS-zPDEM 涂料。这种涂料形成的涂层不仅具有较高的拉伸强度,而且表面能低于 30 mJ/m^2,同时在一定的力学范围内展现出了良好的阻垢性能。两性离子侧链能与水分子产生静电力作用,从而在涂层表面形成一层水化层,进一步增强了其性能。

Sun 等则另辟蹊径,将苯并噻唑(PUU)加入聚二甲基硅氧烷链段中,利用二硫键的动态共价相互作用,合成了一种具有自修复功能的防污涂料 PDMS-PUU。苯并噻唑组分不仅与聚二甲基硅氧烷具有良好的相容性,还能有效抑制微生物的繁殖。对照试验结果显示,涂覆 PDMS-PUU 的玻璃片表面几乎无微生物附着。涂层中的动态键、柔性二硫键和强交联氢键是其自修复性能的关键所在。

然而,基于聚二甲基硅氧烷的改性物质的引入也在一定程度上降低了涂层的机械性能,使其更容易破损和剥离。为了简化制备流程并提升涂层性能,Yang 等设计了一种简便的方法,仅通过使用聚二甲基硅氧烷作为掺入聚氨酯基质中的低表面张力试剂,成功制造出了高度透明的全疏水性涂层。这种涂层不仅对表面张力高于 2.0×10^{-2} N/m 的各种液体表现出显著的排斥性,还具备优异的自清洁性能和机械性能。

综上所述,通过生成水化层、运用自修复技术等手段,可以在一定程度上改善材料的机械性能,并弥补其固有缺陷。这些研究为低表面能材料的应用和发展提供了新的思路和方向。

含硅低表面能材料虽然性能优越,但对基材的附着力差却是一个亟待解决的问题。为了改善这一状况,Park 等采用两步法合成了一系列硅聚氨酯二甲基丙烯酸酯(SiUDMAs),并将其与丙烯酸压敏胶混合,成功制备出与基材结合力较强的涂层材料。他们发现,当加入 SiUDMA 后,压敏胶的表面能若低于基材,其环黏滞力和剥离强度将主要由 SiUDMA 引起的黏度和混相变化所决定。

Cui 等则另辟蹊径,制备了一种基于聚二甲基硅氧烷(PDMS)的基板独立涂层。他们利用双(3-氨基丙基)端聚二甲基硅氧烷和六亚甲基二异氰酸酯(HDI)配制出 HDI 改性 PDMS 涂层(I-PDMS),然后将其刷涂在不同的基板上进行热固交联,最终获得了具有良好机械性能、自修复功能和低表面能的涂层。这种涂层中的动态氢键作为物理交联剂，在不牺牲机械灵活性和表面致密性的前提下，保证了涂层的机械耐久性和自愈合性能。其中，PDMS 组分主要贡献了低表面能，而紧密的表面形貌和高机械柔性的协同作用则对抗腐蚀/生物污染功能起到了关键作用。

此外，在分子链中引入氢键作用以实现特殊性能的方法也备受关注。例如，Liao 等通过角封端反应合成了中间体产物 POSS-Cl，再加入 4-乙酰氧基苯乙烯，通过原子转移自由基聚合和氮气氛围下水解，成功制备出低表面能材料多面体低聚硅倍半氧烷-聚 4-乙烯基苯酚(POSS-PVPh)。他们发现，材料的表面性能与分子间氢键密切相关，随着 POSS-Cl 含量的增加，分子间氢键的相互作用力减少，从而使共聚物具有更低的表面能。这一思路为后续低表面能材料的界面性能研究与设计提供了有益的借鉴和启示。

2. 基于聚氨酯改性低表面能材料现状

聚氨酯材料通常具有较高的表面能，大约为 40 mJ/cm^2，因此并不被视为低表面能材料。为了制备出低表面能的聚氨酯材料，研究者们采取了多种策略，如插入特异性分子链段、添加改性物质等，以引入低表面能组分，从而降低聚氨酯材料的表面能。下面将介绍几种常见的方法。

(1)氟硅类聚氨酯基低表面能材料

为了降低材料成本并提升聚氨酯材料的综合性能，研究者们探索了将有机氟和有机硅物质同时引入聚氨酯结构中的复合改性方法。这种方法结合了氟硅材料的各项优点。

Sui 等选择羟丙基聚二甲基硅氧烷(HP-PDMS)作为软链段，八氟戊醇(OFP)作为硬链段，成功制备了一系列聚硅氧烷改性氟化水性聚氨酯乳液(H-SiFPU)。通过调整 HP-PDMS 的引入量，Sui 等深入研究了聚氨酯材料的耐水性、机械性能和表面性能。实验结果显示，氟、硅元素在材料表面的富集有效降低了界面表面能。同时，HP-PDMS 的加入不仅增强了膜的热稳定性和相分离程度，还降低了其结晶性能。特别地，当有机硅的引入量达到 15%(质量分数)时，涂层展现出了最佳的疏水性、耐老化性能和机械强度。

另一项研究中，Zhou 等基于乙烯基封端聚硅氧烷、丙烯酸酯和氟化丙烯酸酯单体，通过乳液聚合制备了氟硅聚丙烯酸酯(WFSiPA)分散体，并与异氰酸酯硬化剂 XP2655 进行后固化反应，成功形成了氟硅聚丙烯酸酯聚氨酯(WFSiPAU)薄膜。这种涂层具有独特的表面自分离特性，即氟硅元素在涂层表面富集，而在横截面上则呈现出清晰的元素分布梯度。这种自分离特性使得薄膜具有极强的疏水性、良好的热稳定性和优异的机械性能。此外，通过调节硅酮、氟化单体含量和固化比，还可以进一步调整涂层的黏附力和硬度。

Zhang 等则将聚二甲基硅氧烷和全氟化聚醚同时作为软链段引入聚氨酯体系中,制备了改性水性聚氨酯。他们发现,有机氟、硅等低表面能组分在材料界面上发生迁移并显著富集,从而降低了表面自由能。当氟、硅链段同时存在于聚合物骨架中时,这些链段的迁移能力会相互抑制。正是这种链段间的协同效应,使得所制备的聚氨酯薄膜具有极高的拉伸强度。值得注意的是,聚氨酯的相分离程度受到氟硅链段以及聚氨酯主链之间的迁移率和不相容性的共同影响。

尽管氟硅类聚氨酯低表面能材料在疏水性、防污性和高性能领域中展现出了广阔的应用前景,但它们也兼具传统氟硅低表面能材料的某些局限性。因此,在未来的研究中,如何进一步克服这些局限性并提升材料的综合性能将是重要的研究方向。

(2)纳米改性聚氨酯基低表面能材料

Wenzel 模型揭示了表面粗糙度对固体表面润湿行为的影响,即实际面积与表观面积之比会增强固体表面的固有润湿特性。简单来说,表面越粗糙,亲水表面会变得更亲水,疏水表面则会变得更疏水。而根据 Cassie-Baxter 模型,无论固体表面原本的亲疏水性如何,粗糙表面都能增强其疏水效果,也就是降低界面的表面能。更具体地说,固体表面的疏水性会随着固-液接触面积的减小而增强。在聚氨酯材料中,加入纳米颗粒是调整其表面粗糙度的常用方法之一。

目前,纳米颗粒技术被广泛应用于调整聚氨酯材料的表面粗糙度,进而改善其润湿性能。这些纳米颗粒包括碳纳米颗粒(如碳纳米管(CNT)和碳纳米纤维(CNF))及多种金属氧化物(如二硫化钼(MoS_2)、二氧化钛(TiO_2)、氧化铝(Al_2O_3)和氧化锌(ZnO))。

Hejazi 通过在 180 ℃下将 CNT 压到热塑性聚氨酯(TPU)层上,成功制备了具有毛发状表面的热塑性聚氨酯材料。这种特殊的表面结构能够将空气截留在孔隙内,使得水接触角(WCA)高达 153°,极大地增强了材料的疏水性能。

另一项研究则通过让热塑性聚氨酯非织造布过滤在 1,2-二氯乙烷中的 CNT 悬浮液,实现了基材表面的分层粗糙度。实验结果显示,随着 CNT 负载量的增加,材料的疏水性能也随之提升。当 CNT 负载量达到 1.75 $\mu g/cm^2$ 时,水接触角超过了 150°,显示出极佳的疏水效果。

除了 CNT,CNF 也被用于制备超疏水聚氨酯(SHPU)。通过将 CNF 接枝到聚氨酯海绵上,合成的 CNF/PU 复合材料展现出了 150°的水接触角,其超疏水性能同样得益于 CNF 带来的表面粗糙度。

此外,金属氧化物也广泛用于在聚氨酯材料上产生表面粗糙度。例如,MoS_2

可以通过高强度超声固定在聚氨酯海绵上，增加其表面粗糙度并实现超疏水性(水接触角为150°)。Tang等则通过喷涂MoS_2和聚氨酯分散体系，制得了水接触角高达151°的涂层。类似地，将TiO_2纳米颗粒黏附到聚氨酯海绵上也能产生粗糙的超疏水表面，所得海绵的水接触角达到了155°，并且在经过950次压缩循环后仍能保持其超疏水性。Chen等采用了火焰喷涂技术，将聚氨酯与纳米Al_2O_3材料结合，制备出了超疏水聚氨酯涂层。还有研究使用ZnO微棒和棕榈酸对聚氨酯海绵进行改性，由于ZnO微棒涂层构建的粗糙表面，改性后的聚氨酯海绵表现出了增强的疏水性。

综上，引入各种纳米颗粒，可以有效地调整聚氨酯材料的表面粗糙度，进而改善其润湿性能，实现超疏水等特殊效果。

3. 共聚物改性聚氨酯基低表面能材料现状

为了开发具有超疏水性能的超疏水涂层，研究者们探索了使用新型有机聚合物来设计基于共聚物改性的聚氨酯杂化结构。这种方法旨在通过共聚物改性来诱导外部性能，并增强与聚氨酯的相容性。大量研究已经投入到利用不同的共聚物在本质上亲水的聚氨酯中实现超疏水性的探索中。

例如，有研究成功地利用聚苯乙烯(PS)微球制备了具有超疏水性和超亲油性的多孔聚氨酯膜。在这个过程中，市售的多孔聚氨酯薄膜首先被浸泡在聚苯乙烯胶体乳液中，然后通过100 ℃的热处理来增强聚苯乙烯胶体在多孔聚氨酯中的黏附性。聚苯乙烯胶体的自组装过程在多孔聚氨酯膜表面构建了双重粗糙度，这是形成超疏水涂层的关键因素。这种涂层不仅具有超疏水性，还能同时展现出超亲油性，从而拓宽了其潜在的应用领域。

Wong等提出了一种创新的超耐用超疏水涂层制备方法，该方法涉及聚氨酯-聚甲基丙烯酸甲酯(PU-PMMA)胶状悬浮液的多层沉积，并通过引入氟化二氧化硅溶液构建了互穿网络(IPNs)结构。在互穿网络中，氟化二氧化硅纳米颗粒($FSiO_2$ NPs)得以稳定存在，形成了具有独特层次结构的涂层。经旋转平台磨损测试仪测试，该涂层在约12.1 MPa的接触压力下，展现出了超过200次循环的耐磨性，同时具备耐紫外线和耐酸性。

Chauhan等则通过向聚氨酯基涂料中加入聚硅氧烷共聚物，来满足不同工业应用的需求。他们利用氨基甲酸酯化反应将聚二甲基硅氧烷(PDMS)引入聚氨酯中，发现PDMS在聚氨酯中的低混相性促进了软段和硬段的相分离，且相分离的程度受反应温度、PDMS/PU共混比例及PDMS分子质量等因素的影响。另一项研究展示了将不同分子量的氨基丙基端部PDMS高分子聚合物接枝到聚氨酯上，以此作为防污涂层的方法。该涂层以异佛尔酮二异氰酸酯和聚己内酯多元醇为主要成分,二丁基二乙酸酯为催化剂。由于 PDMS 在聚氨酯基体表面的自分层现象,与原始聚氨酯相比,该涂层的水接触角显著增加,表面自由能降低,形成了疏水共聚物薄膜。

此外,也有研究人员将紫外光固化的氟硅氧烷共聚物用作聚氨酯-丙烯酸酯涂料的添加剂,通过有效降低表面能,实现了材料界面的超疏水性。在聚氨酯基体中加入仅 2%的氟硅氧烷共聚物,即可将原始聚氨酯膜的接触角从 58°提升至 144°,同时保持超疏水性,并通过 800 目砂纸在 20 kPa 的压力下进行 20 次磨损测试验证了其显著的耐磨性。

最近,Ke 等进行了一项深入研究,探讨了不同成分对聚氨酯/氟化丙烯酸/二氧化硅杂化物超疏水性的影响。他们发现,当组分为 45.7%聚氨酯、27.9%二氧化硅和 21.6%氟化丙烯酸共聚物时,材料表现出最佳的疏水性和透光度。

综上所述,多种有机共聚物已被证实与聚氨酯具有良好的化学相容性,能够形成稳定的互穿网络结构,促进薄膜的形成。与无机添加剂相比,这些共聚物在开发稳定聚氨酯基共聚物杂化涂料方面展现出更大优势。然而,值得注意的是,某些聚合物之间复杂的化学性质和低混相性可能会对体系稳定性产生负面影响,进而影响材料的耐久性。因此,在材料设计与开发过程中,需综合考虑这些因素以优化最终产品的性能。

4. 基于嵌段共聚物改性低表面能材料现状

嵌段共聚物在聚合物科学中扮演着关键角色,因为它们独特的分段结构是实现特殊自组装行为的关键,并且对嵌段共聚物的组成和性能研究领域的发展起着制约作用。这些材料的宏观和微观特性是独一无二的,无法被其他类型的聚合物所复制。随着聚合技术的进步,目前的研究重点在于推动线性嵌段共聚物的设计多样化,以形成具有特定性能的结构。因此,在低表面能材料的科研和应用领域面临的挑战,也可以通过嵌段共聚物的设计和合成来寻找解决方案。

传统的逐步聚合方法被广泛用于制备脂肪族酯、芳香族聚酯、聚碳酸酯、聚醚酮、聚醚砜、聚砜醚酮、氟化聚芳烯醚和聚氨酯等嵌段共聚物。例如,在 Destarac 等的研究中,通过黄原酸酯封端的聚对苯二甲酸丁二醇酯,制备了三嵌段共聚物。在制备许多 ABA 型三嵌段共聚物的过程中,通常会结合中间嵌段和活性自由基聚合(RDRP)技术。Agudelo 等合成了一种三嵌段共聚物,其中心嵌段为聚醚酮(PEEK)或聚砜(PAES),而外嵌段为聚甲基丙烯酸甲酯(PMMA),以及聚五氟苯乙烯、聚合磷硫酸铁(PPFS)或聚离子液体。中心嵌段是通过传统的逐步聚合方法制备的，首先得到羟基双官能化的大分子引发剂，然后将其转化为2-溴异丁酰氧基卤代酯基团，最后通过可逆加成断裂链转移（ARGET）聚合技术对五氟苯乙烯进行聚合。

1.3 聚氨酯阻尼隔声材料的结构设计基础

聚氨酯阻尼隔声材料以优异的阻尼性能和隔声效果，在噪声控制与振动隔离领域发挥着重要作用。其基本特性主要包括良好的弹性、阻尼性能和耐久性，这些特性使得聚氨酯材料在隔声领域具有广泛应用。聚氨酯的高分子结构赋予其良好的黏弹性和内耗性能，从而有效地将振动能转化为热能，达到减振降噪的目的。在应用领域，聚氨酯阻尼隔声材料被广泛应用于交通工具如汽车、火车和飞机的内部装饰，以减少引擎和风等产生的噪声。此外，在建筑领域，它也被用于墙壁、地板和天花板的隔声处理，以提升居住和工作环境的舒适度。

随着现代科技与社会的飞速进步，人们的生产和生活方式虽变得更加高效便捷，但也引发了一系列环境污染问题。其中，现代化工业、城市建设及交通运输等领域产生的噪声污染，已成为继固体、液体、气体污染之后的第四大污染源。噪声，作为物体振动时释放能量并以波状形式向外辐射的机械波，与波的特性相吻合。当这些声波在传播途中遇到屏障或障碍物时，会发生反射和散射现象；若障碍物或屏障存在空隙，还会产生衍射现象。噪声要对人和物产生干扰，必须同时满足三个条件：噪声源、传播介质及接收者，其传播路径如图1-7所示。因此，噪声的控制与治理也应从三个方面入手。

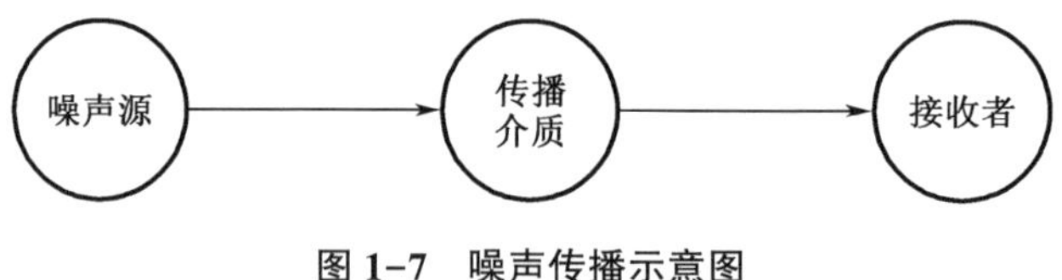

图1-7 噪声传播示意图

首先，可以从噪声源入手，减少噪声的产生。这通常涉及开发先进技术，改进设备运行方式，提高装配精度，以及在设备与设备之间、设备与地面之间的接触面上安装缓震垫，以减少振动产生的噪声。这种方法能从根本上降低或消除噪声污染，但投资大、成本高、实施难度大，且需要先进的配套技术和设备支持。其次，可以从接收者角度控制噪声。这包括为接收者提供隔声头盔、隔声耳罩等防护设备，提高噪声防护意识,以降低噪声对接收者身心健康的损害。然而,这种方法受限于接收者的防护意识和接受度,实施起来难度较大,可能给企业管理带来不便,且因需持续更新防护用具而增加成本。最后,可以从噪声的传播路径上进行控制。常用的方法包括隔声降噪和吸声降噪,即在声音传播路径上设置降噪材料,如隔声屏障、隔声罩、吸声板等,以阻碍噪声的传播,减少到达接收者的声能量。这种方法可操作性强、技术成熟、应用广泛,从工程应用和经济效益角度来看,它是一种较为理想的降噪方法。

1.3.1 隔声材料阻尼与隔声原理

阻尼与隔声是两种不同的噪声控制方法,它们在降低噪声和振动方面各有优势。阻尼是指材料或结构在振动过程中将机械能转化为热能的能力。阻尼材料的作用机理是通过其内部的黏弹性特性,将振动能量分散和吸收,减少结构的共振,从而达到降低噪声的效果。聚氨酯材料由于其软段和硬段的微观结构,具有天生的阻尼特性。在设计聚氨酯阻尼隔声材料时,可以通过调节软硬段的比例和化学结构,来优化其阻尼性能。隔声则是指阻止声波传播的能力。隔声材料通常具有高密度和低孔隙率,能够有效地反射和吸收声波。聚氨酯材料由于其可调节的硬度和密度,可以设计成具有良好隔声性能的材料。周期性结构在隔声材料设计中,可以通过改变材料的孔隙结构和密度分布,来影响声波的传播路径,从而提高隔声效果。

隔声材料的降噪机制可通过图1-8进行说明。当噪声的入射声波穿越介质到达隔声材料表面时,其能量会分为三个流向:一部分声能被材料表面反射回去;一部分声能穿透材料表层,深入其内部;还有一部分声能则继续穿透材料介质,向前传播。针对声波的这种传播特性,噪声的控制与治理主要分为吸声技术和隔声技术两大类。

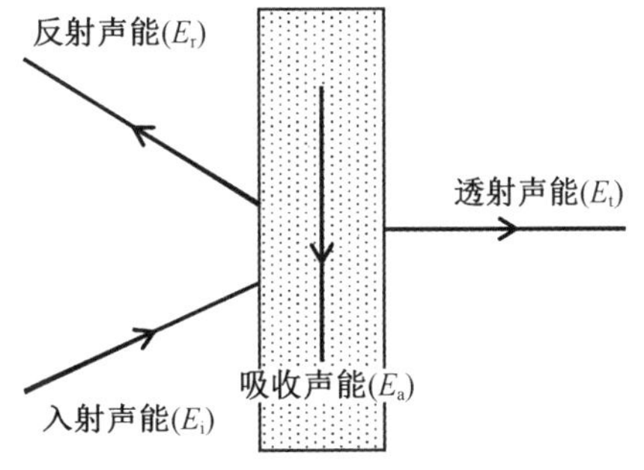

图1-8 单层隔声材料隔声原理图

吸声技术侧重于减弱反射声能,增加进入材料内部的能量,并利用吸声材料内部特有的结构,将声能转化为内能进行消耗。而隔声技术则着重于提高反射声能,降低入射声能,从而减弱透射声能。

隔声技术是控制噪声传播的一种常用且有效的方法。它通过在噪声的传播路径中设置屏障(即隔声材料),将声波阻挡或限制在一定区域内,从而切断声波的传播路径。由于声波在不同介质中的传播特性有所不同,因此隔声技术也分为隔绝空气声和隔绝固体声两种。对于隔绝空气声,通常采用密度和质量较大的材料来阻挡声能;而对于隔绝固体声,则选用阻尼性能好、可塑性强、柔软且抗形变能力高的高分子材料,以减缓振动,进而阻断固体声的传播。

在实际应用中,我们常用隔声量 R 来评估隔声材料降噪性能的好坏。隔声量 R 代表的是声波的入射声能与透射声能之间的差值,其单位是分贝(dB)。具体的计算公式如下:

$$R = 10\log\left(\frac{1}{\tau}\right) = 10\log\left(\frac{E_i}{E_t}\right) \tag{1-6}$$

$$\tau = \frac{E_t}{E_i} = \frac{E_i - E_r - E_a}{E_i} \tag{1-7}$$

式中,τ 为透射系数;E_i 为入射声能;E_r 为反射声能;E_a 为吸收声能;E_t 为透射声能。

除了隔声量 R 这一指标外,评价材料隔声效果还涉及平均隔声量,这是通过计算中心频率为 100~3 150 Hz 的 16 个 1/3 倍频程或中心频率为 125~4 000 Hz 的 6 个倍频程隔声量的算术平均值得到的。然而,值得注意的是,噪声并非由单一频率的声波构成,而是由多种不同频率的声波叠加而成的多频段声波。因此,同一种隔声材料对于不同频率的声波阻隔效果存在差异。

在实际工程应用中,为了更全面地衡量材料的隔声性能,通常采用计权隔声量 R_w 作为指标。R_w 是通过将某种材料或构件的隔声频率特性曲线与国际标准化组织规定的标准参考曲线进行比较而得出的。这种方法能够更为准确、全面地反映材料或构件的隔声效果。其中,A 计权隔声量是最为常用的计权隔声量指标。

材料的隔声性能受多种因素影响,其中包括声波的频率、材料的密度、刚度、阻尼性能以及尺寸结构等。图 1-9 展示了单层均质材料的典型隔声量-频率特性曲线。从图中可以看出,随着声波频率的变化,隔声曲线可以分为三个主要区域:Ⅰ区是劲度(刚度)控制区和阻尼控制区;Ⅱ区是质量控制区;而Ⅲ区则是吻合控制区。这三个区域反映了在不同频率下,影响材料隔声性能的主导因素是不同的。

中低频段的Ⅰ区可以进一步细分为劲度(刚度)控制区和阻尼控制区,两者的分界点是第一共振频率 f_0。在劲度(刚度)控制区内,隔声曲线呈现逐渐下降的趋势。这是因为在这个区域内,声波频率每增加一倍,隔声量就会降低 6 dB。此时,材料在声波的作用下表现得像是一个伸缩的弹簧,隔声量与材料的劲度系数成正比。

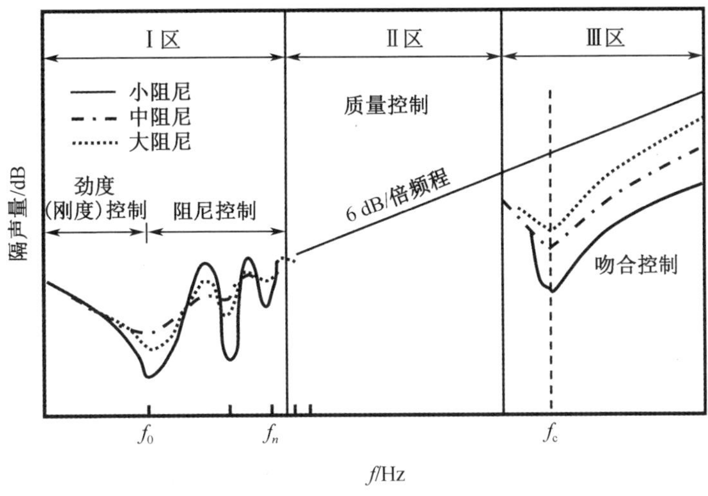

图 1-9 单层质材料的隔声量-频率特性曲线

进入阻尼控制区(f_0~f_n)后,隔声曲线总体上呈现上升趋势。但在这个区域内,当隔声材料的共振频率与声波频率相匹配时,会发生共振现象,导致透射声能急剧增加,从而在隔声曲线上形成多个低谷。此时,材料的隔声量受到多种因素的影响,包括其外形尺寸、阻尼大小、弯曲劲度、面密度及边界条件等。

而在Ⅱ区的质量控制区内,隔声曲线则遵循“质量定律”,呈现逐渐上升的趋势,其斜率为 6 dB/倍频程。在这个区域内,材料的隔声性能主要受其质量和面密度的影响。换句话说,当材料的面密度或质量增加一倍时,其隔声量就会提高 6 dB。因此,传统隔声材料通常会通过增加面密度和质量来改善隔声性能,但这种做法也限制了其应用范围。

位于中高频段的Ⅲ区被称为吻合控制区或质量定律延伸区。在这个区域内,随着声波频率的增加,由于吻合效应的影响,隔声曲线会逐渐下降,直至出现隔声低谷(吻合低谷)。但当声波频率继续增加到一定程度后,隔声曲线又会逐渐上升,斜率从 10 dB/倍频程恢复到 6 dB/倍频程,进入质量定律延伸区。吻合效应的产生是因为入射到材料内部的声波会分解为横波和纵波,两者叠加形成弯曲波。当声波以一定角度入射时,如果与弯曲波的波长一致,就会发生吻合现象。

1.3.2 隔声材料的种类及研究现状

随着工业化进程的加速推进,人们对噪声治理的需求日益迫切,因此对降噪材料的需求也在不断增加。在工程应用和实验研究中,隔声材料主要被划分为四大类别:传统隔声材料、高分子复合材料、层合复合隔声及声学超材料。

1. 传统隔声材料

传统隔声材料在建筑、交通、工业等多个领域有着广泛的应用,常被用于制作大型机械和特殊设备的隔声罩、隔音板等。这类材料通常具有质量大、面密度大、强度高、力学性能优良等特点,例如实心砖墙、混凝土墙、石膏板、隔声玻璃和钢板等,展现出了良好的隔声性能。

然而由于传统隔声材料的质量和密度较大,导致它们在加工和搬运过程中存在一定的困难,且成本较高,这些缺点极大地限制了它们的应用范围。此外,传统隔声材料的隔声性能还受到"质量定律"的制约。根据该定律,材料的面密度或质量增大一倍,其隔声量就会提高 6 dB。因此,在实际工程中,为了增加隔声量,人们往往会选择增大材料的面密度或质量,但这会使得传统隔声材料变得更加笨重,加工难度也会相应增加。

质量定律作用公式:

$$R = 20\log(\pi fms/\rho_0 c_0) \tag{1-8}$$

式中,f 为声波频率;ρ_0 为空气的密度;c_0 为声波在空气中的传播速度;ms 为材料的面密度。

鉴于传统隔声材料存在的种种不足,近年来,国内外的研究者们一直在努力开发新型隔声材料,这些材料要求更轻质、隔声效果更好、应用范围更广且成本更低。

胡国庆等对空心砖的隔声性能进行了深入研究。他们的研究结果表明,使用空心砖替代传统的实心砖,不仅可以显著提升墙体的隔声效果,还能大幅度减轻墙体的质量,并增强墙体的保温性能。吴丽曼等将发泡剂掺入混凝土中,通过化学发泡法制备出了一种多孔混凝土材料。他们发现,这种多孔混凝土材料具有良好的声学性能,其内部的大量闭合空腔能够有效地提高材料的隔声量。

2. 高分子复合材料

高分子复合材料隔声基于多种原理实现其优异性能。材料内部的高分子链段结构复杂且相互交织,声波传入时,会在这些不规则结构中不断反射、散射,消耗能量,从而降低声音的传播强度。同时,复合材料中不同组分的特性差异,如弹性模量和密度的不同,能在界面处引发声阻抗失配,进一步阻碍声波的穿透。

随着科技的不断进步,高分子复合材料隔声技术也在持续发展。一方面,研发人员致力于通过优化材料配方和制备工艺,提升材料的隔声性能,使其在更轻薄的同时具备更强的隔声效果。另一方面,智能化的高分子复合材料隔声产品也初露端倪,这类材料可根据环境噪声的变化自动调节隔声性能,为隔声领域带来新的变革。

聚氨酯复合材料通常由聚氨酯树脂作为基体,与纤维、颗粒等增强材料复合而成。其独特的分子结构赋予了它良好的柔韧性和可塑性,在隔声方面具有显著优势。从隔声原理来看,聚氨酯本身具备一定的黏弹性,当声波冲击材料时,材料分子链的内摩擦会将声能转化为热能,从而消耗部分声能。同时,与增强材料复合后,复合材料内部形成了更多复杂的微观结构,声波在其中传播时会经历多次反射和散射,进一步削弱了声波强度。

在建筑领域,聚氨酯复合材料常被用于建筑物的外墙保温与隔声一体化系统。其具有良好的隔声性能,能够有效阻挡外界的交通噪声、工业噪声传入室内。在一些对声学环境要求较高的场所,如录音棚、音乐厅等,聚氨酯复合材料也用于制作吸声隔声板,不仅能降低外界噪声干扰,还能优化室内声音反射效果,提升声学品质。

在交通行业,聚氨酯复合材料在汽车和船舶领域应用广泛。汽车内饰中,它可用于制造车门内饰板、车顶内衬等部件,有效降低车内噪声,营造安静舒适的驾乘空间。船舶上,聚氨酯复合材料可用于船舱的隔声装修,减少发动机噪声、海浪拍打声对船员和乘客的影响。

相较于其他隔声材料,聚氨酯复合材料具有密度较小、质量较小的特点,这在对质量有严格限制的航空航天等领域极具吸引力。同时,它的加工性能良好,可以根据不同的应用需求制成各种形状和规格,而且耐久性强,能够在不同环境条件下长期保持稳定的隔声性能。

3. 层合复合隔声材料

根据单层均质复合材料隔声曲线和“质量定律”,我们可以了解到,当材料的面密度翻倍时,其隔声量能相应提升 6 dB。然而,这也意味着材料的质量和成本会大幅增加。为了在保证隔声效果的同时降低成本,一种常用的方法是采用多层隔声结构,即通过将多块隔声板复合在一起来实现。

图 1–10 展示了双层带空腔复合隔声板的结构。在这种结构中,隔声板之间的空气层起到了类似“弹簧”的作用。当透射声波作用时,空气层会产生压缩形变,从而起到缓冲效果,将部分声能转化为内能并消耗掉,进而提升隔声量。这种设计不仅节省了材料成本,还显著提高了隔声效果。此外,空腔内部还可以填充多孔吸声材料,以进一步增强隔声降噪的效果。

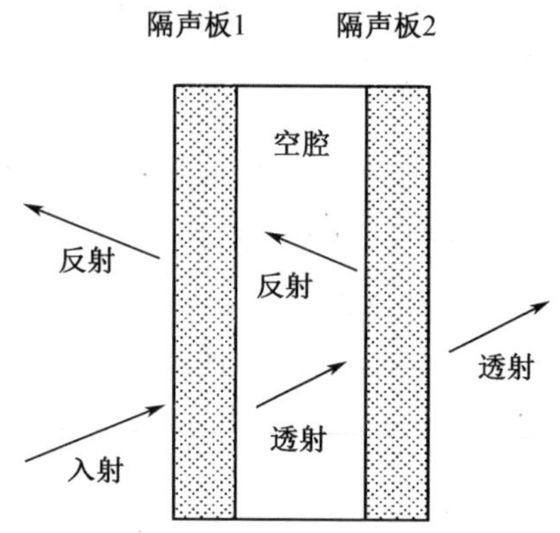

图 1-10　双层带空腔复合隔声板的结构

在选择隔声板时,各层可以采用不同材质和厚度的板材。这种设计会导致层与层之间的声阻抗不匹配,从而加强声波的反射和衍射效果,减少透射声能。同时,不同材质和厚度的板材具有不同的共振频率,层合后可以错开共振频低谷,改善吻合效应,进而增大隔声量。然而,需要注意的是,并非层数越多越好。在实际工程应用中,还要考虑结构复杂性和隔声效果。

4. 声学超材料

声学超材料又称声子晶体,是一种经过人为周期性排列的功能材料,它能在特定频率范围内形成弹性波禁带,类似于光子晶体的规律。在声子晶体内部,存在声波禁带和导带,当多频带噪声进入时,声波禁带会阻止特定频率的噪声继续传播,而导带则允许声波通过。因此,声子晶体能针对特定频段的噪声进行有效隔绝,从而可以根据设备或噪声的特性进行定制化设计,以达到最佳的降噪效果。

声子晶体产生声波禁带的机理主要有两种。一是基于 Bragg 散射原理,这与晶胞的周期性排列密切相关。晶胞间晶格常数与禁带频率对应的波长有关,晶胞间晶格常数和密度的差异越大,越容易产生禁带。二是基于局域共振带隙原理。在声波作用下,周期性排列的散射体会产生共振现象,与弹性波共同作用,阻止噪声继续传播,从而形成声波禁带。这种由共振形成的带隙与晶胞的排列无关,而是取决于散射体组元的特性。

声子晶体作为近年来新研发的声学超材料,不仅具有极高的理论研究价值,还展现出广阔的应用前景。它为隔声降噪提供了一种全新的解决方案和思路。

1.4　声子晶体和声学超材料

1.4.1　声子晶体

声子晶体是一种特殊的周期性复合材料或结构，它由至少两种不同介质构成，并展现出独特的弹性波带隙特性。声子晶体的分类方式多样：根据组成声子晶体的介质种类数量，可以将其划分为二组元声子晶体、三组元声子晶体等；根据组成声子晶体的介质材料属性，可以进一步细分为固–固型声子晶体（由两种或多种固体介质组成）、固–液型声子晶体（由固体和液体介质组成）及固–气型声子晶体（由固体和气体介质组成）；根据声子晶体周期性结构的维度，还可以将其分为一维、二维和三维声子晶体。这些不同维度的声子晶体具有各自典型的结构，如图 1–11 所示。

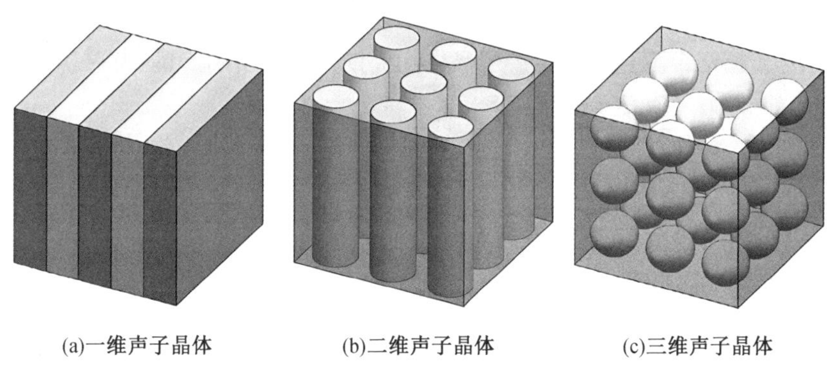

(a)一维声子晶体　(b)二维声子晶体　(c)三维声子晶体

图 1–11　声子晶体典型结构示意图

1. 一维声子晶体

这种类型的声子晶体是由两种或多种不同材料交替排列形成的柱状或层状的周期性结构。它们可以想象成一系列重复的单元，沿着一条直线排列，这些单元可以是固体和气体、固体和液体或不同固体材料的组合。

2. 二维声子晶体

二维声子晶体通常呈现出点阵结构，这种结构是通过将柱状结构沿着一个轴向平行排列,并嵌入另一种基体材料中形成的。这种结构在平面内具有周期性,但在垂直于这个平面的方向上则没有周期性,或者周期性较弱。

3. 三维声子晶体

三维声子晶体是由球形或其他形状的散射体周期性地嵌入另一种基体材料中构成的。这些散射体可以按照不同的晶格排列,如简单立方晶格、面心立方晶格或体心立方晶格等。三维声子晶体在所有三个空间维度上都展现出周期性结构。

这些声子晶体的设计和排列方式对其声学特性有着重要影响,包括它们在特定频率下对声波的传输和反射能力。通过精心设计这些结构,可以实现对声波的精确控制,故而声子晶体在声学、光学和机械工程等领域有着广泛的应用。

1.4.2 声子晶体带隙

声子晶体依据其带隙产生的机理,可以分为布拉格散射型和局域共振型两大类。然而,值得注意的是,一个声子晶体也有可能同时展现出这两种类型的带隙特性。其中,布拉格带隙主要是由声子晶体的周期性结构所引起的,其带隙频率受到布拉格条件的制约,具体关系如下:

$$a = \frac{n\lambda}{2},\ n = 1,2,3,\cdots \tag{1-9}$$

式中,a 为晶格尺寸;λ 为弹性波的波长。

要产生布拉格带隙,晶格尺寸至少要等于弹性波波长的一半。我们将频率 f 与波长 λ 的关系表示为 $f=c/\lambda$(其中 c 为弹性波在介质中的传播速度),并代入式(1-9)中,有

$$f = \frac{nc}{2a},\ n = 1,2,3,\cdots \tag{1-10}$$

根据前面的讨论,可以得出布拉格带隙的频率至少为 $c/2a$。这意味着,如果想要实现低频的带隙,晶格尺寸 a 必须非常大。然而,局域共振型声子晶体通过利用局域共振原理,成功地打破了这一限制。它们能够在小尺寸的晶格上实现对大波长弹性波的控制,因此具有更加广阔的应用前景。

声子晶体的带隙产生机理主要有两种:Bragg 散射机理和局域共振带隙机理。Bragg 带隙需要较大的晶格尺寸来实现低频带隙衰减,而局域共振带隙则以散射体的共振特性起主导作用,可以实现小尺寸声子晶体阻止长波长的目标,突破了 Bragg 散射的限制。

1.4.3　声子晶体国内外研究现状

1. 国内研究现状

在国内,声子晶体的研究已经吸引了众多学者的关注,特别是在针对不同维度的声子晶体结构(如杆、梁、板等)方面,取得了显著的进展。早期的研究中,郁殿龙等针对一维声子晶体结构进行了深入探索。他们选择椭圆棒状的环氧树脂和铝作为基本结构,详细讨论了椭圆轴的长度与第一禁带频率位置范围之间的关系,并揭示了该结构下扭转禁带的独特特性。为了降低禁带频率,他们巧妙地将局域共振机制应用于椭圆棒状结构的扭转振动中。随后,王刚等进一步扩展了研究,利用黏弹性材料的频率变化特性,旨在拓宽该结构下的声子晶体禁带,并对多个周期的周期性结构振动进行了测试验证。除了对一维杆状结构的研究,郁殿龙等还将目光投向了声子晶体的其他结构,如薄板结构。他们采用钢和环氧树脂作为基本材料,深入研究了弯扭耦合振动时的能带特性。通过仿真和实验验证,他们成功地揭示了该结构下的振动响应特性。

温激鸿等也对声子晶体的周期性结构进行了深入研究。他们选择了由有机玻璃和铝组成的变截面细直梁结构,探讨了密度、填充比、晶格大小等几何物理参数对弯曲禁带位置和范围的影响。随后,他们通过仿真和试验验证了该结构下的振动响应特性,并测试了有限周期的声子晶体的振动传输特性,以期获得更低频率的禁带。

2000年前后,声子晶体的研究领域迎来了一次重大突破,刘正猷教授首次提出了局域共振型声子晶体的概念。这一新型声子晶体与以往研究的布拉格型结构有着显著的区别,从而引发了国内学者对局域共振型声子晶体特性和带隙的广泛研究。为了获得理想的带隙,研究者们开始探索二维三组元局域共振声子晶体的物理参数调整。研究发现,通过适当调整声子晶体的厚度等参数,可以有效影响带隙的位置和宽度。同时,材料的填充比也被视为一个关键因素,对带隙特性有着显著的影响。

基于局域共振型声子晶体的发现,二维声子晶体的研究逐渐增多。黄飞等以椭圆为散射体、水银为基体的矩形结构声子晶体为研究对象,深入探讨了散射体形状变化及其旋转对禁带位置和范围的影响。此外,他们还研究了方形二维周期性结构,并采用两种不同材料作为散射体,探究了该结构在 Z 模下的禁带范围。为了在该结构下产生禁带,他们进一步揭示了基体尺寸、材料占比以及杨氏模量之间的复杂关系。与此同时,齐共金等也在方阵型周期性结构中展开了研究,他们的基体是水银,散射体是四氯化碳。他们不仅确定了该结构下禁带的位置和范围,还深入分析了散射体形状的不同对禁带特性的影响,为声子晶体的设计和优化提供了有益的参考。

2. 国外研究现状

国外在声子晶体的研究领域主要聚焦于材料的特性探索、结构设计制作,实际应用开发等多个层面,其中,晶体结构的设计制作是研究的重中之重。为了制造出具有较低频率禁带的晶体,Ho 等巧妙地采用了局域共振晶体设计。他们发现,利用周期性结构中的缺陷态,能够在声器件等领域展现出巨大的应用潜力,设计出比传统材料结构更为高效、轻薄且能耗低的声滤波器。Benchabane 着眼于提升声表面波滤波器的性能,巧妙地利用了周期性结构中的禁带带隙范围特性,在设计中融入了合适的压电材料,实现了性能的优化。此外,众多国际学者如 Sigalas、Kushwaha 及 Vasseur 等,也在周期性结构的禁带范围和材料特性等方面进行了深入探究。例如,Sigalas 在研究声子晶体的薄板结构时,发现当散射体材料为三氧化二铝、基体材料为合成树脂时,通过调整薄板的厚度,可以显著影响禁带的位置和范围,甚至获得较高频率的完全禁带。

值得一提的是,Alexey Sukhovich 等发现,周期性结构在二维状态下具有独特的声聚焦特性,这一现象主要由负折射引起。这一发现为后续的周期性结构声波透镜的研究和发展奠定了坚实基础。Cervera 等利用了周期性结构的负折射特性,采用金属杆状结构设计出了性能优异的声波透镜,该透镜具有损耗低、聚焦效果好的特点,能够聚焦 1 000 Hz 以上频率的弹性波。

在周期性结构的可调性方面,国外的研究进展同样迅速。早期的研究主要集中于通过调整周期性结构的形状和几何大小来改变其禁带特性。例如,Goffaux 在 2001 年研究方形散射体和方形基体组成的二维周期性结构时,发现散射体的旋转对禁带的位置和范围有显著影响,他通过调整散射体柱体的角度来调控周期性结构的禁带。随着研究的深入,研究者们开始探索将不同性能的材料融入周期性结构中,以实现更灵活的带隙调控。Ruzzeen 等在 2000 年就在周期性结构中加入了形状记忆合金(SMA),以调整晶体的带隙。他们后续还研究了压电材料对周期性材料带隙的影响,通过外接电路电场控制压电材料的形变,从而调整周期性材料禁带的位置和范围。Pennec 等在 2004 年研究波导管时,发现改变管内中空柱体的半径大小以及填充不同物理特性的液体,都能显著影响弹性波的模式。Yhe 在 2007 年发现电流变材料对周期性结构带隙的影响较大,在外电场作用下,电流变材料的性质会发生变化,从而可以调控周期性结构的带隙。有学者还针对周期性结构的周期性和单元特性进行了深入研究,探讨了禁带形成过程中各因素之间的相互影响。Charles 等在研究周期性结构的板状结构时,选择了铜作为基体,铁作为散射体,详细研究了该结构下的禁带特性,为理解不同材料组合对声子晶体性能的影响提供了重要参考。为了主动控制声子晶体的禁带范围,Asiri 等利用记忆合金和压电材料的相关特性,在杆状周期性结构中加入了这些材料。这一创新性的尝试不仅扩展了声子晶体在较大型机器减振隔离中的应用,还为声子晶体的智能化调控提供了新的途径。这些研究成果不仅推动了声子晶体理论的深入发展,也为声子晶体在实际工程中的应用提供了更多的可能性和选择。

此外,有学者将研究重心放在介电弹性材料对声子晶体带隙的影响上。他们在研究二维正方形排列的周期性结构时,将圆柱形散射体材料替换为介电材料,发现在外电场作用下,介电材料的性质发生变化,进而使得周期性结构的禁带位置和范围也发生相应变化,实现了可调的目的。Jim 等在 2009 年将具有铁电效应的陶瓷应用于周期性结构中,主要利用铁电陶瓷的温度特性来调控弹性波的传播速度。当弹性波在铁电陶瓷中传播时,由于温度的变化,弹性波的传播速度也会发生变化。他们制作了散射体为铁电陶瓷、基体为环氧树脂的周期性结构,进一步扩展了声子晶体在智能行业的应用范围。

在二、三维结构的研究领域,国外同样取得了显著的进展。Khelif 等在探索声子晶体薄板结构的面内能带特性时,发现当散射体材料被替换为金属和压电材料后,周期性材料的薄板厚度和晶格大小对带隙的位置与范围产生了显著的影响。这一发现为通过调整结构参数来优化声子晶体的性能提供了新的思路。

声学超材料是由亚波长人工原子构成的声学人工结构材料,它们通过引入低频局域共振单元获得低频的声学带隙,并实现负有效质量密度。声学超材料的研究致力于开发控制声波传播的新方法,并在许多方面取得了成功,例如设计出能够实现声隐身的声学超材料。

1.4.4　声学超材料

声学超材料的研究起源于对局域共振型声子晶体的探索。2004 年,Li 等在研究硅橡胶-水声子晶体时,发现在某些频段内,该材料的等效体积模量和等效质量密度会呈现负值,基于这一发现,他们借鉴电磁超材料的概念,提出了声学超材料的概念。随后,声学超材料的研究范围从最初的局域共振扩展到等效参数的显著变化,再到准周期和非周期性的人工结构。随着研究的深入,其内涵可能会继续扩展。从最初的局域共振特性,到等效参数的大幅变化,再到准周期和非周期性的人工结构,声学超材料的定义和应用范围逐渐拓宽。尽管其形态和特性可能随着研究的深入而继续演变,但声学超材料的共性特征在于:它们是在亚波长尺度(即所控制波长的几十分之一)上进行微结构的有序设计,从而获得常规材料所不具备的超常性能,如负的弹性模量、负的质量密度、局域共振低频带隙及超常吸收等特殊物理效应。这些周期性或非周期性的人工结构为声学领域带来了全新的研究视角和应用前景。

1.4.5 局域共振耗能模型理论

质量弹簧模型局域共振理论是一种在材料科学中用于描述和设计声子晶体与声学超材料的理论框架。该理论的核心在于利用周期性排列的质量-弹簧单元来实现对特定频率声波的局域共振,从而在材料的频谱中产生带隙,阻止声波的传播。

局域共振理论基于周期性排列的质量-弹簧单元,这些单元可以看作谐振子。当声波传播至这些单元时,如果声波频率与单元的共振频率相匹配,就会激发共振,导致声波能量被吸收而不是传播。通过调整质量块的质量和弹簧的弹性系数,可以改变共振单元的共振频率,从而控制带隙的位置。这种设计允许对低频到高频的声波进行调控。在这一理论中,通常采用质量-弹簧模型来描述共振模式。质量弹簧模型如图 1-12 所示,模型中,m_1 代表单个局域振子的质量,m_2 代表单个周期内基体的等效质量,而弹簧的弹性系数 k 代表包覆层的等效刚度。在带隙起始频率时,质点 m_1 在弹性系数为 k 的弹簧作用下发生共振;在带隙截止频率时,质点 m_1 和 m_2 在弹性系数为 k 的弹簧连接下以相对振动的方式共振,形成静点。

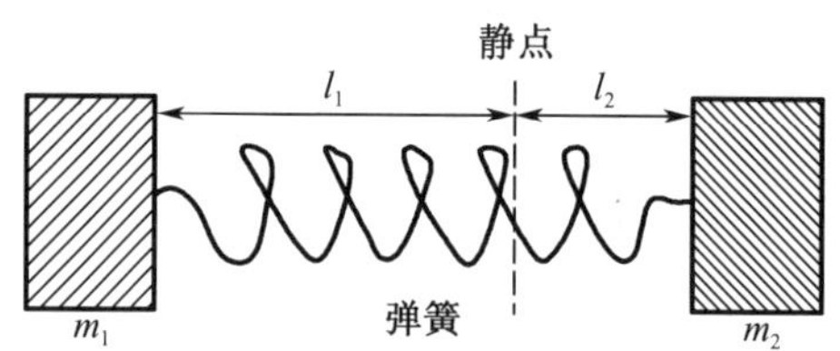

图 1-12　质量-弹簧模型图

局域共振型声子晶体能够在中低频产生禁带,尤其是第一禁带一般都产生在低频。这种特性使得局域共振理论在低频噪声控制领域具有重要应用。基于局域共振机理,研究人员设计了多种结构,如周期性排列的圆柱体形成的固态亥姆霍兹共鸣器,以及质量块-弹性梁局域共振结构等,这些结构在低频范围内获得了较宽的共振带隙。

质量-弹簧模型局域共振理论为设计新型声子晶体和声学超材料提供了理论基础,通过精确控制共振单元的参数,可以实现对声波的高效控制和噪声隔离,具有广泛的应用前景。

第2章　聚氨酯复合材料的结构表征与性能测试

2.1　聚氨酯复合材料的结构表征

聚氨酯复合材料的结构表征主要采用傅里叶变换红外光谱(FT-IR)、扫描电子显微镜(SEM)、超景深显微镜、原子力显微镜、静态水接触角、X射线衍射(XRD)等手段,分析复合材料的化学组成、晶体结构和微观形貌。

2.1.1　傅里叶变换红外光谱

傅里叶变换红外光谱(FT-IR)测试是一种应用广泛的分析技术,用于研究材料的分子结构和化学组成。FT-IR具有扫描速度快、信噪比高、重现性高、不破坏试样、试样用量少、操作简便,且能分析各种状态的试样、分析灵敏度较高、应用范围广等特点。FT-IR可以分析固态、液态或气态样品,适用于无机、有机、高分子化合物的检测。

1. FT-IR测试的表征介绍

(1)原理

FT-IR通过测量样品对宽频带红外光的吸收来获取分子振动的光谱信息。当分子受到红外光照射时,分子中的化学键(如C—H、O—H、C=O等)会吸收特定波长的光,导致分子振动能级的跃迁,形成特征吸收光谱。FT-IR的测试原理基于分子振动时吸收特定波长的红外光,化学键振动所吸收的红外光的波长取决于化学键动力常数和连接在两端的原子折合质量,即分子的结构特征。

(2)测试过程

样品受到频率连续变化的红外光照射,分子基团吸收特征频率的辐射,其振动或转动运动引起偶极矩变化,产生分子的振动能级和转动能级从基态到激发态的跃迁,形成分子吸收光谱。FT-IR 测试包括样品的制备、数据采集、傅里叶变换和光谱分析等步骤。

(3)谱图分析

FT-IR 谱图通常包含特征吸收峰,这些峰对应于特定的化学键或官能团。通过分析这些峰的位置、强度和形状,可以确定样品中的化学成分和结构。例如,可以识别和区分不同的官能团,如碳氢键、碳氧键、氨基等。

(4)样品制备

根据样品的状态(固态、液态、气态)和化学性质,采用不同的样品制备方法。对于固体样品,可能需要将其研磨成粉末或制备成薄膜;液态样品可以直接测量或制备成薄膜;气态样品则需要通过特殊的气体池进行测量。

(5)定量分析

FT-IR 也可用于定量分析,通过测量特定吸收峰的面积或高度,可以确定样品中特定成分的含量。这通常需要建立标准曲线,并通过校准来提高准确性。

(6)联用技术

FT-IR 可以与其他分析技术联用,如气相色谱红外(GC-IR)或热重分析-红外(TGA-IR),以提高分析的定性和定量能力。

(7)应用领域

FT-IR 广泛应用于塑料、橡胶弹性体、纤维、涂层、填料等众多高分子及无机非金属材料的定性与定量分析。它可用于材料的基团结构分析、材料的定性及定量分析,包括特征吸收频率(基团)的定性分析和特征峰的强度的定量分析。

本书采用 Cary 630 型傅里叶变换红外光谱仪。配置包括高能量中红外光源;光谱范围:7 000~350 cm^{-1}(KBr 配置), 5 100~600 cm^{-1}(ZnSe 配置) ;Flexture 迈克尔逊 45 度干涉仪,永久准直光路;DTGS 检测器;固体样品透射采样附件、衰减全反射(attenuated total reflectance,ATR)采样附件、专利液体采样附件。当红外光源照射在样品上时,检测器会精确地测量样品吸收的光量。这种吸收可形成特有的光谱指纹,使用这种光谱指纹可以确定样品的分子结构和混合物中特定化合物的精确含量。

2. 采样附件分析样品流程

(1)固体样品透射采样附件分析

红外光谱固体样品透射采样分析是一种常用的光谱分析方法,主要用于研究固体样品的化学结构和组成。固体样品透射采样附件如图 2-1 所示。

(a)

(b)

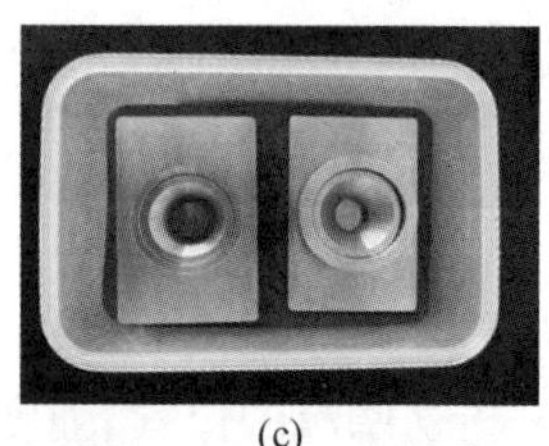
(c)

(d)

图 2-1　固体样品透射采样附件

①透射采样分析的原理

透射采样分析是通过测量红外光透过样品后的光谱变化来获取样品的化学信息。当红外光通过样品时,样品中的化学键会吸收特定波长的光,从而在透射光谱中形成特征吸收峰。

②样品制备方法

固体样品的透射分析通常需要对样品进行预处理,以确保样品能够均匀地透过红外光。常见的制样方法包括溴化钾压片法、薄膜法、直接透射法等。

a. 溴化钾压片法:将 1∶200 的样品与 KBr 粉末放入研钵中研磨均匀,将研磨均匀的粉末装入压片磨具中,将压片磨具置于压片机上,压力调整至 20 MPa 左右,保持 1 min,压制成透明的薄片。

b. 薄膜法:将固体样品溶解在适当的溶剂中,滴在窗片上,待溶剂挥发后形成一层均匀的薄膜。薄膜厚度通常为 10~30 μm,以保证良好的透光性。

c. 直接透射法:对于薄膜或薄片状样品,可以直接裁剪成小块进行测试。

③透射分析的优点

a. 高精度:透射法能够提供高分辨率的光谱信息,适用于精确的化学分析。

b. 适用范围广:适用于多种固体样品,包括粉末、薄膜和薄片。

c. 非破坏性:测试过程中不会破坏样品。

④透射分析的局限性

a. 样品制备复杂:需要对样品进行研磨、混合或溶解等处理,操作较为烦琐。

b. 吸湿问题:在制样过程中,样品容易吸收空气中的水分,导致谱图干扰。

c. 样品适用性有限:对于厚度较大或颜色较深的样品,透射法可能不适用。

(2) ATR 采样附件分析

ATR 模式红外光谱测试是一种高效、无损的分析技术，特别适合于需要快速获取样品表面化学信息的场合。ATR 模式测试附件如图 2-2 所示。

①ATR 模式红外光谱测试的原理

ATR 是红外光谱测试中一种重要的技术。其原理基于光的全反射现象：当一束红外光以大于临界角的角度入射到高折射率的晶体（如金刚石、硒化锌等）时，光会在晶体与样品的界面发生全反射，并在样品表面产生一个衰减的电磁波（也称为“衰减反射波”）。如果样品在入射光的频率区域有吸收，反射光的强度会在样品吸收频率位置减弱，从而产生与透射光谱类似的吸收谱图。

②ATR 模式红外光谱测试的方法

ATR 技术无须复杂的样品前处理，适用于固体、液体、糊状体、粉末和薄膜等多种样品。固体样品需要与 ATR 晶体紧密接触，可通过压头施加压力使其贴合；液体样品可以直接涂抹在晶体表面，或使用带液体池的附件。

图 2-2　ATR 模式测试附件图

③测试过程

在测试前，需用软布或棉球蘸取乙醇、丙酮等溶剂清洁晶体表面；在未放置样品时，采集背景光谱以消除仪器和晶体本身的干扰；将样品放置在晶体表面，并确保其与晶体紧密接触；启动仪器采集样品的红外光谱。

透射法和衰减全反射法是两种常见的红外光谱分析方法。透射法需要复杂的样品制备过程,而衰减全反射法则无须制样,操作更为简便。此外,衰减全反射法在处理高分子材料、易吸湿样品及表面粗糙的样品时具有明显优势。

(3)DialPath 专利液体采样附件分析

DialPath 是一种专利液体采样技术,广泛应用于傅里叶变换红外光谱分析中。DialPath 专利液体采样附件如图 2-3 所示。

图 2-3 DialPath 专利液体采样附件图

①DialPath 技术特点

a. 创新的采样方式:DialPath 附件通过旋转光学头设计,可以选择三种经工厂校准的固定光程(30~200 μm),无须拆卸即可快速切换。

b. 操作简便:将一滴液体样品滴在固定式红外透明窗片上,转动第二个窗片形成固定样品光程,分析完成后通过擦拭清洁窗片即可准备下一个样品。

②液体样品定量分析具体步骤

配置一系列不同浓度的液体标准样品和参考样品;分别采集不同浓度液体标准样品的谱图;打开 Microlab Quant 软件,建立标准曲线模型;利用建立的模型对已知浓度的标准样品进行浓度预测;使用该模型计算参考样品的浓度,与理论浓度对比后适当调整模型;保存建立好的模型,完成定量方法建立;使用建立的定量方法对标准样品浓度进行预测;使用参考样品对 Microlab PC 中的定量模型进行校正;使用 Microlab PC 软件对未知浓度样品进行定量分析。

DialPath 专利液体采样技术为 FT-IR 分析提供了一种高效、便捷且准确的解决方案,尤其适用于挥发性液体和复杂样品的分析。

2.1.2　扫描电子显微镜

扫描电子显微镜(SEM)(图 2-4)是一种利用高能电子束扫描样品表面,并通过检测电子与样品相互作用产生的信号,获得样品表面微观结构的成像工具。SEM 广泛应用于冶金、地矿、建材、机械、化工、农业、环保、食品和医药等多个领域。它特别适用于观察金属、陶瓷、高分子等材料的微观结构、分析成分和晶体学特征。

1. SEM 测试与表征

(1)测试原理

SEM 的成像是通过电子束与样品表面的相互作用实现的。高能电子束与样品相互作用时,会产生一系列信号,包括二次电子(SE)、背散射电子(BSE)、特征 X 射线。二次电子:主要用于显示样品的表面形貌;背散射电子:用于显示样品的成分差异,原子序数越大,产生的背散射信号越强;特征 X 射线:用于元素分析,提供样品的化学成分信息。

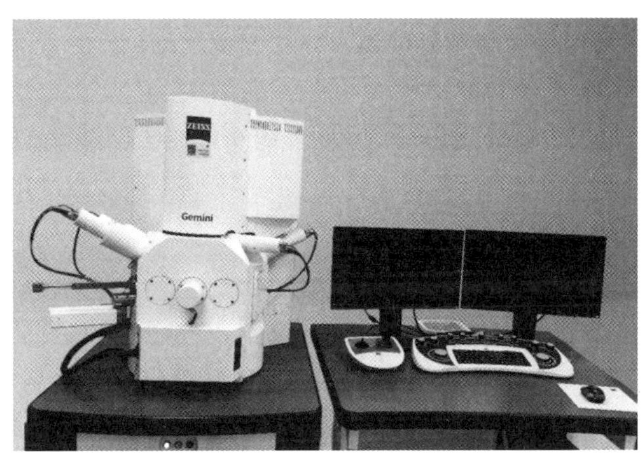

图 2-4　扫描电子显微镜

(2)SEM 测试的优势

①高分辨率成像:SEM 的分辨率可以达到纳米级别,适用于观察微小结构。

②大放大倍数:SEM 的放大倍数范围广泛,从几十倍到几十万倍不等。

③快速成像:SEM 扫描速度快,可以在短时间内获得高质量的图像。

④样品适用范围广:SEM 适用于各种固体样品,包括金属、非金属、生物样

品等。

(3)SEM 测试的局限

①样品制备复杂:非导电样品需要涂覆金属膜以避免充电,生物样品需要脱水和固定,过程复杂且耗时。

②真空环境限制:SEM 需要在高真空环境下工作,液体或柔软样品难以直接观察。

③成本较高:SEM 设备昂贵,维护复杂,操作人员需要经过专业培训。

2. SEM 技术在材料科学中帮助理解材料性质的途径

(1)表面形貌观察

SEM 能够提供材料表面的高分辨率图像,这对于观察金属、陶瓷、高分子等材料的微观结构至关重要。通过观察材料表面的颗粒尺寸、分布、均匀度及团聚情况,可以了解材料的表面特性,这些特性直接影响材料的物理化学性能。

(2)成分分析

配备 X 射线能谱仪(EDS)的 SEM 可以进行微区元素成分分析,适用于材料的定性和定量分析。这有助于识别材料中的主要成分和杂质,以及它们在材料中的分布情况,从而理解材料的组成和结构。

(3)晶体结构和取向分析

结合电子背散射衍射仪(EBSD),SEM 能够测定晶体材料的晶体结构和取向,这对于研究材料的微观组织结构非常重要。这种分析手段广泛应用于金属、合金、陶瓷等领域,可以用于晶粒尺寸、再结晶、应变分析等。

(4)内部结构应变研究

利用 SEM 技术,特别是四维扫描透射电子显微镜(4D-STEM)技术,可以高精度测量材料内部的局部应变。这些应变测量对于理解材料的性质至关重要,因为晶体中的晶体缺陷会导致点阵畸变和弹性应力场产生,从而影响材料的性能。

(5)原位微纳米力学性能测试

SEM 还可以配备原位纳米压痕系统,进行微观拉伸、压缩、弯曲、疲劳等多种力学性能测试。这种原位测试可以在力学测试的同时结合 SEM 原位观察试样形貌或微观结构的演化,为材料的力学行为提供直接的观察和分析。

(6)多信号探测

SEM 可以收集二次电子、背散射电子、特征 X 射线等多种信号,为样品分析提供丰富的信息。这些信号的收集和分析有助于全面理解材料的表面和内部特性。

SEM 技术为材料科学家提供了从微观结构到宏观性能的全面信息,从而深入理解材料的性质和行为。

2.1.3　超景深显微镜

超景深显微镜是一种高分辨率显微镜，它通过特殊的光学原理和图像处理算法，实现对样品的大范围焦平面的获取和合成。超景深显微镜如图 2-5 所示。

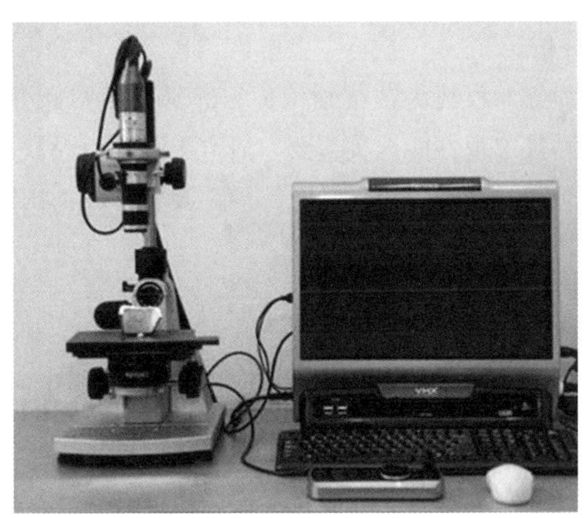

图 2-5　超景深显微镜

1. 超景深显微镜的测试表征

(1)工作原理

超景深显微镜利用光学相位调制和数字图像处理技术，将不同焦深的图像进行叠加，从而获得全景式的三维图像。它通过调节光源和物镜之间的相对位置，在不同焦平面上获取多幅图像，然后利用图像处理算法对这些图像进行叠加和融合，得到具有高景深的三维图像。超景深显微镜的核心技术之一是超景深成像，它基于焦平面的合成，获取多幅在不同焦平面下的图像，并通过图像处理算法将多幅图像合成为一幅具有大范围焦平面的图像。

(2)测试表征

超景深显微镜可以对材料表面显微形貌在 z 轴方向逐层采集图像，通过将采集的图像堆叠生成高度图，从而在三维空间中实现材料表面显微形貌的可视化；在表征高孔隙率材料表面状况及分析材料表面腐蚀磨损状况等情况下，三维可视化图像较二维平面形貌图像更为直观、准确；超景深显微镜可以提供更丰富的立体感和更高的成像质量,特别适用于观察具有深度的样品,如厚片样品、不规则形状的样品等。

2. 超景深显微镜的应用

在材料科学领域,超景深显微镜可用于研究材料的微观结构和性能,如材料的表面形貌、晶体结构、成分分布等。超景深显微镜在材料科学中的应用非常广泛,主要包括以下几个方面。

(1)三维结构分析

超景深显微镜能够对材料的三维结构进行详细的观察和分析,这对于了解材料的微观结构对预测其宏观性能至关重要。研究人员通过超景深显微镜可以观察到材料内部的复杂结构,如多孔材料的孔径分布、复合材料的内部界面及各种材料的裂纹和缺陷。

(2)表面粗糙度测量

材料的表面粗糙度对其耐磨性、涂层附着力及光学性能等都有显著影响。超景深显微镜可以提供高清晰度的表面图像,用于精确测量表面的粗糙度参数,这对于优化制造工艺、提高产品质量非常重要。

(3)相变观察

在研究材料的相变过程时,超景深视频显微镜能够提供连续的、高清晰度的实时图像。研究人员可以观察到材料在不同温度或压力条件下的相变过程,从而更好地理解相变的动力学和机制。

(4)微观力学测试

超景深显微镜常与微观力学测试设备联用,以实时观察材料在受力过程中的微观结构变化。例如,在拉伸、压缩或弯曲测试中,通过超景深显微镜可以清楚地看到材料内部裂纹的生成和扩展过程,为研究材料的断裂机制提供直接证据。

(5)薄膜和涂层分析

在半导体制造、保护涂层和众多其他应用中,薄膜的品质直接关系到最终产品的性能。超景深显微镜可以用来评估薄膜的均匀性、覆盖情况及界面特性,对于优化薄膜沉积工艺至关重要。

(6)表面形貌分析

超景深显微镜可以实现高分辨率的表面形貌分析,克服了传统扫描电子显微镜对于样品的破坏性缺陷。这种非接触式的成像方法能够精确地观察材料表面的微小结构和形貌变化。

(7)光学性质研究

超景深显微镜可用于研究材料的光学性质,如反射率、透过率、散射率等。通过测量样品的反射率或透过率,可以确定其光学特性,例如折射率、吸收率、色散等。

(8)表面化学分析

超景深显微镜可以结合拉曼光谱技术,实现表面化学分析。通过红外吸收、散射等光谱特性的研究,可以确定材料的化学成分和分子结构。

(9)薄膜形貌研究

超景深显微镜在研究薄膜形貌时也具有优势。它可以观察到薄膜表面的微小起伏、裂纹和缺陷等细节,帮助揭示薄膜形貌与性能之间的关系。

通过这些应用,超景深显微镜为材料科学研究提供了宝贵的工具和手段。超景深显微镜通过其独特的成像技术,为科研人员提供了一个强大的工具,以观察和分析样品的微观结构和特性,从而为相关领域的研究和应用提供有价值的信息。

2.1.4　原子力显微镜

原子力显微镜(Atomic Force Microscope,AFM)(图 2-6)是一种高分辨率的显微镜,主要用于研究材料表面的形貌和性质。它通过探针与样品表面之间的相互作用力来获取样品的三维形貌信息。AFM 广泛应用于材料科学、生物医学、纳米技术、电子工程等领域。它可以用于研究生物分子、聚合物、薄膜、纳米材料等的表面特性,帮助科学家深入理解材料的微观结构与宏观性能之间的关系。

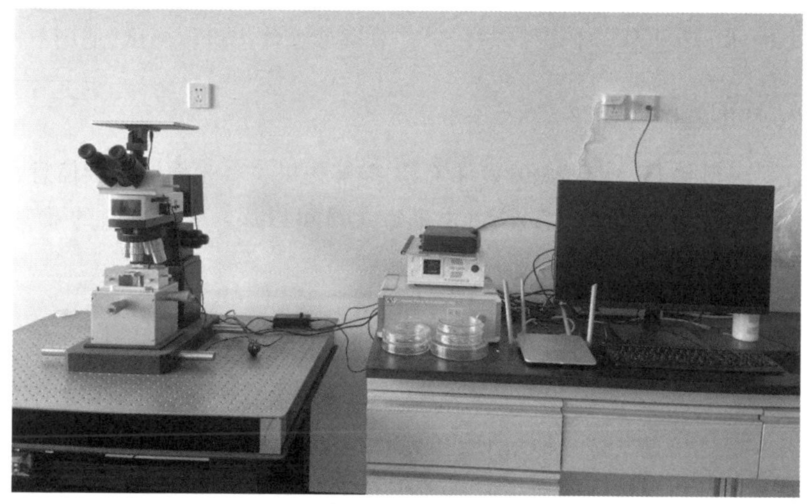

图 2-6　原子力显微镜

1. AFM 的测试表征

（1）测试原理

AFM 的基本原理是利用一个非常尖锐的探针（tip）固定在一个微悬臂（cantilever）上，当探针接近样品表面时，探针与样品之间的相互作用力（如范德华力、静电力等）会导致微悬臂发生弯曲。通过检测微悬臂的位移，可以获得样品表面的高度信息，从而生成样品的三维图像。激光束照射在悬臂背面，反射光的变化被光电探测器捕捉，从而实现高精度的位移测量。

（2）测试表征

①表面形貌：AFM 能够以纳米级分辨率获取样品的表面形貌，包括粗糙度、纳米颗粒尺寸、孔径等信息。这使得 AFM 在材料科学、半导体、纳米技术等领域得到了广泛应用。

②力学性能：AFM 可以测量样品的力学性能，如弹性模量、硬度等。通过力谱技术，AFM 能够提供样品在不同加载条件下的力学响应数据。

③电学和磁学特性：AFM 结合其他技术（如 KPFM、MFM 等）可以测量样品的电势分布、局域导电性和磁性。这对于研究材料的电学和磁学特性非常重要。

④动态监测：AFM 能够在不同环境条件下（如温度、湿度等）实时监测样品的表面变化，适用于研究材料的动态行为。

（3）优势

a. 高分辨率：AFM 可以达到原子级的分辨率，能够观察到细微的表面结构。

b. 无须导电样品：与 SEM 不同，AFM 可以对绝缘体和非导电材料进行成像。

c. 多种环境下工作：AFM 可以在空气、真空或液体中进行测试，适用范围广泛。

2. AFM 的应用

原子力显微镜是一种强大的表征工具，能够提供材料表面的详细信息，广泛应用于科学研究和工业领域。通过 AFM，研究人员可以深入了解材料的微观结构及其对性能的影响。

2.1.5 静态水接触角

静态水接触角测试是一种用于研究液体与固体表面之间相互作用力的实验技术。静态水接触角测试指的是在液滴体积不变的条件下，使用座滴法在指定时间测量的接触角。接触角是气、液、固三相交界处的气-液界面和固-液界面切线之间的夹角，是衡量液体对材料表面润湿性能的重要参数。静态水接触角测试在多个领域有着重要的应用，包括但不限于石油工业、浮选工业、医药材料、芯片产业、低表面能无毒防污材料、油墨、化妆品、农药、印染、造纸、织物整理、洗涤剂、喷涂、污水处理等。通过接触角的测量，可以获得材料表面固-液、固-气界面相互作用的许多信息，进而了解固体表面的性质。静态水接触角测试仪如图 2-7 所示。

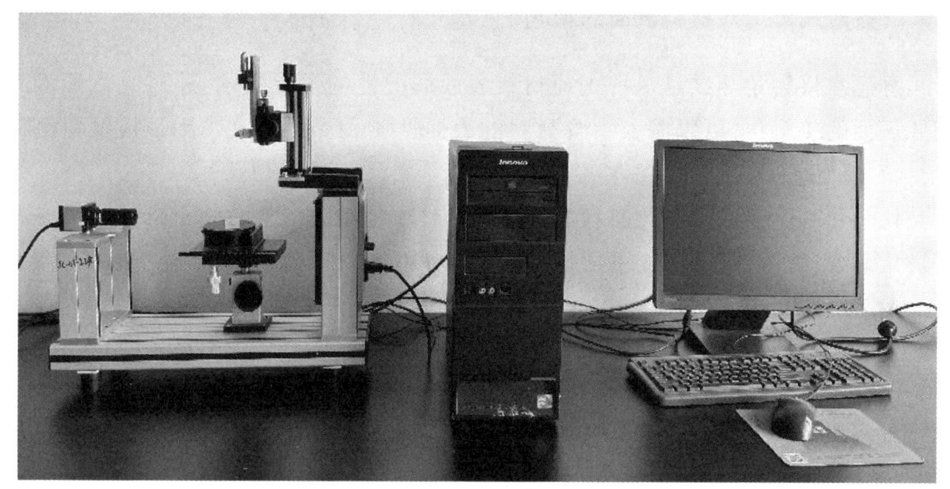

图 2-7　静态水接触角测试仪图

1. 静态水接触角测试

(1) 测试原理

静态水接触角测试的基本原理是 Young 方程，该方程描述了在固体表面上的液滴与固体表面之间的平衡关系。接触角 θ 是液滴在固体表面上的平衡角度，可以通过测量液滴在固体表面的润湿性来得到。

(2) 测试方法

静态水接触角测试通常采用外形图像分析方法，通过记录液滴的图像，并在分析软件中对液滴的轮廓进行拟合，分析得出液滴在固体表面的接触角。测试方式包括座滴法、顶视法、威廉板法等。

(3) 样品制备

为了获得较好的测试结果，需要对样品表面进行处理，以降低表面粗糙度，去除油脂、氧化物等污染物。表面处理方法包括化学腐蚀、物理腐蚀、抛光、清洗等。样品尺寸应满足测试设备的要求，通常要求样品尺寸为直径 25 mm，厚度 1 mm 的圆形薄片。

(4)数据分析

静态水接触角测试结果的分析包括接触角值的测量和表面自由能的估算。测试结果可以用于评估材料表面改性效果、润滑油性能、生物组织表面性质及纳米材料的表面性质等。

2. 接触角测试对材料表面的影响

静态水接触角测试是一种表征材料表面润湿性的重要技术,通过测量液滴在固体表面的接触角,可以深入了解材料的表面性质和界面相互作用。接触角测试对材料表面的影响主要体现在以下几个方面。

接触角测试是衡量液体对材料表面润湿性能的重要参数。亲水性材料表面易于被水润湿,接触角较小;而疏水性材料表面不易被水润湿,接触角较大。

(1)表面润湿性

接触角测试最直接的应用是评估材料表面的润湿性。接触角的大小反映了液体在固体表面的润湿能力,通过接触角的测量,可以了解材料的亲水性或疏水性。

①接触角<90°:表面亲水性,液体在表面容易铺展;

②接触角>90°:表面疏水性,液体在表面形成球状;

③接触角接近 180°:超疏水性,液体几乎不与表面接触。

(2)表面自由能

通过接触角测试,可以计算固体表面的自由能。表面自由能是表征材料表面特性的重要参数,直接影响材料的润湿性、黏附性等性能。常用的测试方法是通过测量不同液体(如水、二碘甲烷)在固体表面的接触角,结合 Young 方程进行计算。

(3)表面清洁度

接触角测试可用于检测材料表面的清洁度。表面污染物(如油脂、灰尘等)会改变接触角的测量结果,因此通过接触角的变化可以判断表面是否清洁。例如,在半导体制造中,接触角测试用于评估硅片表面的清洁度。

(4)表面改性效果

接触角测试是评估材料表面改性效果的重要手段。通过测量改性前后的接触角变化,可以判断表面处理是否成功以及改性剂对表面润湿性的影响。例如,在涂层技术中,接触角测试用于评估疏水或亲水涂层的效果。

(5)表面粗糙度的影响

接触角测试结果会受到表面粗糙度的影响。粗糙度较高的表面可能导致接触角的测量值偏高或偏低,因此在测试前通常需要对样品表面进行处理,以降低粗糙度。

(6)液体与固体的相互作用

接触角测试可以用于研究液体与固体表面之间的相互作用,包括液体的吸附、扩散和渗透行为。例如,在制药工程中,接触角测试用于评估药物粉末的润湿性,从而优化药物配方。

(7)涂层性能评估

接触角测试可用于评估涂层的附着力和稳定性。例如,在汽车挡风玻璃上镀疏水膜层时,接触角测试可以判断涂层的疏水性能。此外,接触角测试还可用于检测涂层的均匀性和完整性。

(8)材料表面的亲油性或疏油性

接触角测试不仅可以测量亲水性或疏水性,还可以评估表面的亲油性或疏油性。例如,在石油工程中,通过测量岩石表面的接触角,可以判断岩石的亲油或亲水性,从而优化石油开采过程。

接触角测试是一种多功能的表面分析技术,能够提供关于材料表面润湿性、表面自由能、清洁度、改性效果、粗糙度影响以及液体与固体相互作用等多方面的信息,为材料表面改性提供了一种有效的评估和优化手段,有助于提高材料的性能和功能。这些特性使其在材料科学、电子技术、制药工程、石油工程、食品科学和纳米技术等领域具有广泛的应用。

本书采用 JC2000C 型接触角测试仪以水作为探测材料表面的接触角,以评价材料表面的亲疏水性能。将样品待测面朝上固定于载玻片上,保证样品边缘平整无凸起。测试时将载玻片放于接触角测定仪的载物平台上,压平并调平基线,然后向材料表面滴加近似相同大小的去离子水,转动测试仪,读取接触角。每个样品测量 5 个以上测试点,最后取测试结果的平均值。

2.1.6　X 射线衍射

X 射线衍射(XRD)是一种重要的材料分析技术,广泛应用于研究物质的物相和晶体结构。XRD 具有无损检测、操作简单、测量速度快和高精度等优点。与传统的化学分析方法相比,XRD 能够提供更丰富的结构信息,并且对样品无污染。XRD 技术在材料科学、化学、生物、医药、陶瓷、冶金等领域都有广泛应用。它不仅可以用于基础研究,还可以在工业生产中进行质量控制,确保材料的性能和稳定性。X 射线衍射仪如图 2-8 所示。

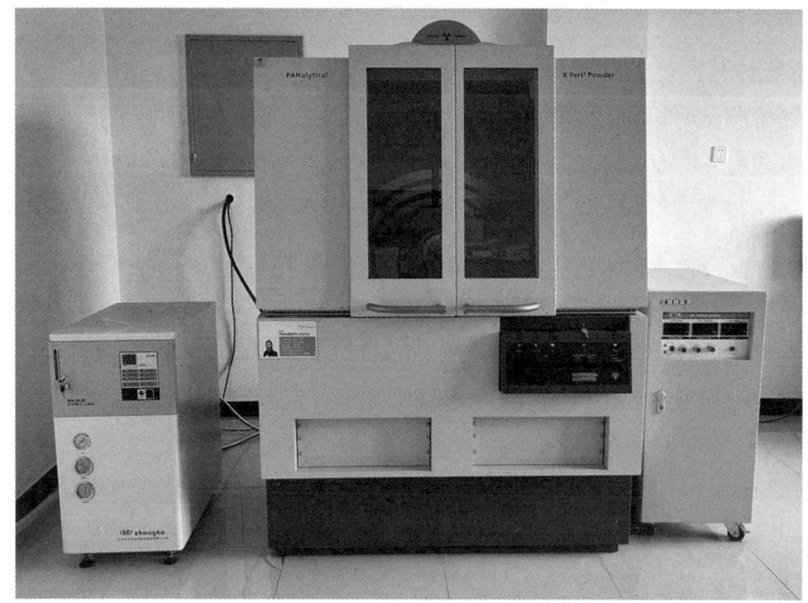

图 2-8　X 射线衍射仪

1. X 射线衍射仪测试

(1)基本原理

利用 X 射线与晶体中原子排列的相互作用,产生衍射现象,从而获取样品的结构信息。当一束单色 X 射线照射到晶体时,晶体中的原子会以周期性的方式散射 X 射线,形成衍射图谱。

(2)衍射现象遵循布拉格定律

$$2d\sin\ \theta=n\lambda$$

式中,d 是晶面间距;θ 是衍射角;λ 是 X 射线的波长;n 是整数。

通过分析衍射图谱,可以确定样品的晶体结构、物相组成及其排列方式。

2. XRD 测试对材料性能的影响

(1)物相分析

XRD 能够确定材料中存在的不同晶体相,这对于理解材料的物理和化学性质至关重要。不同物相的材料可能具有截然不同的性能,如电导性、热稳定性等。

(2)晶体结构分析

通过 XRD 可以分析材料的晶体结构,包括点阵参数、晶体对称性等。这些结构信息对于预测材料的机械性能、光学性能和电子性能等至关重要。

(3)应力测试

XRD 可以测量材料内部的微观应力,这对于评估材料的加工性能和使用过程中的稳定性非常重要。材料内部的应力可能会影响其强度和耐久性。

(4)纳米材料表征

纳米材料的晶体结构与其宏观性能密切相关。XRD 可以分析纳米材料的晶体结构,包括晶粒大小和形状,这对于理解材料的催化性能、电化学性能等有重要作用。

(5)质量控制

在工业生产中,XRD 用于监控产品质量,确保材料的性能符合标准。通过 XRD 测试,可以快速识别材料中的杂质和相变,从而保证产品的一致性和可靠性。

(6)晶体取向及结构的测定

晶体取向的测定对于理解材料的各向异性性能非常重要。XRD 可以精确地单晶定向,并得到晶体内部微观结构的信息,这对于材料的力学性能和电学性能等有重要影响。

(7)键长、键角的计算

XRD 精修可以得到晶体中的键长、键角参数,这些参数对化学键的性质有重要影响,从而影响材料的性质。

(8)温度因子 B 的测定

温度因子 B 与材料的热性质有直接关系,利用它还可以计算德拜温度因子和材料的电导率。这对于理解材料的热稳定性和电学性能非常重要。

XRD 测试可以提供材料的晶体结构、物相组成、应力状态等关键信息,对材料性能的理解和控制起到了至关重要的作用。

本书采用 X′Pert3 Powder X 射线衍射仪(XRD)分析聚集物状态。

2.2　聚氨酯复合材料的性能测试

聚氨酯复合材料的性能测试包括力学性能、热学性能、电磁学性能、阻燃性能等。力学性能主要通过拉伸试验、压缩试验和冲击试验等进行评价;热学性能通过差示扫描量热法、热稳定性和热膨胀系数等指标进行表征;电磁学性能主要考察复合材料的导电性和电磁屏蔽效能;阻燃性能则通过极限氧指数、锥形量热仪等方法进行测试。

2.2.1 差示扫描量热法

差示扫描量热法(DSC)是一种热分析技术,它通过在程序控制温度下测量试样和参比物之间的功率差(以热的形式)与温度的关系来研究样品的热效应。DSC能够提供关于样品在加热或冷却过程中的吸热或放热信息,从而获得样品的热力学和动力学参数,如比热容、反应热、转变热、相图、反应速率、结晶速率、高聚物结晶度、样品纯度等。差示扫描量热仪如图 2-9 所示。

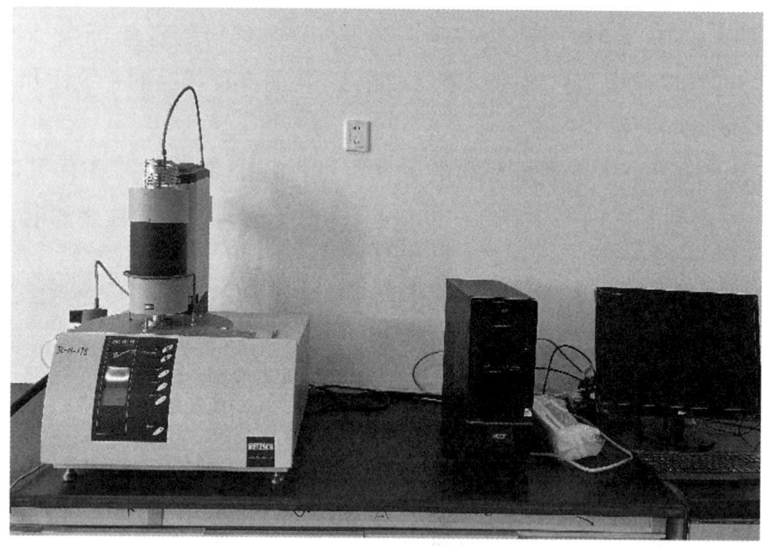

图 2-9 差示扫描量热仪

1. DSC 测试

(1)基本原理

将有物相变化的样品和在所测定温度范围内不发生相变且没有任何热效应产生的参比物,在相同的条件下进行等温加热或冷却。当样品发生相变时,在样品和参比物之间就产生一个温度差。这个温度差通过一组差示热电偶检测,并经差热放大器放大后送入功率补偿放大器,功率补偿放大器自动调节补偿加热丝的电流,使样品和参比物之间温差趋于零,两者温度始终维持相同。此补偿热量即为样品的热效应,以电功率形式显示于记录仪上。

(2) DSC 测试的步骤

①样品准备:将待测样品进行干燥处理,称量一定质量的样品,一般以 5~10 mg 为宜。对于易吸湿样品,需在干燥器中干燥或在干燥氮气气氛中操作。

②装样:将样品放入 DSC 仪器的坩埚中,避免样品接触坩埚底部和侧壁,以免影响测试结果。

③参数设置:根据样品性质和测试需求,设置温度范围、升温速率、气氛等参数。

④启动仪器:打开 DSC 仪器电源,待仪器稳定后,输入样品名称、质量和参数等信息。

⑤升温测试:在设定参数下,DSC 仪器自动进行升温测试,记录样品的热量变化,并生成相应的曲线。

⑥数据处理:测试结束后,将数据导入计算机软件进行处理和分析,绘制热谱图、热流曲线等。

⑦结果分析:根据处理后的数据和曲线,分析样品的热性质和化学性质,评估样品特性。

2. DSC 的应用

DSC 的应用范围非常广泛,包括塑料、橡胶、纤维、涂料、黏合剂、有机材料、无机材料、金属材料与复合材料等领域。它可以研究材料的熔融与结晶过程、玻璃化转变、相转变、液晶转变、固化、氧化稳定性、反应温度与反应热焓,测定物质的比热、纯度,研究混合物各组分的相容性,计算结晶度、反应动力学参数等。DSC 具有宽温度范围(−175~725 ℃)、分辨率高、试样用量少的特点,适用于无机物、有机化合物及药物分析。

此外,DSC 技术还可以与其他技术如红外光谱、X 射线衍射、色谱等连用,以获得高分子样品在相转变以及反应过程中的形貌结构、组成成分、热性能、机械性能等多种信息。

本书采用 DSC404 F3 差式扫描量热仪进行测试。测试均在 N_2 氛围下进行。

2.2.2　热重分析

热重分析(TG 或 TGA)是一种热分析技术,它通过在程序控制温度下测量样品的质量随温度或时间的变化来研究材料的热稳定性和组分。TGA 广泛应用于塑料、橡胶、涂料、药品、催化剂、无机材料、金属材料与复合材料等各领域的研究开发、工艺优化与质量监控。热重分析测试仪如图 2-10 所示。

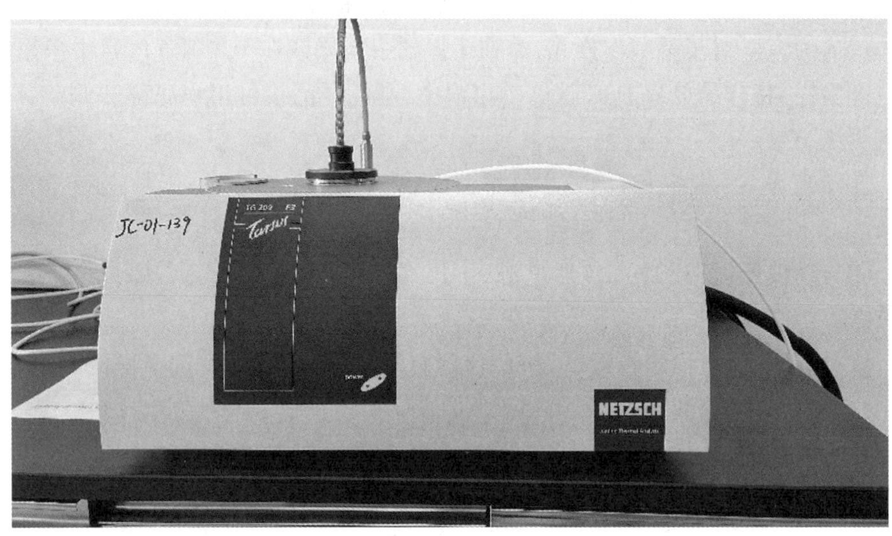

图 2-10　热重分析测试仪

1. TGA 测试方法

(1)基本原理

在一定的温度程序(升/降/恒温)控制下,测量物质的质量随温度或时间的变化。样品在受控气氛中进行等速加温,当被测物质在加热过程中有升华、汽化、分解出气体或失去结晶水时,其质量就会发生变化。这种质量变化可以通过高灵敏度的天平测量获得。根据热重曲线可分析样品的热降解温度、热稳定性、热分解动力学等。

(2)分析方法

TGA 的分析方法包括升温法和恒温法。升温法是样品在真空或其他任何气体中进行等速加温,记录样品的质量变化。恒温法是在恒温下,记录样品的质量变化作为时间的函数的方法。

2. TGA 的应用

TGA 在材料科学中的应用非常广泛,具体主要包括以下几个方面。

(1)热稳定性和分解温度的测定

TGA 可以用来确定材料的热稳定性和分解温度,这对于评估材料的耐热性和在高温下的应用至关重要。通过 TGA 曲线,可以确定材料的初始分解温度、最大失重温度和反应终了温度。

(2)组分分析

TGA 可以用于分析材料的组分,通过多阶段失重测量结果,能够计算出材料内部组分的比例。例如,对于玻纤增强的 PA66 材料,可以通过 TGA 分析计算出 PA66 和玻纤的比例。

(3)挥发和升华物质的分析

TGA 可以用来测试液态样品(如润滑油)的挥发和升华过程,评估其热稳定性。

(4)聚合物研究

在高分子材料领域,TGA 可以用于研究聚合物的热分解行为和热稳定性。通过 TGA 可以确定聚合物的热分解温度和热分解峰的峰值温度。

(5)金属氧化行为研究

在金属材料领域,TGA 可以用于研究金属的氧化行为和氧化动力学。通过 TGA 可以确定金属样品在不同温度下的质量变化,揭示金属的氧化速率和氧化反应的动力学参数。

(6)纳米材料和功能材料研究

TGA 可以应用于纳米材料和功能材料的研究,评估纳米颗粒的热稳定性和热分解行为,以及功能材料的热导率和热膨胀系数。

(7)添加剂和填充剂分析

在聚合物中,TGA 可以用来测定添加剂和填充剂的含量,这对于材料的性能分析和配方设计至关重要。

(8)热分解机理研究

TGA 可以与傅里叶红外光谱(FT-IR)、示差扫描量热法(DSC)、气相色谱-质谱联用(GC/MS)等技术联用,以揭示材料在不同气氛和热激励条件下的详细热响应信息,为材料的热解机理研究提供支持。

(9)质量控制和工艺优化

TGA 在塑料、橡胶、涂料、药品、催化剂、无机材料、金属材料与复合材料等领域的研究开发、工艺优化与质量监控中都有应用。

(10)环境氧化和催化剂表征

TGA 可以用来监测催化剂的环境氧化,为催化剂的氧化表征提供一种相对经济且主要提供表面和形貌信息的方法。

TGA 的主要特点是定量性强,能准确地测量物质的质量变化及变化的速率。只要物质受热时有组分逸出而引发质量的变化,都可以用 TGA 来研究。TGA 还可以与其他技术如红外光谱仪、气相质谱等联用,进行综合热分析。TGA 作为一种强大的分析工具,能够提供关于材料热特性的重要信息,对于材料科学领域的研究和工业应用都具有重要价值。

本书采用 TG-209 F3 型热重分析仪进行测试,使用 N_2 氛围。

2.2.3 动态力学性能测试

动态力学分析(DMA)是一种用于测量黏弹性材料的力学性能与时间、温度或频率关系的技术。它通过在程序控制的温度下对样品施加周期性的振荡力(通常是正弦波形),并测量样品的响应形变,从而研究样品的机械行为。DMA 能够测定材料的储能模量(E')、损耗模量(E'')和损耗因子($\tan\delta$)随温度、时间与力的频率的变化关系。其广泛应用于树脂基复合材料固化工艺研究,测定材料的黏弹性,包括蠕变或应力松弛,力学性能与时间、温度、频率的关系,测量树脂材料的玻璃化转变温度、固化、频率效应、黏弹性转变温度、物质的弹性模量测试、阻尼性能测试等。

1. DMA 测试表征

(1)测试原理

DMA 的测试原理是在程序控温和交变应力作用下,测量试样的动态模量和力学损耗与温度或频率的关系。通过样品在受周期性(正弦)变化的机械应力的作用和控制下发生形变的现象,研究材料在交变应力下的响应。DMA 可以测定材料的温度、频率、应力和应变之间的关系,获得材料结构与分子运动的信息。

(2)DMA 的形变模式

DMA 的形变模式包括以下几种。

①三点弯曲:适用于薄片和纤维等材料;

②单双悬臂:适用于棒状或梁状样品;

③拉伸:适用于薄膜和纤维等材料;

④压缩/针入:适用于颗粒和粉末等材料;

⑤剪切:适用于膏状或黏性材料。

由于样品的制备和安装对测试结果的准确性至关重要,因此要求样品必须是规则的,且上下断面必须平行。

2. DMA 的应用

DMA 测试为材料的设计、加工和应用提供了重要的力学性能数据，是材料科学研究中不可或缺的工具之一。DMA 在材料科学中的应用非常广泛，以下是一些具体的应用实例。

(1)黏弹性测量

DMA 可以测量材料在不同温度和频率下的储能模量(E')和损耗模量(E'')，从而评估材料的黏弹性特性。通过这些数据，可以了解材料在特定条件下的软硬程度和内摩擦行为。

(2)玻璃化转变温度(T_g)的确定

DMA 通过测量材料在加热过程中模量的显著下降来确定其玻璃化转变温度，这是聚合物材料的一个重要特性。

(3)蠕变和应力松弛测试

DMA 可以在恒定应力或应变条件下测量材料的蠕变行为和应力松弛行为，这对于预测材料在长期负载下的性能至关重要。

(4)热稳定性评估

通过 DMA 可以监测材料在高温下的性能变化，从而评估其热稳定性。

(5)材料疲劳测试

DMA 可以用来模拟材料在实际使用中经历的循环应力，从而评估其疲劳寿命。

(6)复合材料分析

对于复合材料，DMA 可以用来分析基体和增强体之间的界面特性，以及整体复合材料的机械性能。

(7)生物材料和医用材料研究

DMA 用于评估生物相容性和医用材料的机械性能，如人工关节和植入物的长期稳定性。

(8)反应动力学研究

DMA 可以在程序控温下监测材料在化学反应过程中的机械性能变化，从而研究反应动力学。

(9)树脂基复合材料固化工艺研究

DMA 用来测试各种材料的力学性能，通过瞬态实验或者动态实验测定材料的黏弹性(包括蠕变或应力松弛)和力学性能与时间、温度、频率的关系。

(10)材料老化的表征

DMA 可以用于评估材料在长期使用过程中的老化行为。

(11)浸渍实验

DMA 可以用于研究材料在液体中的浸泡行为,这对于评估材料的耐化学性和耐腐蚀性非常重要。

(12)长期蠕变预估

DMA 可以用于预测材料在长期应力作用下的蠕变行为,这对于工程设计和材料选择具有重要意义。

DMA 作为一种强大的分析工具,能够提供关于材料在不同条件下的力学行为的重要信息,对于材料科学、高分子材料工程、化学化工等领域的研究和应用具有重要价值。

本书采用测试材料的动态黏弹谱仪,参照美国试验与材料协会制定的标准《用动态力学分析方法(DMA)测定聚合物基复合材料的玻璃化转变温度的标准试验方法》(ASTM D7028—07),将制备好的材料,制备成尺寸为 10 mm×10 mm×2 mm 的试样,根据测试样复合厚度采用拉伸模式或者压缩模式,在-80~120 ℃(-112~248 K)的温度范围内,升温速率为 3 K/min 的条件下进行测试。选取 1 Hz 或 10 Hz 或 100 Hz 频率进行 $\tan\delta$-T、E'-T 和 E''-T 曲线分析。

2.2.4 力学性能测试

高分子材料的力学性能测试是评估材料在受力情况下的强度、刚度、韧性、延性等性能参数的重要手段。以下是几种常见的高分子材料力学性能测试方法。

1. 拉伸性能测试

拉伸性能测试用于评估材料的拉伸弹性模量、拉伸强度、断裂伸长率和泊松比。测试中,使用万能材料试验机对标准试样进行拉伸,直至试样断裂。通过记录试样在不同拉伸时间的形变值和对应的拉力值,可以绘制应力-应变曲线,并从中得到屈服点、断裂点、断裂伸长率等数据。

2. 弯曲性能测试

弯曲性能测试用于评估材料的弯曲弹性模量和弯曲强度。测试通常在万能材料试验机上进行,通过三点弯曲或四点弯曲方式对试样施加弯曲力,直至断裂,从而测定其弯曲力学性能。

3. 压缩性能测试

压缩性能测试用于评估材料的压缩弹性模量和压缩强度。与拉伸和弯曲性能测试类似，压缩性能测试也是在万能材料试验机上进行的，通过压缩试样至一定形变或直至破坏，来获取相关力学性能数据。

4. 剪切性能测试

剪切性能测试用于评估材料的剪切模量和剪切强度。测试通常将试样置于特定的夹具中，施加剪切力，测量剪切形变，从而计算剪切模量和强度。

5. 冲击性能测试

冲击性能测试用于评估材料的冲击强度或冲击韧性。常用的测试设备是摆锤式冲击试验机，通过迅速冲击试样时摆锤的质量和试样的破坏情况，计算冲击强度。

本书采用江苏金马有限公司生产的型号为 WDW-200E 的力学试验机测试，如图 2-11 所示。将制得的弹性体剪裁成哑铃型，在力学试验机上进行测试。

图 2-11　WDW-200E 的力学试验机

2.2.5 硬度测试

硬度测试用于评估材料的硬度,常用的方法包括洛氏硬度、布氏硬度和邵氏硬度测试。这些测试可以提供材料抵抗塑性形变的能力。

本书根据国标《硫化橡胶或热塑性橡胶压入硬度试验方法 第1部分:邵氏硬度计法(邵尔硬度)》(GB/T 531.1—2008)和《硫化橡胶或热塑性橡胶压入硬度试验方法 第2部分:便携式橡胶国际硬度计法》(GB/T 531.2—2009)的规定,用TIME5420邵氏A型硬度计测试材料的邵A硬度,如图2-12所示。

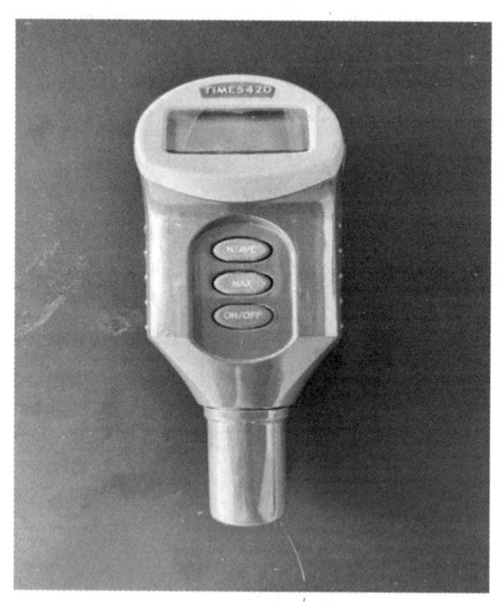

图 2-12 邵氏硬度计

2.2.6 附着力测试

附着力测试是评估涂层与基材之间结合强度的重要方法,广泛应用于涂料、涂层材料的研发、生产和质量控制等领域。

1. 几种常见的附着力测试方法及其原理和操作要点

(1)划格法

划格法是通过将涂层切割成方格图形,观察涂层在切割区域的脱落情况来评估附着力。这种方法适用于涂层厚度小于 250 μm 的情况。

①操作步骤:根据涂层厚度选择合适的划格间距(通常为 0~60 μm),并使用单刃或多刃刀具在涂层上切割出网格。使用软毛刷或压敏胶带去除疏松的涂层。目视或使用放大镜检查切割区域,根据涂层脱落情况评级。

②评级标准:0 级—无涂层脱落;5 级—在切割区域外有涂层脱落。

(2)划叉法

划叉法是通过在涂层上切割“×”形切口,观察涂层的脱落情况。这种方法不受涂层厚度限制,尤其适用于硬涂层。

①操作步骤:使用锐利的刀具在涂层上切割“×”形切口,交叉角度为 30~45°。使用胶带去除松散涂层。根据涂层脱落情况进行评级。

②评级标准:5A 级—无涂层脱落;0A 级—在切割区域外有涂层脱落。

(3)划圈法

划圈法是通过在涂层上划出重叠的圆滚线,观察划痕范围内的涂层完整程度来评估附着力。

①操作步骤:将试板固定在可移动平台上,使用长针划透涂层,形成圆滚线。观察划痕范围内的涂层完整程度,并根据标准评级。

②评级标准:1 级—涂层完整程度最好;7 级—涂层完整程度最差。

(4)拉开法

拉开法是通过将试柱粘接到涂层表面,然后用拉力试验机将其拉开,测量破坏涂层与基材附着所需的拉力。

①操作步骤:选择合适的试柱,并确保试柱与涂层表面粘接牢固。使用拉力试验机以不超过 1 MPa/s 的速度增加拉力,使破坏过程在 90~100 s 完成。计算拉力与试柱面积的比值,单位为 MPa。

②注意事项:确保胶黏剂与涂层和试柱的粘接牢固。根据拉开的断面确定破坏类型(如附着破坏或内聚破坏),以科学评价试验结果。

2. 几种常见的附着力测试方法的适用范围

(1)划格法和划叉法

适用于涂层厚度较薄的情况,操作简便,但对涂层厚度有限制。

(2)拉开法

适用于需要精确测量附着力的情况,尤其是涂层厚度较大或附着力较高的情况。

(3)划圈法

适用于特定底材(如马口铁或钢板)的涂层附着力测试。

不同方法各有优缺点，选择时需根据涂层类型、厚度和测试要求进行综合考虑。

本书按照《色漆和清漆 划格试验》(GB/T 9286—2021)进行，漆膜附着力测试仪如图 2-13 所示。

每种测试方法都有其特定的标准和规程，以确保测试结果的准确性和可重复性。通过这些测试，可以全面了解高分子材料的力学性能，为材料的选择、设计和应用提供科学依据。

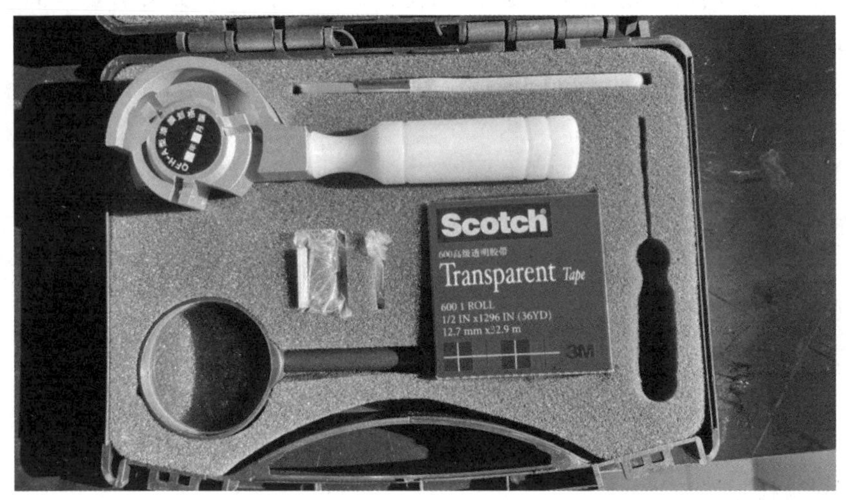

图 2-13 漆膜附着力测试仪

2.2.7 材料的吸声与隔声测量

材料的吸声与隔声测量是声学领域中的重要测试，用于评估材料对声波的吸收和隔离能力。以下是几种常用的吸声与隔声测量方法。

1. 吸声测量方法

(1)驻波管法

驻波管法是一种传统的阻抗管吸声系数测量方法。通过在测量管一端的扬声器发出单频声波，声波在管内产生驻波。使用移动探管寻找驻波的极大值与极小值，通过计算得出材料的吸声系数。

(2)混响室法

混响室法适用于评估大面积材料的吸声性能。通过测量材料放置前后混响室内声能衰减的差异来确定材料的吸声特性。混响室法的基本原理是使用一个具有均匀扩散声场的房间，房间中的声波在墙壁、地板和天花板之间不断反射，形成复杂的声场。

(3)双传声器法

双传声器法在声波导中使用两个传声器测量声波的衰减，这种方法适用于测量材料的吸声性能。

(4)传递函数法

传递函数法用于测定法向入射条件下吸声材料的吸声系数、隔声量等。与驻波管法相比，其测量效率极高，能够一次性测量整个频段的吸声系数和隔声量。

2. 隔声测量方法

(1)混响室法

混响室法用于测量构件的隔声量。实验室由两间相邻的混响室组成，试件放在公共墙的开口上。测量时声源发出白噪声，测量的中心频率为 100～4 000 Hz。通过测量构件前后两侧的声压级差异来计算隔声量。

(2)现场测量方法

隔声测量可采用实验室测量和现场测量两种方法。现场测量考虑实际应用环境中的隔声效果，适用于建筑物、车辆等的现场隔声性能评估。

(3)消声箱法

消声箱法是适用于测量小试件、轻结构隔声的方法。声源室是一间混响室，接收室是一个小的隔声、消声箱，面积 1 m^2。

(4)面声源法

该方法使用 4～16 个同相位扬声器组成的面声源，声波垂直入射到试件上，试件后面是一个高吸声的小室。隔声量由测量试件两面的声压级差表示。这种方法主要用来测量飞机和船舶的隔声结构。

这些方法各有特点，选择适合的测量方法可以根据材料的特性和测试环境的要求来决定。通过这些方法可以准确评估材料的吸声和隔声性能，为声学设计和噪声控制提供重要数据。

本书吸声系数与隔声性能测试采用传递函数法及标准《工作场所物理因素测量　第 8 部分：噪声》(GBZ/T 189. 8—2007)，气压、温度、相对湿度、风速参照《公共场所卫生检验方法　第 1 部分：物理因素》(GB/T 18204. 1—2013)。

2.2.8 静态防污性能测试

本书按照《抗菌涂层抗菌性测定法和抗菌效果》(GB/T 21866—2008)进行涂层材料抗菌性能的测试。

本方法通过定量接种细菌于待检验样板上,利用贴膜使细菌均匀接触样板,经过培养后检查样板中的活菌数,并据此计算出样板的抗细菌率。具体步骤如下。

1. 菌种保藏

将菌种接种于营养琼脂培养基(NA)斜面上。在(37±1)℃下培养 24 h。在 0~5 ℃下保藏,保藏时间不得超过 1 个月。

2. 菌种活化

使用保藏时间不超过 2 周的菌种。将斜面保藏菌种转接到平板营养琼脂培养基上。在(37±1)℃下培养 18~20 h。试验时应采用连续转接 2 次后的新鲜细菌培养物(24 h 内转接的)。

3. 菌悬液制备

从培养基上取少量新鲜细菌,加入培养液中。制备 10 倍递增稀释液,选择浓度为(5.0~10.0)×10^5 cfu/mL 的菌液作为接种菌液。

4. 样品试验

取 0.4~0.5 mL 试验用菌液滴加在阴性对照样板(A)、空白对照样板(B)和抗菌涂料样板(C)上。用灭菌覆盖膜覆盖样品,确保铺平且无气泡。在相对湿度大于 90%的条件下培养 21 h(或按具体需求调整)。每个样品做 3 个平行试验。培养后,用洗液冲洗样品及覆盖膜,将洗液接种于营养琼脂培养基中培养 24~48 h,进行活菌计数。

5. 检验结果计算

将测定的活菌数结果乘以 1 000,得到样品 A、B、C 培养 24 h 后的实际回收活菌数值 A、B、C。

确保试验结果满足以下要求:

样品 A 的实际回收活菌数值 A 不小于 1.0×10^5 cfu/片,样品 B 的实际回收活

菌数值 B 不小于 1.0×10^4 cfu/片；同一空白对照样品 B 的 3 个平行活菌数值的平均值，且符合（最高对数值-最低对数值）/平均活菌数值对数值小于或等于 0.3。

计算抗细菌率 R，公式为

$$R=(B-C)/B\times100\%$$

式中，R 为抗细菌率，数值取四位有效数字，按照《数值修约规则与极限数值的表示和判定》（GB/T 8170—2008）中规定进行，%；B 为空白对照样板 24 h 后平均回收菌数，cfu/片；C 为抗菌涂料样板 24 h 后平均回收菌数，cfu/片。

该方法通过定量接种、培养、计数等步骤，能够准确评估抗菌涂料的抗菌性能，为抗菌涂料的质量控制提供了可靠的手段。

第 3 章　基于表面微纳结构的聚氨酯低表面能材料的研制

聚氨酯作为一种性能优异的高分子材料，具有良好的机械性能、化学稳定性、生物相容性等特点，在众多工业和生活领域有着广泛的应用。随着材料科学技术的不断发展，各行业对材料性能的要求日益提高，微纳结构材料因其独特的物理、化学和生物学性质而备受关注。聚氨酯微纳结构的构筑成为拓展聚氨酯材料性能、开发新型应用的重要研究方向。通过构建微纳尺度的结构，可以显著改变聚氨酯的表面性能、力学性能、光学性能、电学性能等，从而使其能够满足诸如生物医学工程、微纳电子器件、环境监测与保护等高端领域的特殊需求。

3.1　聚氨酯微纳结构的构筑方法

3.1.1　自组装法

自组装是一种基于分子间相互作用自发形成有序结构的方法。对于聚氨酯而言，通过设计分子结构，引入特定的官能团或链段，如亲水与疏水链段、氢键形成基团等，可以利用分子间的范德华力、氢键、静电作用等在溶液或特定环境中实现自组装。例如，聚氨酯嵌段共聚物在选择性溶剂中，疏水链段会聚集形成核，亲水链段则伸展在溶剂中形成壳，从而形成胶束状的微纳结构。通过调节嵌段共聚物的组成、分子量、溶剂性质以及环境温度、浓度等条件，可以精确控制胶束的尺寸、形状和聚集态结构，从球形胶束到棒状、囊泡状等多种形态的微纳结构都可以通过自组装方法实现。这种自组装形成的微纳结构具有良好的均一性和可重复性，为进一步开发其应用奠定了基础。

3.1.2　模板法

模板法是利用具有特定微纳结构的模板来制备聚氨酯微纳结构的有效手段。

常见的模板包括硬模板如多孔阳极氧化铝模板、硅模板等,以及软模板如表面活性剂胶束、液晶模板等。以多孔阳极氧化铝模板为例,其具有高度有序的纳米孔阵列结构。首先将聚氨酯溶液填充到模板的纳米孔中,然后通过固化、去除模板等步骤,就可以得到具有与模板纳米孔结构相似的聚氨酯纳米线或纳米管阵列。软模板则是利用表面活性剂形成的胶束或液晶的有序结构作为模板,聚氨酯在模板的限制和诱导下进行聚合或组装。例如,利用液晶模板可以制备出具有周期性介孔结构的聚氨酯材料,其孔径和孔壁厚度可以通过调节液晶的种类、浓度及聚氨酯的合成条件来控制。模板法的优点在于能够精确复制模板的结构,制备出高度有序、尺寸可控的聚氨酯微纳结构,并且可以通过选择不同的模板来实现多样化的结构设计。

3.1.3　光刻技术

光刻技术在聚氨酯微纳结构构筑中也发挥着重要作用。传统的光刻技术如紫外光刻的原理是,将设计好的掩膜图案转移到涂覆有聚氨酯光刻胶的基底上,在紫外光的照射下,光刻胶发生光化学反应,经过显影等步骤后,未曝光或曝光部分被去除,从而在聚氨酯光刻胶上形成微纳尺度的图案。近年来,新兴的光刻技术如电子束光刻、激光直写光刻等进一步提高了光刻的分辨率和精度,可以制备出更小尺寸、更复杂图案的聚氨酯微纳结构。例如,电子束光刻能够实现纳米级甚至亚纳米级的图案加工,利用该技术可以在聚氨酯薄膜上制备出高密度的纳米线阵列、纳米孔阵列等微纳结构,主要应用于微纳电子器件、生物传感器等领域。光刻技术的优势在于其图案化的精确性和灵活性,可以根据具体的应用需求设计和制备各种复杂的微纳结构。

3.2　聚氨酯微纳结构的应用领域

3.2.1　在生物医学领域的应用

聚氨酯微纳结构因其良好的生物相容性和可调节的物理化学性质,成为理想的药物控释载体材料。例如,通过自组装形成的聚氨酯纳米胶束或微囊,可以将疏水性药物包裹在其内部疏水核中,而亲水外壳则可以提高载体在生物体内的稳定性和相容性。通过调节微纳结构的尺寸、壳层厚度及表面官能团,可以控制药物的释放速率。在体内环境中,微纳载体可以通过被动靶向(如基于肿瘤组织的增强渗透与滞留效应,EPR 效应)或主动靶向(通过在载体表面修饰特异性靶向配体,如抗体、肽段等)将药物精准递送到病变部位,实现药物的定时、定量、定位释放,提高药物的疗效并减少对正常组织的副作用。

在组织工程领域,聚氨酯微纳结构可以构建具有仿生微环境的组织工程支架。通过控制支架的微纳孔隙结构,可以模拟细胞外基质的微观结构,为细胞的黏附、生长、增殖和分化提供适宜的物理支撑。例如,采用模板法制备的具有纳米纤维结构的聚氨酯支架,其高比表面积和孔隙率有利于细胞的附着和营养物质的交换。同时,还可以在聚氨酯微纳支架上引入生物活性因子,如生长因子、细胞因子等,通过微纳结构对这些因子进行负载和控释,进一步促进组织的再生和修复。这种具有微纳结构的聚氨酯组织工程支架在骨组织工程、神经组织工程、皮肤组织工程等多个领域都有着广阔的应用前景。

3.2.2 在传感器领域的应用

聚氨酯微纳结构在气体传感器方面表现出独特的性能优势。由于其微纳尺寸效应,聚氨酯微纳材料具有较大的比表面积和丰富的表面活性位点,能够与气体分子发生高效的吸附和相互作用。例如,通过制备聚氨酯纳米薄膜或纳米颗粒,并对其进行功能化修饰,如掺杂金属氧化物纳米粒子(如 ZnO、SnO_2 等)或引入特定的官能团(如氨基、羧基等),可以增强对特定气体(如 CO_2、NH_3、H_2S 等)的敏感性和选择性。当气体分子吸附在聚氨酯微纳结构表面时,会引起材料的电学、光学或力学性能发生变化,通过检测这些变化就可以实现对气体的传感检测。这种基于聚氨酯微纳结构的气体传感器具有响应速度快、检测灵敏度高、小型化、便携等优点,在环境监测、工业废气检测、室内空气质量控制等领域具有重要的应用价值。

在生物传感器领域,聚氨酯微纳结构同样发挥着重要作用。利用聚氨酯的生物相容性和微纳结构的高比表面积,可以将生物识别元件(如酶、抗体、核酸等)固定在聚氨酯微纳材料表面,构建生物传感器。例如,将葡萄糖氧化酶固定在聚氨酯纳米纤维表面制备成葡萄糖传感器,当样品中的葡萄糖与酶发生反应时,会产生电信号或光信号的变化,通过检测这些信号变化可以实现对葡萄糖浓度的准确测定。聚氨酯微纳结构还可以通过设计微纳阵列等形式,实现多通道、多功能的生物传感检测,提高生物传感器的检测效率和准确性,在临床诊断、生物医学研究、食品安全检测等领域有着广阔的应用前景。

3.2.3 在涂料与涂层领域的应用

聚氨酯微纳结构在涂料与涂层领域的一个重要应用是制备抗污自清洁涂层。通过构建具有微纳粗糙结构的聚氨酯涂层,如模仿荷叶表面的微纳乳突结构,可以使涂层表面具有超疏水性能。当水滴在涂层表面滚动时,可以带走表面的灰尘、污渍等污染物,实现自清洁效果。这种微纳结构的抗污自清洁涂层在建筑外墙涂料、汽车涂层、光学仪器表面保护涂层等领域有着广泛的应用需求,可以减少清洗维护成本,提高涂层的使用寿命和美观度。

在防腐涂层方面,聚氨酯微纳结构也具有显著优势。通过在聚氨酯涂层中引入微纳粒子或构建微纳复合结构,可以提高涂层的阻隔性能,防止腐蚀性介质(如水分、氧气、盐分等)渗透到涂层内部与基材接触。例如,在聚氨酯涂层中添加纳米二氧化钛、纳米氧化锌等粒子,这些粒子不仅可以填充涂层中的孔隙,提高涂层的致密性,还可以通过其自身的光催化活性,分解涂层表面吸附的有机污染物,进一步增强涂层的防腐性能。此外,利用微纳结构设计可以提高涂层与基材之间的附着力,使涂层更加牢固地附着在金属、混凝土等基材表面,延长基材的使用寿命,在海洋工程、桥梁建筑、石油化工等领域的防腐保护中具有重要的应用价值。

聚氨酯微纳结构的构筑为聚氨酯材料开辟了全新的性能空间和应用领域。通过多种构筑方法如自组装、模板法、光刻技术等,可以精确控制聚氨酯的微纳形貌和尺寸,实现材料性能的精准调控。在生物医学、传感器、涂料与涂层、能源存储与转换等领域,聚氨酯微纳结构也展现出了独特的应用优势和巨大的潜在价值。随着研究的不断深入和技术的持续创新,聚氨酯微纳结构在材料科学与工程领域将继续发挥重要作用,有望在解决全球性的能源、环境、健康等问题中提供更多高性能、多功能的材料解决方案,推动相关领域的技术进步和产业发展。

3.3 聚氨酯低表面能材料国内外研究现状

在海洋环境中,材料表面会吸附细菌、藻类和无脊椎动物,形成生物膜基底。这些生物膜为大型海洋生物的幼体,如大型藻类、海绵、藤壶等提供了生存环境,使得这些生物能够在表面繁殖,形成大面积的污损生物群落。这种现象会导致船体表面变得粗糙,增加水流阻力,从而降低船只的运行速度,增加燃料消耗。

为了应对这一挑战,防污涂料成了解决海洋生物污损的最常用且有效的方法。

中国作为世界三大造船国之一,对防污涂料的需求巨大。每年新船制造和旧船维修所需的防污涂料量分别达到50吨和30吨每万吨载重吨,年需求量约为150万吨。随着航母、潜艇、大型驱逐舰等军事舰船的建造和维护,以及海上风电、海上钻井平台的发展,人们对防污涂料的需求不断增加。然而,目前我国防污涂料市场大多被国外大公司如HEMPEL、NIPPON、IP、SIGMA等垄断,这些公司占据了80%以上的市场份额。国内对海洋防污涂料的研究起步较晚,主要依赖跟踪国外研究动向和模仿,缺乏自主创新的抗海洋生物黏附涂层研究。国产海洋涂料主要用于军船市场、国内低端民用船舶及渔船,缺乏核心竞争力。

随着相关国际环保法规的实施,如《国际控制船舶有害防污系统公约》《关于持久性有机污染物的斯德哥尔摩公约》,以及国际海事组织《船舶压载舱保护涂层性能标准》、欧盟生物杀灭剂法规(EU BPR)和REACH法规的实施等,行业对海洋涂料技术的要求日益提高,国内涂料企业在技术上暂时难以达到这些标准。因此,为了提高我国防污涂料产品在国际上的竞争力,缩小与世界先进水平的差距,开发具有自主知识产权的防污涂料变得非常迫切。

目前在国内外防污产品性能对比见表3-1。

表3-1　国内外产品性能对比表

公司名称	产品型号	类别	应用情况
深圳海巍新材料	H100	可降解自抛光	用于低航速船舶或海洋平台等设施
AkzoNobel	Intersleek900	含氟低表面能	适用于大船速船舶
Sherwin-Williams	NEXEON750	无铜无锡自抛光	用于巴西石油与天然气海上运营
Jotun	X200	硅烷自抛光	整船防污
Hempel	Globic 9000	有机硅不沾污	船底平底应用
Kansai Paint	QUANTUM FB	无锡自抛光涂层	船底防污

我国在防污涂料技术方面也已经取得了一些新的进展和突破:中国科学院海洋研究所海洋关键材料重点实验室、海洋环境腐蚀与生物污损重点实验室段继周团队在透明且机械耐用的海洋防污涂层方面取得了研究进展,开发出了一种混合防污涂层,该涂层具有出色的机械性能和显著的抗菌效果,表现出优异的自清洁、防污和抗污能力,同时具备高度透明度;四川大学青岛研究院与深圳玉瓶科技有限公司合作,开发了一种“超滑防污涂层”,这种涂层受蚯蚓自分泌机制的启发,能

够持续分泌液体，产生“超滑”效果，可有效防止海洋生物附着，达到减阻增速、节能减排的功效。且该技术已经打破国外垄断，正式推向市场。中国海洋大学、海洋化工研究院、沈阳船舶材料研究所、上海涂料研究所、大连海事大学等单位在防污涂料研究方面较为活跃，涉及环保型防污涂料、防污剂、低表面能防污涂料、自抛光防污涂料、水性防污涂料、导电防污涂料和仿生防污涂料等多个领域。国内企业在防污涂料领域的专利申请也在增加，反映了防污涂料研究的前沿和趋势，主要包含环保防污涂料、防污剂、低表面能防污涂料、自抛光防污涂料、水性防污涂料、导电防污涂料和仿生防污涂料等。

这些研究成果表明，国内在防污涂料技术方面正在逐步追赶国际先进水平，并在某些领域实现了突破。随着国内科研机构和企业的不断努力，有望进一步缩小与世界先进水平的差距，增强国际竞争力。

3.4　聚氨酯低表面能材料在防污领域的优势

低表面能防污涂料通常由有机氟树脂、有机硅树脂、聚四氟乙烯粉末等中的一种或多种组成，主要包括有机硅、有机氟和氟硅系列。但是氟、硅树脂与基材附着力都较差，而聚氨酯涂层优异的力学性能是有机氟、有机硅等低表面能防污涂层所不具备的，聚氨酯低表面能相比无锡自抛光型涂层具有更长的生命周期，通过水流冲击后可继续使用，同时聚氨酯的微相分离结构又使其具有很好的抗蛋白吸附性，将聚氨酯应用到海洋环境中能够抑制污损生物的附着。通过表面改性的方法得到低表面能、低附着特性的表面已成为环保防污涂料普遍关注的方向，呈现出良好的应用和开发前景，成为当前和今后防污技术发展的主要方向，但同时调控聚氨酯低表面能特性与微结构表面改性的方法获得耦合防污的效应方面的研究却鲜有报道。

海洋船舶和海洋工程设施的表面需要进行特殊的防污处理，以防止海中的生物如细菌、藻类和无脊椎动物在其表面吸附和繁殖，形成生物群落。这些生物群落会导致船体表面变得粗糙，增加水流阻力，降低航速，从而增加燃料消耗。在生物附着的初期阶段进行防污控制是至关重要的。目前，防污技术主要依赖于使用杀虫剂来防止或杀死附着的生物，但这些杀虫剂通常是强污染物，对海洋环境有害。研究发现，自然界中一些动植物的表皮，如荷叶和鲨鱼皮，具有复杂的微结构，能够天然抵抗生物的附着。这些微结构的表面在海洋防污领域显示出了巨大的应用潜力。为了模仿这些自然表面，科学家们采用了表面复刻法来制造具有微结构的仿生材料。然而,由于技术限制,这些微结构的形态和尺寸往往难以达到理想的标准,尤其是在阻止大型污损生物附着方面效果有限,而对于小型和活跃的污损生物的抑制效果也不理想,且有效期限较短。与表面复刻法相比,聚合物微相分离法在制备低表面能防污涂层方面显示出了更大的潜力。

任何一种防污材料都有其优点和局限性,单一使用某种防污技术的防污效果也相当有限,如果将多种防污原理相结合,通过它们的耦合作用,可以实现“1+1>2”的防污效果,如将低表面能防污技术与仿生防污相结合,在低表面能材料表面构筑特定的微结构,可以进一步提高其防污能力。聚氨酯材料由于具有软硬段之间的热力学不相容性,具有微相分离形态,一定条件下通过微相分离可形成微相结构。相比于以上表面微结构的构筑方法,聚合物微相分离法在船舶仿生防污涂层领域显示出了更好的应用前景。相比于有机硅、有机氟涂料存在与基材附着力差、价格昂贵、使用寿命周期短等问题,聚氨酯涂层优异的附着力及较强的力学性能是有机氟、有机硅等低表面能防污涂层所不具备的。

3.5 表面山丘状微结构材料的制备与性能研究

3.5.1 PU-EP 共混改性低表面能材料的制备

按质量百分比称取二元醇、异氰酸酯;将异氰酸酯加入反应器中,搅拌升温至(60±5)℃,将预先抽真空至无泡二元醇加入反应器中,在(60±5)℃的条件下搅拌 40~60 min,升温至(100±5)℃反应 3~5 h,取样测异氰酸酯基(NCO)含量,降温至室温,过滤,得到聚氨酯预聚体。

将预先抽真空至无泡的环氧树脂加入合成的聚氨酯预聚体中,升温至 60 ℃保温搅拌 40~60 min,然后升温至(120±5)℃反应 2~3 h,取样测异氰酸酯基(NCO)含量,降温至室温,过滤,得到 PU-EP 共混改性低表面能型聚氨酯材料。PU-EP 共混改性合成反应路线如图 3-1。

3.5.2 聚氨酯预聚体异氰酸酯基(NCO)含量的测定

聚氨酯预聚体中异氰酸酯基(NCO)含量的测定方法主要有以下几种。

1. 二正丁胺–无水甲苯/盐酸标准滴定溶液法(方法 A)

这是传统的化学滴定方法,根据标准《聚氨酯预聚体中异氰酸酯基含量的测定》(HG/T 2409—2023),该方法涉及将聚氨酯预聚体或中间产物中的异氰酸酯基与过量的二正丁胺在甲苯中反应,反应完成后,用盐酸标准滴定溶液滴定过量的二正丁胺。通过测定盐酸的消耗量来计算异氰酸酯基的含量。

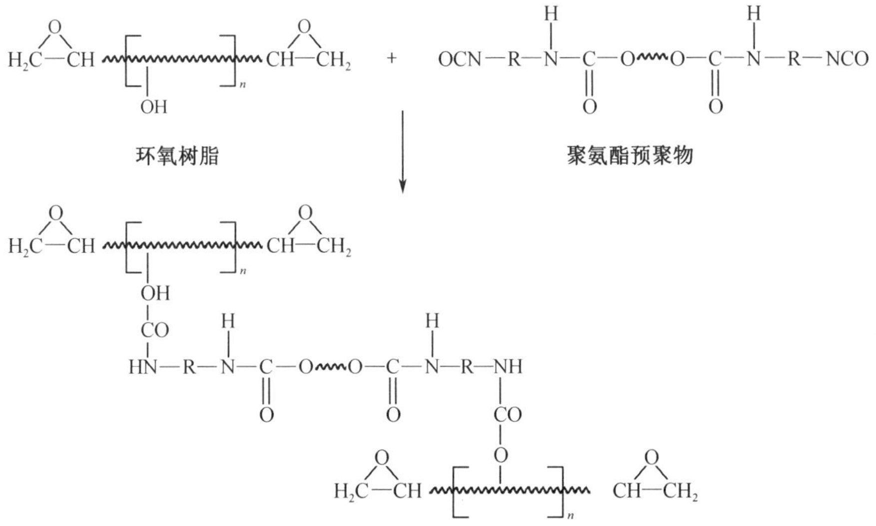

环氧树脂　　聚氨酯预聚物

图 3-1　PU-EP 共混改性合成反应路线图

2. 近红外光谱法(方法 B)

根据标准《聚氨酯预聚体中异氰酸酯基含量的测定》(HG/T 2409—2023),近红外光谱法适用于聚氨酯预聚体中异氰酸酯基(NCO)含量的测定。这种方法利用近红外光谱技术,通过分析样品的光谱特征来确定 NCO 的含量,是一种快速、无损的分析方法。

3. 红外光谱法

根据相关文献,红外光谱法也可测定聚氨酯预聚体中异氰酸酯基的含量。该方法通过分析聚氨酯预聚体在特定波长下的吸光度,结合标准曲线来计算 NCO 的含量。这种方法简便、测定时间短、试剂用量少、分析成本低,但需要合适的溶剂和相对昂贵的仪器。

这些方法各有优势和局限,选择哪种方法取决于实验室的条件、样品的特性以及所需的精度和速度。二正丁胺-无水甲苯/盐酸标准滴定溶液法是一种经典且精确的方法,而近红外光谱法则提供了一种快速且无损的分析手段。红外光谱法介于上述两种方法之间,在成本和操作便利性上相对折中。

聚氨酯弹性体材料按照制备方式主要分为三种:热塑性聚氨酯弹性体(TPU),浇注型聚氨酯弹性体(CPU)及混炼型聚氨酯弹性体(MPU)。本书主要研究浇注型聚氨酯弹性体材料,对于浇注型聚氨酯弹性体的制备而言,主要方法有预聚体法和一步成型法。对于一步成型法,由于体系的反应热难以控制或者释放出,故其虽操作简单,但是不利于改性处理,所以我们选择预聚体法来制备样品。

聚氨酯预聚体的主要反应式如下:

$$HO{-}R{-}OH + n\,OCN{-}R'{-}NCO \longrightarrow OCN{-}R'{-}\underset{\underset{H}{|}}{N}{-}\underset{\underset{O}{\|}}{C}{-}O{-}R{-}O{-}\overset{\overset{O}{|}}{C}{-}\overset{\overset{H}{|}}{N}{-}R'{-}NCO \tag{3-1}$$

式中,n 的取值为 1~2,表示一定量的端羟基低聚物聚醚(如 PPG、PTMG 等)、聚酯(PCDL、PEA 等)或者聚烯烃(PPG2000),与过量的甲苯二异氰酸酯(TDI),在一定的温度下进行反应,生成由 NCO 基团封端的低分子量预聚物。

(1)方法原理

利用六氢吡啶-氯苯溶液滴定法测定异氰酸根含量:异氰酸酯与六氢吡啶溶液反应生成脲基,剩余的六氢吡啶用 0.1 mol/L 的标准盐酸溶液进行滴定,计算异氰酸根含量。

(2)仪器

50 mL 酸式滴定管,20 mL 移液管,分析天平,烧杯,磁力搅拌器,电位滴定仪等。

(3)试剂

①六氢吡啶-氯苯溶液的配制:2 000 mL 容量瓶中加入 34 g 六氢吡啶,用氯苯溶液稀释至刻度线。

②盐酸标准溶液(0.1 mol/L)的配制:准确移取 18 mL 浓盐酸于 2 000 mL 容量瓶中,加入蒸馏水稀释至刻度线,然后用恒重的无水碳酸钠标定该盐酸溶液的浓度。

(4)测定方法

称取 0.2~0.3 g 聚氨酯预聚物于 250 mL 烧杯中,加入 10 mL 氯苯将其溶解,再用移液管移取 20 mL 六氢吡啶-氯苯溶液,反应 30 min 后加入 100 mL 无水乙醇,将其置于磁力搅拌器上,电位显示数稳定后用盐酸标准溶液滴定,记录相应 pH 值,待 pH 值变化缓慢后即为滴定终点,同时进行空白试验。

(5)计算方法

异氰酸酯基含量(ω_{NCO})以异氰酸酯基的质量百分数计,数值以%表示,公式如下:

$$\omega_{NCO}=\frac{(V_0-V)\times c\times 42.02\times 100}{m\times 1\ 000}=\frac{(V_0-V)\times c\times 4.202}{m} \tag{3-2}$$

式中　V_0——滴定空白消耗的盐酸标准溶液的体积,mL;

V——滴定试样消耗的盐酸标准溶液的体积,mL;

c——盐酸标准溶液的浓度,$mol\cdot L^{-1}$;

m——试样的质量,g;

42.02——NCO 摩尔质量的数值,g/mol。

测定结果以两次平行试验的算术平均值表示,结果保留到小数点后两位。

3.5.3　PU-EP 低表面能材料的制备工艺

将制得的 PU-EP 共混改性低表面能型聚氨酯材料(制备步骤参见本书 3.5.1 节)在 100~105 ℃真空烘箱中真空脱泡至无泡,得到 A 组分;将固化剂加热熔融,得到 B 组分。A、B 组分单独存放,使用时 A、B 按计量比例混合后快速脱泡,采用浇注成型的方式制得 PU-EP 低表面能材料,工艺流程如图 3-2 所示。

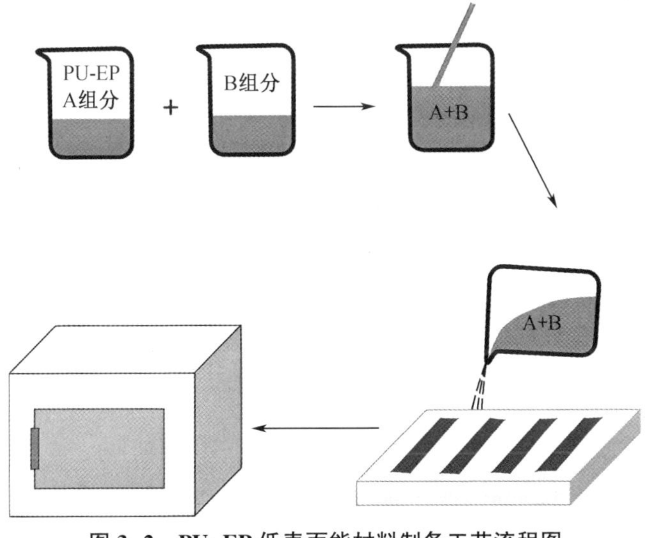

图 3-2　PU-EP 低表面能材料制备工艺流程图

3.5.4 表面米山丘状微结构材料结构表征与性能研究

1. 不同硬段含量的 PU-EP 共混改性体系的 FT-IR 表征

按照聚氨酯共混涂层的制备方法，通过改变体系中的硬段含量，得到不同组成比例的 5 组试样，当硬段含量为 48.6%、环氧树脂含量为 40%时出现宏观相分离，不同硬段含量聚合物样品见图 3-3，不同试样组成及硬段含量百分比见表 3-2。

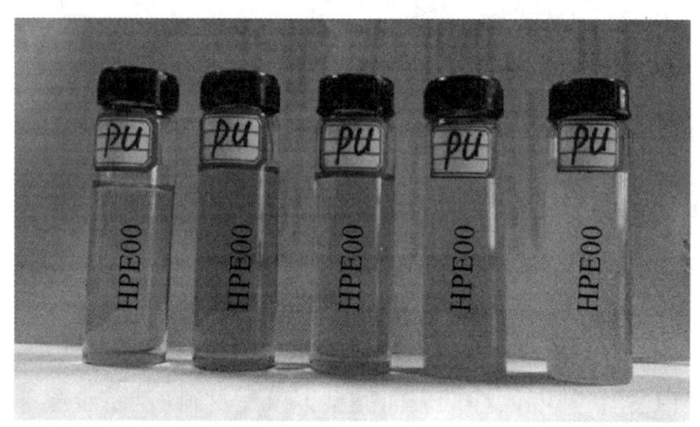

图 3-3　不同硬段含量聚合物样品

表 3-2　不同试样组成及硬段含量百分比

试样	组成	含量	硬段含量	环氧树脂含量
HPE00	PU/MOCA	342/75.24	28.0%	0
HPE10	PU/EP/MOCA	342/34.2/82.76	28.9%	10%
HPE20	PU/EP/MOCA	342/68.4/90.28	40.0%	20%
HPE30	PU/EP/MOCA	342/102.6/97.8	44.6%	30%
HPE40	PU/EP/MOCA	342/136.8/105.3	48.6%	40%

注：MOCA 为 4,4′-二苯基甲烷二异氰酸酯，是常见的聚氨酯扩链剂。

不同硬段含量的 PU-EP 共混改性体系的 FT-IR 图如图 3-4 所示。通过改变软硬段质量比并没有使聚氨酯-环氧树脂体系的红外谱图的峰位和峰型发生明显的改变。在图中可以看出，HPE00 为纯聚氨酯，在 2 269 cm^{-1} 为特征峰为异氰酸酯基(NCO)的伸缩振动峰,在 3 303 cm^{-1} 处的特征峰是异氰酸酯基团同羟基反应后生成的氨基甲酸酯键中 N—H 伸缩振动峰,在 1 730 cm^{-1} 和 1 540 cm^{-1} 处的特征峰分别为氨基甲酸酯键中 C ═O 以及 N—H 的弯曲振动吸收峰。1 032 cm^{-1} 处是聚醚链中间的醚键 C—O—C 的吸收峰,这些特征峰的出现表明聚氨酯预聚体的合成是成功的。

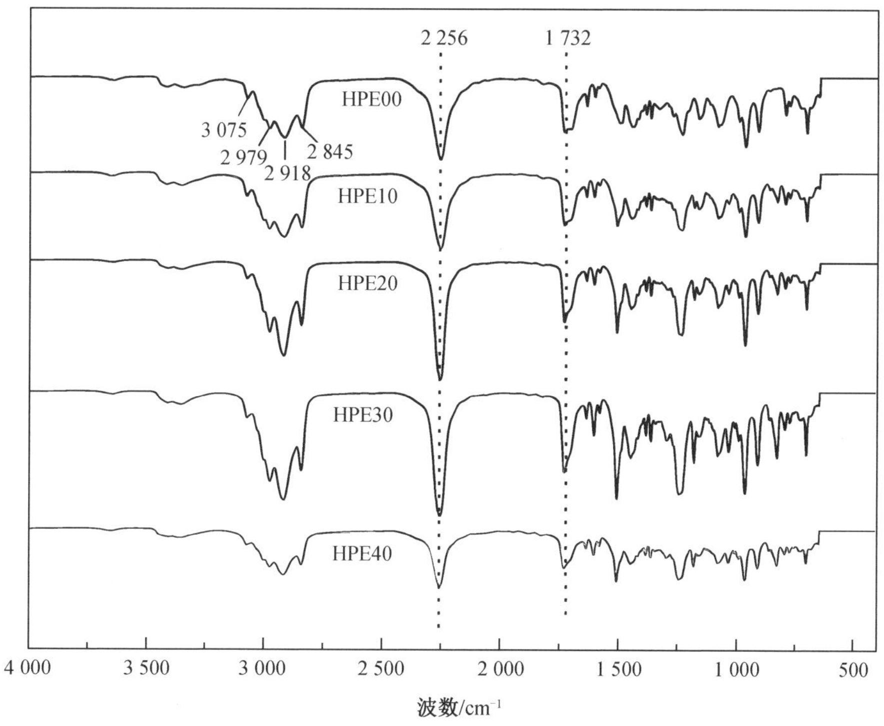

图 3-4　不同硬段含量的 PU-EP 共混改性体系的 FT-IR

PU-EP 共混改性体系中,3 303 cm^{-1} 处为氨酯键 N—H 伸缩振动峰,2 270 cm^{-1} 为异氰酸酯基(NCO)的伸缩振动峰,1 730 cm^{-1} 和 1 540 cm^{-1} 分别为氨酯键中 C ═O 及 N—H 弯曲振动吸收峰。加入环氧树脂后未见 1 756 cm^{-1} 的恶唑烷酮峰位,说明环氧树脂未开环反应,910 cm^{-1} 处为环氧基的特征吸收峰,说明该体系只是氢键间的分子间共混。

氢键作为一种强静电力,可以影响聚合物的聚集体结构,进而影响其综合性能,PU-EP 共混改性体系中的氢键均为分子间氢键,即软段和硬段间不存在分子内氢键,这更有利于软段和硬段之间更好的微相分离。增加硬段的质量分数,端羟基聚丁二烯聚氨酯弹性体的红外谱图和峰位基本没有变化,2 918 cm^{-1}、2 979 cm^{-1}、

2 845 cm^{-1}、1 386 cm^{-1}、1 365 cm^{-1} 是—CH_3、—CH_2 的 C—H 伸缩振动和变形振动峰,2 256 cm^{-1} 是 NCO 结构特征峰,1 607 cm^{-1}、1 510 cm^{-1} 出现的特征峰是苯环的骨架伸缩振动峰,3 075 cm^{-1} 出现的特征峰是不饱和碳氢键伸缩振动峰, 967 cm^{-1} 和 705 cm^{-1} 是反式 1,4 结构和顺式 1,4 结构的特征峰,3 354 cm^{-1} 是 N—H 伸缩振动峰,1 732 cm^{-1} 是 C ═O 伸缩振动峰,证明合成的物质是聚丁二烯聚氨酯弹性体。

2. 超景深三维显微镜结构表征分析

通过超景深三维显微镜 3D 图像可以清晰地呈现涂层表面立体形貌结构及获得形貌尺寸数据。不同试样涂层的超景深三维显微镜形貌如图 3-5 所示,可以看到 PU/EP 共混物(HPE10、HPE20、HPE30、HPE40)的 4 种涂层表面具有呈规整排列的微米尺度山丘状微结构,形貌尺寸结构各不相同,而纯聚氨酯(HPE00)树脂涂层表面不具有微结构。

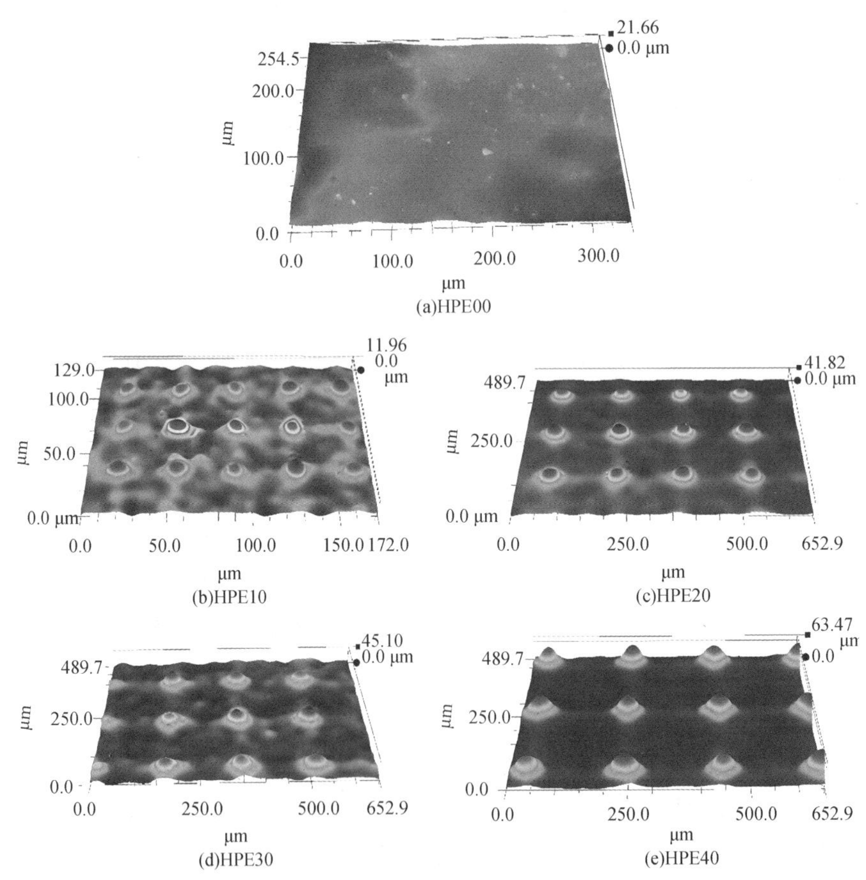

图 3-5　不同试样组成超景深三维显微镜 3D 图像

一方面，根据 RIMPS 理论，端羟基聚丁二烯聚氨酯两亲性嵌段共聚物在热固性环氧树脂中，在固化之前，聚丁二烯段与环氧树脂基体链段呈互溶状态，而另一链段与环氧树脂基体保持相容状态，随着环氧树脂固化交联反应的进行，端羟基聚丁二烯聚氨酯中的聚丁二烯链段逐渐被有序分离出来。另一方面，由于硬段上存在氨酯的羰基(—NH—CO—O—)和脲羰基(—NH—CO—NH—)结构，能够形成较强的氢键作用，在固化过程中形成以软段聚丁二烯链段为核，硬段为壳聚集成不同层次的微区结构，最终得到微结构的聚氨酯/环氧树脂山丘状微相分离结构。试样组成比例的不同，如硬段含量的增加，氢键作用加强，可使微区结构高度和间距呈增大趋势，故微结构具有微观可调控性。

涂层微结构形成过程示意图如图3-6所示。

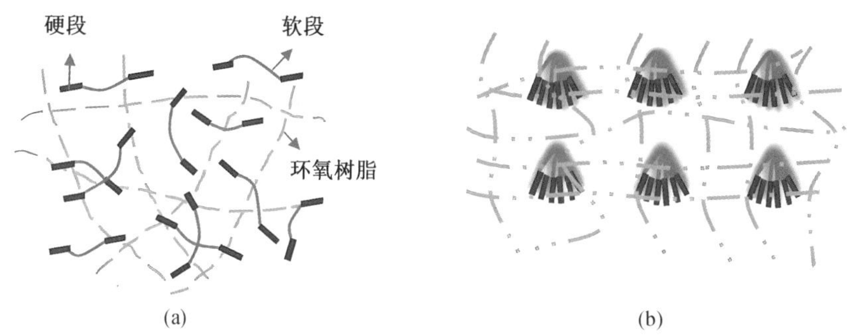

图3-6　涂层微结构形成过程示意图

3. 不同试样静态水接触角表征

在室温21 ℃、湿度25 %下进行涂层表面接触角测量，取5个点测量，取其均值，保证测试结果的准确。通过超景深显微镜测定微结构形貌尺寸及静态水接触角测试结果如图3-7所示，微结构的高度和间距随着硬段含量和环氧树脂含量百分比的增加呈增大趋势，而静态水接触角呈逐渐减少趋势。试样 HPE10(h=9.03 μm，b=36.44 μm)接触角最大为102°，相比纯聚氨酯和纯环氧树脂涂层的静态水接触角(83°，82°)都明显增大，表明涂层表面具有一定的疏水性，高度和间距最大的试样 HPE40(h=51.50 μm，b=204.30 μm)的接触角最小为87°，涂层转变为亲水表面，说明通过微结构的调控可改变涂层表面的亲疏水性。

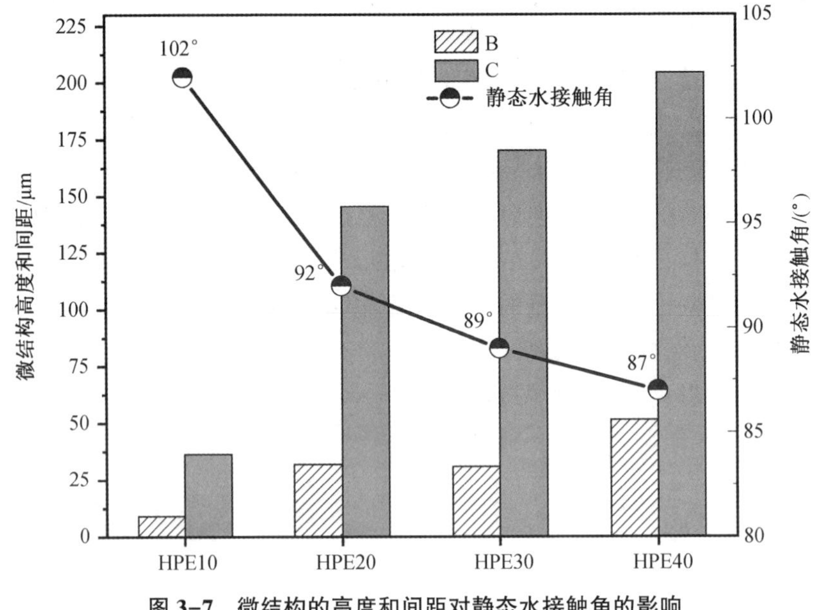

图 3-7　微结构的高度和间距对静态水接触角的影响

4. 涂层表面摩擦磨损试验及静态水接触角

为了更直观地研究表面性能，我们将基体树脂制成涂层，并对其表面形貌、静态接触角及耐磨性进行了研究。作为低表面能材料使用时，要长期经受各种介质的摩擦冲刷，这将对涂层表面造成破坏，从而影响各种性能，对制得的低表面能涂层采用砂纸打磨研究其耐磨性能。

检验涂层的耐摩擦性，对涂层表面进行摩擦磨损试验，涂膜于玻璃片上，将涂膜面与 1 200 cW 目砂纸接触，砂纸在下层，在载玻片上放置 30 g 砝码，匀速拖动载玻片 10 cm 距离为一个磨损周期，反复摩擦 30 次，然后用乙醇和去离子水清洗涂层表面，待干燥后测试涂层静态水接触角，图 3-8 为不同试样涂层表面打磨前后静态水接触角变化情况。可以看出，涂层用砂纸打磨后静态水接触角较未打磨前变化较大，摩擦后接触角增大到 100°以上，最大接触角达到 117°。

从图 3-8 可以看出，在经过砂纸打磨后，涂层仍然保持良好的疏水性能，并且随着硬段含量的增加，疏水性能不降反升，除了说明涂层具有良好的耐磨性能外，也说明了涂层表面性能除了与表面能有关，也与表面粗糙结构有很大的关系。因此，本研究组对打磨前后的涂层表面形貌进行了研究，如图 3-9 所示。

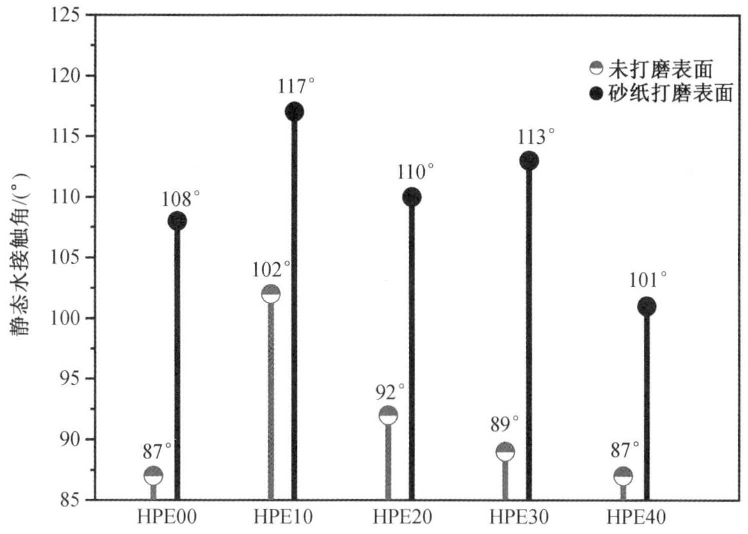

图 3-8 不同试样涂层表面打磨前后静态水接触角变化情况

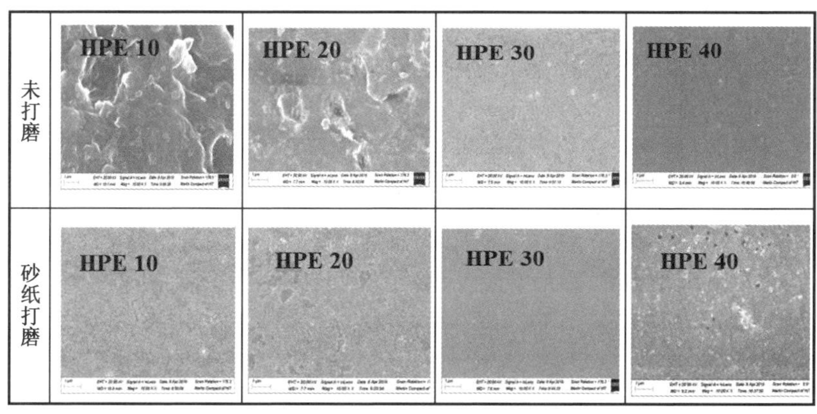

图 3-9 涂层打磨前后表面形貌

砂纸的摩擦可能使涂层微结构表面粗糙度增大,形成二级微结构,如图 3-10 所示,致使涂层表面张力降低,从而表现出优异的疏水性,由此可见,聚丁二烯聚氨酯/环氧数组涂层具有良好的耐摩擦、磨损性及低表面能特性。

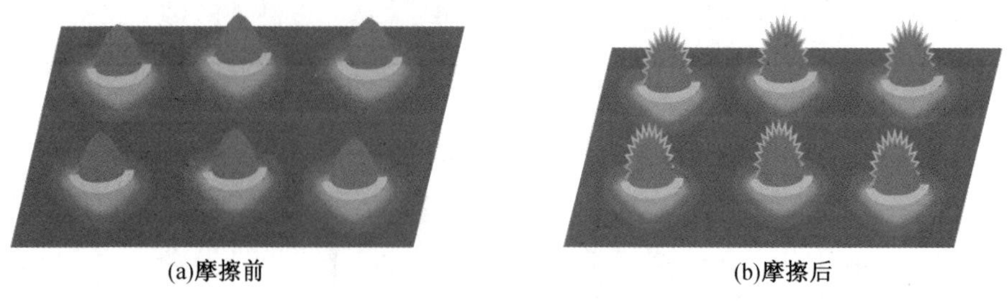

图 3-10　涂层表面摩擦前后微结构示意图

5. 不同硬段含量样品 XRD 分析

图 3-11 所示为不同硬段含量的 PU-EP 共混改性体系的 XRD 曲线，由图可发现一个显著的现象：所有试样在衍射角 $2\theta=20°$附近都展现出一个非常明显的弥散峰，其强度约为 1 080 cps。这一弥散峰的存在，并没有伴随着结晶衍射峰而出现，这表明这些试样的软硬段结晶能力较弱，整体上呈现出非晶结构。

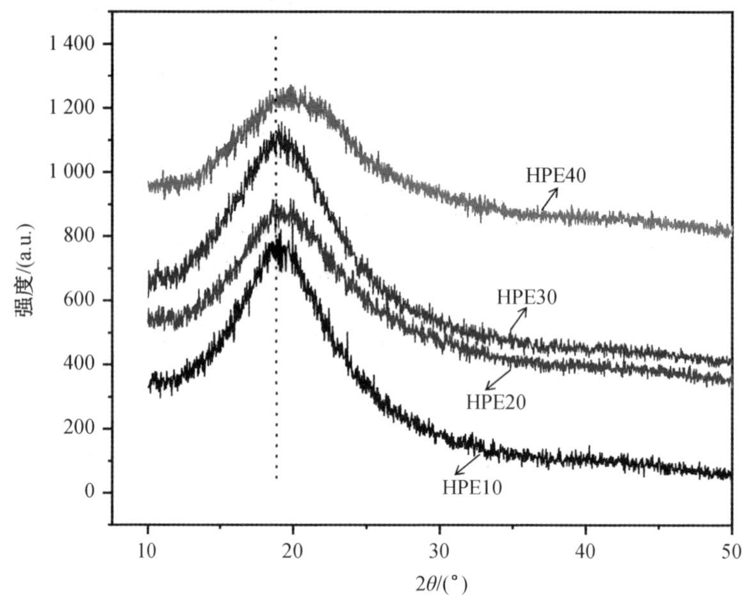

图 3-11　不同试样涂层的 XRD 曲线图

非晶态高聚物虽然在宏观上不表现出长程有序的晶体结构，但在局部层面上，它们仍然具有一定的有序性。这种局部有序性主要体现在软硬段的分聚现象上。在 PU-EP 共混改性体系中，硬段和软段由于化学结构和相互作用力的差异，会在纳米尺度上自发地进行相分离，形成硬段微区。这些硬段微区在空间分布上是不均一的，它们分散在软段构成的连续相中，形成了一种特殊的微观相结构。

随着硬段含量的变化,分子链或链段的统计平均间距并没有明显的变化。这意味着硬段的含量虽然影响了硬段微区的数量和大小,但并没有改变软硬段之间的相互作用和相容性。这种微结构的稳定性对于材料的宏观性能有着重要的影响。

在实际应用中,这种非晶结构的 PU-EP 共混改性体系因其独特的微观相结构而展现出优异的综合性能。例如,它们可能具有良好的韧性和强度,以及对温度和化学介质的稳定性。此外,通过调整硬段的含量,可以进一步优化材料的性能,以满足特定应用的要求。

综上所述,不同硬段含量的 PU-EP 共混改性体系的 XRD 曲线揭示了材料的非晶结构和微观相分离现象。这些结构特征对于理解材料的性能和设计新型高性能材料具有重要的指导意义。

6. 附着力性能测试

(1)涂层试样制备

将 A、B 组按照本书前文所述的工艺要求混合,然后将其均匀涂刷在表面处理好的基材上,养护至涂层完全固化。

(2)测试方法

附着力测试按照《色漆和清漆 划格试验》(GB/T 9286—2021)进行。通过检查划格区域涂层脱落面积来考察附着力结果。

(3)测试结果

以纯聚氨酯涂层 HPE00 涂层表面和 HPE20-1 涂层表面测试附着力,对比测试结果如图 3-12 所示,HPE20-1 试样涂层切口光滑,切口边缘没有剥落,对照标准确定附着力等级为 1 级。

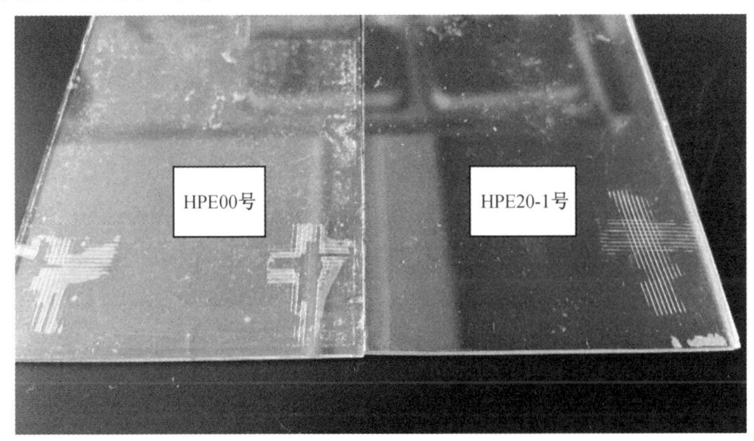

图 3-12　涂层表面附着力测试

7. 不同环氧树脂含量的固化物热失重分析

在不同环氧树脂含量的固化物在氮气氛围下，取试样 HPE10、HPE20、HPE30、HPE40，由室温升温至 500 ℃，升温速率为 10 ℃/min，TGA 曲线如图 3-13 所示。

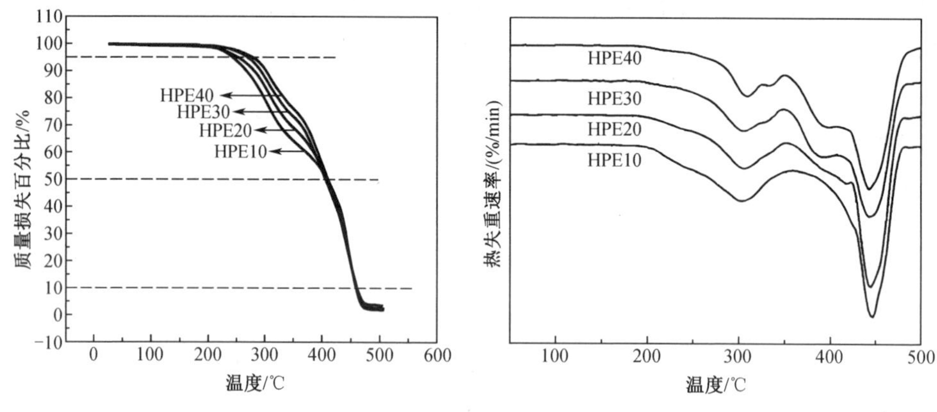

图 3-13　不同环氧树脂含量固化物热失重曲线

分解过程如表 3-3 所示，不同环氧树脂百分比聚合物的低温分解温度为 240～270 ℃，环氧树脂的加入对聚合物的耐热性有显著影响。一般环氧树脂在无氧条件下的热分解温度在 300 ℃以上，而在空气中使用时，一般在 180～200 ℃就会发生热氧化分解。这表明环氧树脂本身具有较高的耐热性。在聚合物中，环氧树脂的加入可以提高其耐热性。研究表明，随着环氧树脂含量的增加，聚合物的起始分解温度逐渐增大，这是因为环氧树脂的交联结构可以提高聚合物的热稳定性。在分解过程中，环氧树脂聚合物主要经历水分的流失、小分子物质的分解、硬段分解（包括氨基甲酸酯键和脲键的分解），以及软段的分解。环氧树脂的耐热性可以通过其环氧基团含量来调节，环氧基团含量越高，固化后的交联密度越大，从而提高材料的耐热性。此外，环氧树脂的改性，如氟化改性和含硅改性，也可以进一步提高其耐热性。因此，环氧树脂的加入不仅提高了聚合物的耐热性，还通过其化学结构和改性提供了更多的耐热性调节可能性。

表 3-3　不同环氧树脂含量固化物的热失重分析

样品编号	分解温度/℃			
	失重 5%	失重 50%	失重 90%	终止分解
HPE10	244	408	459	446
HPE20	256	408	459	443
HPE30	259	405	459	443
HPE40	270	410	459	442

8. 涂层表面抗菌性试验

在初步探讨微结构涂层的抗菌性时，我们选择具有代表性的细菌来进行抗菌性测试。在这项研究中，选取了大肠杆菌、金黄色葡萄球菌、需钠弧菌和法氏柠檬酸杆菌作为测试对象。为了测定这些细菌的抗菌性，参照国家标准《抗菌涂料（漆膜）抗菌性测定法和抗菌效果》（GB/T 21866—2008）进行实验。试样 HPE20-1 试验结果如图 3-14 所示。

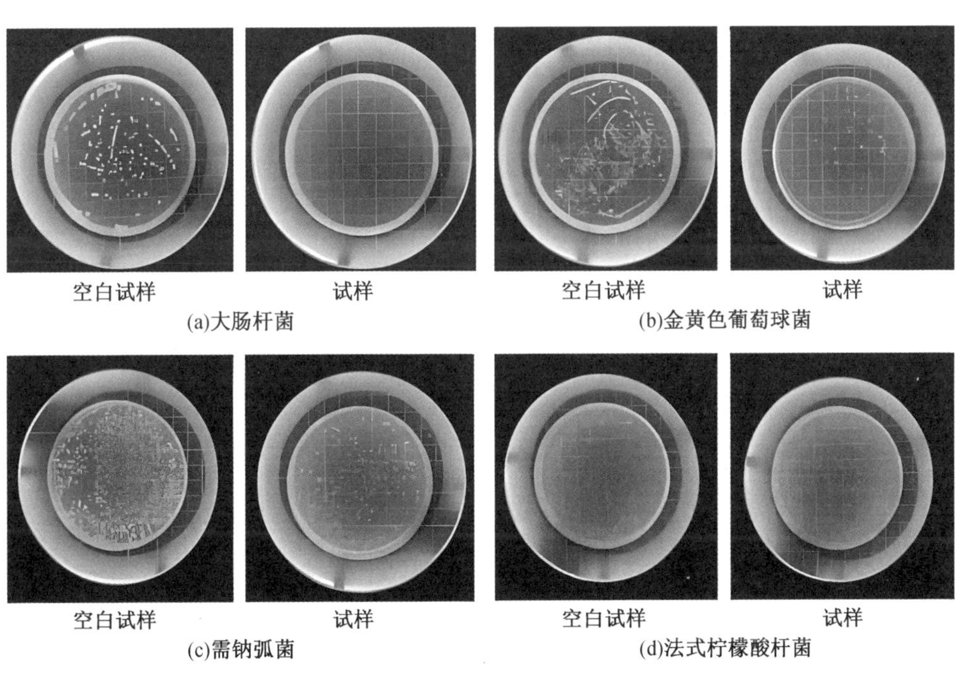

空白试样　试样
(a)大肠杆菌

空白试样　试样
(b)金黄色葡萄球菌

空白试样　试样
(c)需钠弧菌

空白试样　试样
(d)法式柠檬酸杆菌

图 3-14　涂层的抗菌性

根据《抗菌涂料(漆膜)抗菌性测定法和抗菌效果》(GB/T 21866—2008),抗细菌率 R 的计算公式为

$$R = \frac{B - C}{B} \times 100\% \tag{3-3}$$

式中 R——抗细菌率,以%表示,数值取四位有效数字;

B—空白对照样板 24 h 后平均回收菌数,cfu/片;

C——抗菌涂料样板 24 h 后平均回菌数,cfu/片。

式(3-3)能够直观地反映出涂层对细菌生长的抑制效果。

试验结果显示,试样 HPE20-1 低表面能涂层对四种细菌的抗细菌率分别为 100%、96.66%、50.40%、64.51%(图 3-15)。这些数据表明,该涂层对大肠杆菌和金黄色葡萄球菌具有极高的抗细菌率,几乎能够完全抑制这两种细菌的生长。而对于需钠弧菌和法氏柠檬酸杆菌,虽然抗菌率有所下降,但仍然显示出了较好的抗菌效果。这可能是因为低表面能材料的表面特性能够减少细菌的附着,从而抑制其生长。

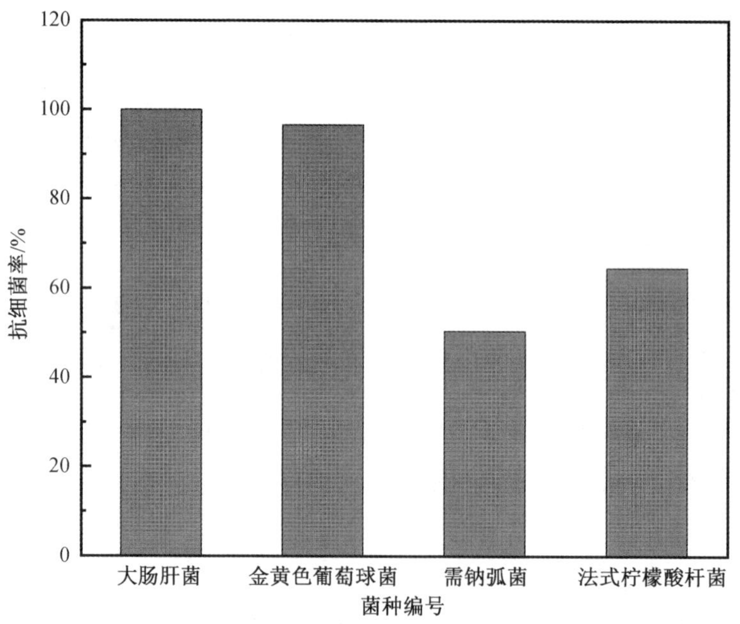

图 3-15 四种细菌抗细菌率图

此外,低表面能防污材料的抗菌性测试结果也显示,这类材料对大肠杆菌和金黄色葡萄球菌具有高效的抗菌性。这可能是因为这些细菌的细胞壁结构与低表面能材料的表面特性不兼容,导致细菌难以在材料表面存活和繁殖。

综上所述,试样 HPE20-1 的微结构涂层在抗菌性方面表现出了优异的性能,尤其是在对抗大肠杆菌和金黄色葡萄球菌方面。这种涂层的抗菌机制可能与其低表面能特性有关,这种特性能够减少细菌的附着和生长,从而提供一种有效的抗菌解决方案。

9. 抗硅藻附着性能测试

在抗硅藻附着性能测试中,三角褐指藻(Phaeodactylum tricornutum)作为常见的海洋硅藻,被选作试验藻种,以评估试样 HPE20-1 微结构涂层的防污性能。通过激光共聚焦显微镜观察,可以直观地了解硅藻在样品表面的附着情况。硅藻的附着量通过硅藻面积覆盖率来量化,其计算公式为

$$\text{硅藻面积覆盖率}\ \% = \frac{\text{微生物附着面积}}{\text{视场总面积}} \times 100\% \tag{3-4}$$

硅藻抑制率的计算公式为

$$\text{硅藻抑制率}\ \% = \frac{A_C - A_S}{A_C} \times 100\% \tag{3-5}$$

式中　A_C——空白对照样上硅藻的面积覆盖率;

A_S——样品上硅藻的面积覆盖率。

试验结果显示,空白试样的硅藻面积覆盖率为 1.12%,而防污涂层试样的硅藻覆盖率为 3.92%。这一结果表明,尽管防污涂层试样的硅藻覆盖率有所增加,但与空白试样相比,其附着量仍然较低。这可能是因为防污涂层的表面微结构形貌凸峰间距为 18~20 μm,硅藻无法附着于涂层凹坑中,只能在涂层表面两凸峰间附着,这种双点附着在附着量与附着强度上,都要小于多点附着,从而减少了硅藻的附着。

此外,硅藻具有亲疏水性,这可能促使了硅藻在疏水涂层表面上的附着。然而,当低表面能防污涂层具备一定疏水性,且涂层与外界环境流体存在速度差时,其表现出良好的防污性能。例如,美国 International Paint 公司开发的低表面能防污涂层,在长达 61 个月的动态实验后,仅有少量污损生物附着于船底,而且用高压水可以很容易地冲洗掉。这说明,低表面能防污涂层不仅应构筑适当尺寸的表面微结构,降低船体表面的表面能,而且要有合适的外界条件(速度差),才会具有良好的防污能力。

综上,试样 HPE20-1 的微结构涂层通过其特殊的表面形貌和低表面能特性,有效地减少了硅藻的附着,显示出良好的防污性能。这一结果对于开发新型防污涂层材料具有重要的参考价值,尤其是在海洋环境中,这种涂层能够减少生物污损,提高船体的航行效率和降低维护成本。未来的研究可以进一步探索不同类型

和浓度的低表面能材料对更广泛藻类种类的防污效果,以及这些材料在实际应用中的耐久性和安全性。

本试验选用海洋硅藻中较常见的三角褐指藻作为试验藻种,取试样 HPE20-1 用于贴附试验。并采用激光共聚焦显微镜观察硅藻在样品表面的贴附情况。硅藻的附着量用硅藻面积覆盖率来表示。

$$\text{硅藻面积覆盖率}\ \% = \frac{\text{微生物附着面积}}{\text{视场总面积}} \times 100\% \tag{3-6}$$

硅藻抑制率按以下公式计算:

$$\text{硅藻抑制率}\ \% = \frac{A_C - A_S}{A_C} \times 100\% \tag{3-7}$$

式中 A_C——空白对照样上硅藻的面积覆盖率;

A_S——样品上硅藻的面积覆盖率。

通过激光共聚焦显微镜观察硅藻在样品表面的贴附,如图 3-16 所示。

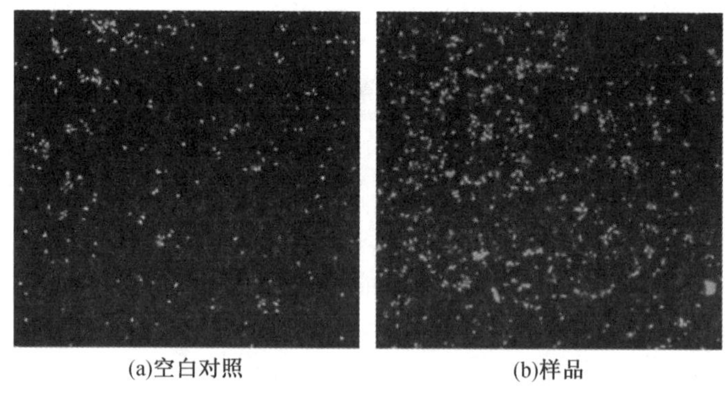

(a)空白对照　　(b)样品

图 3-16　试样硅藻附着图

从图 3-16 中可以看出:空白对照板上硅藻外形呈现卵形、梭形和三角放射形三种不同的形态,说明其生长状态良好。硅藻未出现非正常死亡,实验过程可控、实验数据有效。经过相关软件处理,计算得出硅藻的面积覆盖率分别是:空白对照样硅藻面积覆盖率为 1.12%,防污涂层样品硅藻覆盖率为 3.92%。

运用附着点理论(图 3-17)解释:防污涂层表面微结构形貌凸峰的间距为 18~20 μm,硅藻无法附着于涂层凹坑中,只能在涂层表面两凸峰间附着,这种双点附着在附着量与附着强度上,都要小于多点附着。另外,硅藻具有亲疏水性,这也促使了硅藻在疏水涂层表面上的附着。但是实际上,当低表面能防污涂层具备一定疏水性,且涂层与外界环境流体存在速度差时,其表现出良好的防污性能。美国 International Paint 公司开发的低表面能防污涂层,在长达 61 个月的动态实验后,仅有少量污损生物附着于船底,而且用高压水可以很容易地冲洗掉,因此,低表面能防污涂层不仅应构筑适当尺寸的表面微结构,降低船体表面的表面能,而且要有合适的外界条件(速度差),才会具有良好的防污能力,否则会适得其反增加污损生物附着。

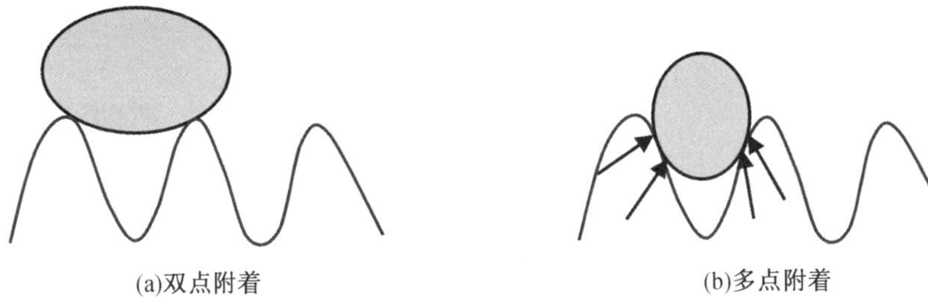

图 3-17　附着点理论

3.5.5　应用研究

1. 表面微观形貌对比分析

本研究与武汉理工大学可靠性工程研究所合作,对常用的几种防污涂层进行了表面微观形貌对比分析,结果如表 3-4 所示。

表 3-4　防污涂层

编号	种类
0	空白对照试样
1	低表面能防污涂层(高研院)
2	环氧通用底漆
3	无锡防污涂层
4	高固无锡自抛光防污涂层
5	无锡自抛光防污涂层
6	氯化橡胶防污涂层
7	聚氨酯防污涂层

本研究使用基恩士超景深三维显微镜 VHX-2000C 对防污涂层表面进行观察测量,获取涂层表面微结构形貌特征(图 3-18)。

在本研究中,我们对不同防污涂层样板的表面微结构进行了详细的分析。结果显示,1 号低表面能防污涂层(高研院)试样和 7 号聚氨酯防污涂层试样(分别简称 1 号试样和 7 号试样)表面存在明显的规整微结构,而其他样板的表面则显得杂乱无章,缺乏规律性。通过测量,我们发现 1 号试样表面微结构的凸起间距约为 40 μm(x 方向)、50 μm(y 方向),高度约为 20 μm;7 号试样表面微结构的凸起间距约为 18 μm(x 方向)、20 μm(y 方向),高度约为 9 μm。

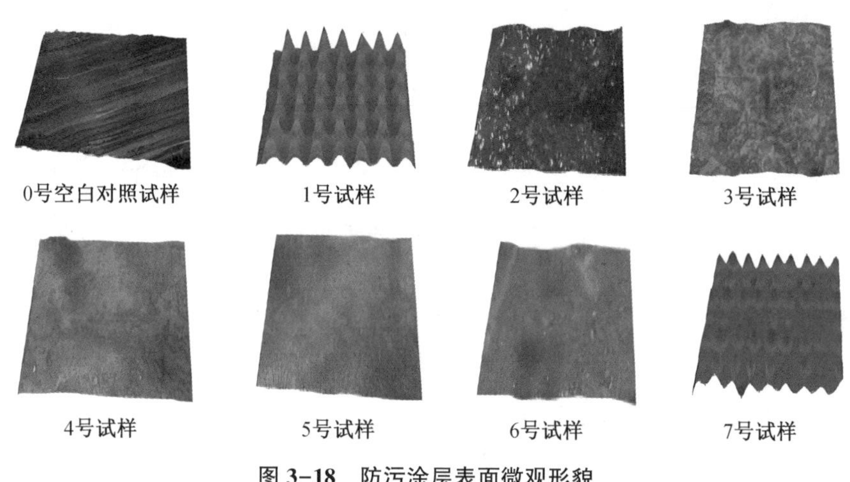

图 3-18　防污涂层表面微观形貌

这种高度规则且尺寸合适的微结构对于减少污损生物的附着具有显著效果。研究表明,在含有 2 μm 直径的圆柱和 10 μm 的椎体复合微结构表面上,石莼孢子的附着可以减少 58%。值得关注的是,鲨鱼皮的表面微结构能够使石莼孢子的附着减少 77%。此外,有研究发现,高效的表面微结构甚至可以减少高达 98%的污损生物附着。

佛罗里达大学研制的新型环保涂层 GatorSharkote,通过模仿鲨鱼皮的表面结构,成功地使船底部及侧面常见的藻类、石莼孢子等污损生物的附着率下降了 85%。Sullivan 等选用有机硅材料,制备出了系列微结构表面,其中 40 μm~2 mm 之间的微结构减少了 67%的藤壶附着。当船只在水中以 5~6 km/h 的速度运行时,几乎没有任何污损生物附着。

这些研究结果表明,通过设计和制造具有特定微结构的表面,可以有效减少污损生物的附着,这对于提高船只的航行效率和降低维护成本具有重要意义。通过模仿自然界中的生物表面结构,我们可以开发出更环保、更高效的防污涂层,以应对海洋环境中的生物污染问题。

2. 实海挂板试验

在与武汉理工大学可靠性工程研究所的合作中，我们对表 3-4 中提到的几种防污涂层进行了实海挂板试验，以测试它们的防污性能。其中样板 P0～P7 分别对应不同的试样编号 0～7(图 3-19)。

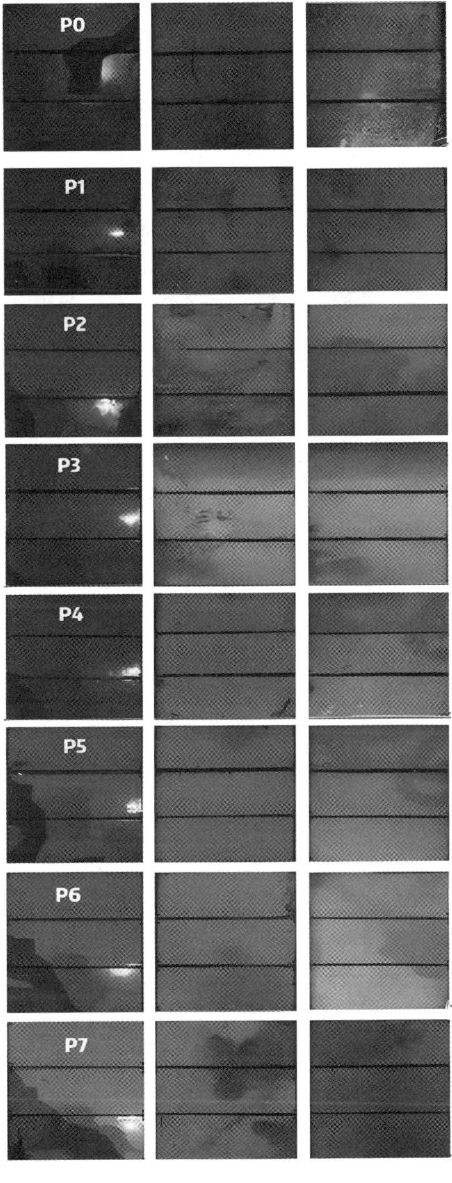

图 3-19　武汉长江水域实船挂板污损情况

(1)武汉长江水域挂板试验

周期为期一年,即2018年2月24日—2019年3月17日。试验分为三个周期:第一周期为2018年2月24日—2018年5月31日;第二周期为2018年6月1日—2018年10月31日,第三周期为2018年11月1日—2019年3月17日(图3-20)。

图3-20 P1试板在第二、三周期的污损情况

在这一年的试验期间,我们观察到P1~P6号样板对淡水藻类表现出了高效的防污能力。这些样板的表面微结构对污损生物的附着起到了显著的阻碍作用,这与它们的表面微结构设计有关。特别是P1号样板,其表面微结构凸起间距约为40 μm(x方向)、50 μm(y方向),高度约为20 μm,这种规则的微结构大大减少了污损生物的附着(表3-5)。相比之下,P7号样板对淡水藻类的防污性能较差,这可能与其表面微结构的设计或涂层材料的组成有关。

表3-5 P1试板在第二周期的涂层破损程度

P1试板	污损生物附着率	涂层破损扣分	防污评分	综合评分	涂层物理状态
1号板	29%	31.3	60.8	53.7	较差
2号板	6%	19.3	75.6	65.7	一般
3号板	0	7.1	87.6	77.9	较好

(2)台州海域挂板试验

周期为半年:2019年1月5日—2019年7月18日,分别在2019年1月5日—2019年3月31日(第一周期)、2019年4月1日—2019年7月18日(第二周期)。结果表明,P1~P5试板显示出对藻类和大型污损生物具有优秀的防污能力(图3-21)。

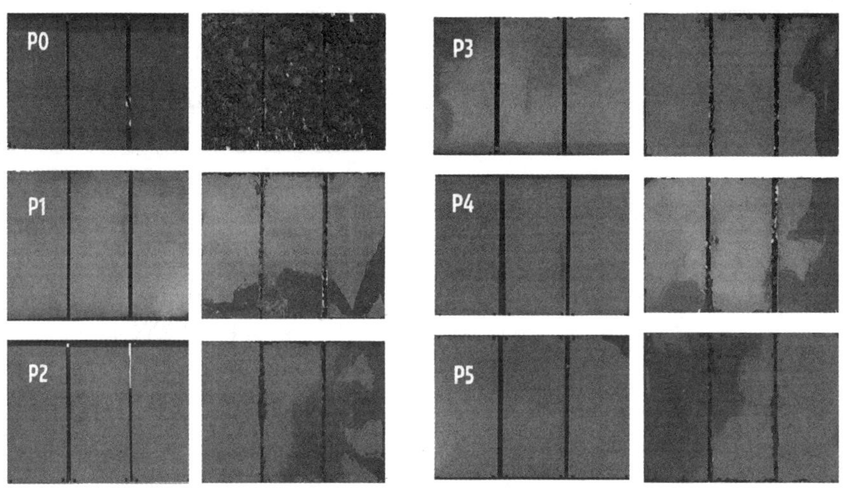

图 3-21　台州海域实船挂板污损情况

P1 试板在第二周期的试验中,尽管其低表面能防污涂层上附着了少量硅藻类和大型污损生物,但这些附着物在经过高压水流冲击后很容易被清洗掉。这表明 P1 试板的防污涂层不仅能够有效抵抗污损生物的附着,而且还具有很好的自我清洁能力,这对于减少船体的维护成本和提高航行效率至关重要。这种防污性能的优异表现可能与 P1 试板涂层的特定微结构有关。有效的表面微结构可以显著减少污损生物的附着。

综上所述,P1 试板在实海挂板试验中的表现证实了其防污涂层的有效性,尤其是在抵抗藻类和大型污损生物的附着方面。这些结果为进一步优化防污涂层的设计和材料选择提供了重要的实验数据和科学依据。

实海挂板试验是一种模拟自然环境下材料性能的测试方法,它能够直接反映防污涂层在实际海洋环境中的表现。通过这种试验,我们可以评估涂层的耐久性、防污效果以及对不同类型污损生物的防护能力。武汉理工大学可靠性工程研究所在防污、防腐蚀领域的研究包括仿生减阻节能、海洋环境下的防腐防污机理与控制技术,这些研究成果为本次试验提供了重要的技术支持。

实海挂板试验的结果为我们提供了宝贵的数据,帮助我们了解不同防污涂层在实际应用中的表现,并为进一步优化防污涂层的设计和材料选择提供了科学依据。

3.6 表面疏水的聚氨酯多层复合隔声材料的研制

3.6.1 表面疏水的聚氨酯材料的制备

将化学计量的端羟基聚丁二烯(HTPB)、甲苯二异氰酸酯(TDI,过量)、环氧树脂和催化剂混合,升温至70 ℃,搅拌反应3 h,得到异氰酸酯基含量为4.5%~5.5%预聚体。在预聚体中加入扩链剂乙二醇搅拌均匀,浇注到直径29 mm的圆柱形硅胶模具中,制得厚度2 mm聚氨酯疏水层样片;将HGM用硅烷偶联剂KH550改性后再与聚醚多元醇NT-403混合,然后加入TDI进行预聚反应得到异氰酸酯基(NCO)含量为6.5%~7.5%的预聚体,再加扩链剂搅拌均匀,浇注到直径29 mm的圆柱形硅胶模具,制得6 mm厚聚氨酯吸声层,如图3-22所示。

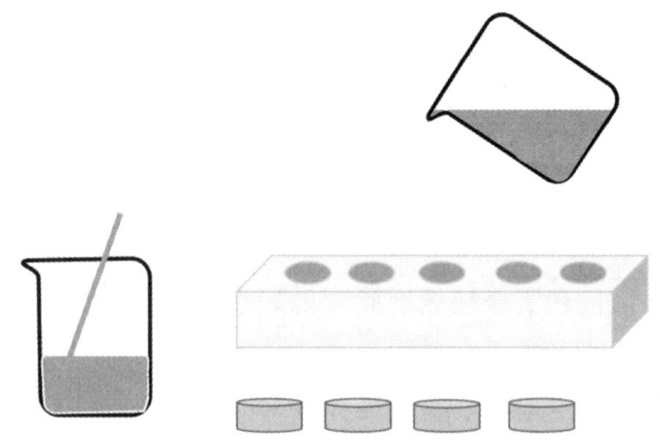

图3-22 表面疏水的聚氨酯材料声学试样制备图

以吸声层所用的聚氨酯树脂为胶黏剂,将聚氨酯疏水层和聚氨酯吸声层通过粘接形成隔声材料PU/HGM-1,它由1层2 mm厚聚氨酯疏水层和2层每层厚度为6 mm的聚氨酯/HGM吸声层组成,总厚度14 mm。

另制备3层均为聚氨酯/HGM吸声复合材料试样PU/HGM-2做对比试验,每层厚度为6 mm,总厚度为18 mm。

3.6.2　表面疏水的聚氨酯材料的结构表征与性能研究

1. KH550 改性 HGM 的红外光谱表征

由于 HGM 和聚氨酯基体之间的黏附力较差，本研究采用 KH550 改性 HGM，通过在填料表面形成化学键或者与基体发生化学吸附，从而增强填料与基体的黏合力。KH550 分子中含有乙氧基硅烷基和氨基两种官能团，其中乙氧基硅烷基经水解可以与 HGM 表面的羟基(—OH)反应生成化学键，将氨基接枝在微珠表面。这些氨基官能团可以与聚氨酯树脂中的异氰酸酯官能团发生反应，从而实现玻璃微珠与聚氨酯基体之间的有效结合中空玻璃微球改性前后的 FT-IR 图如图 3-23 所示。

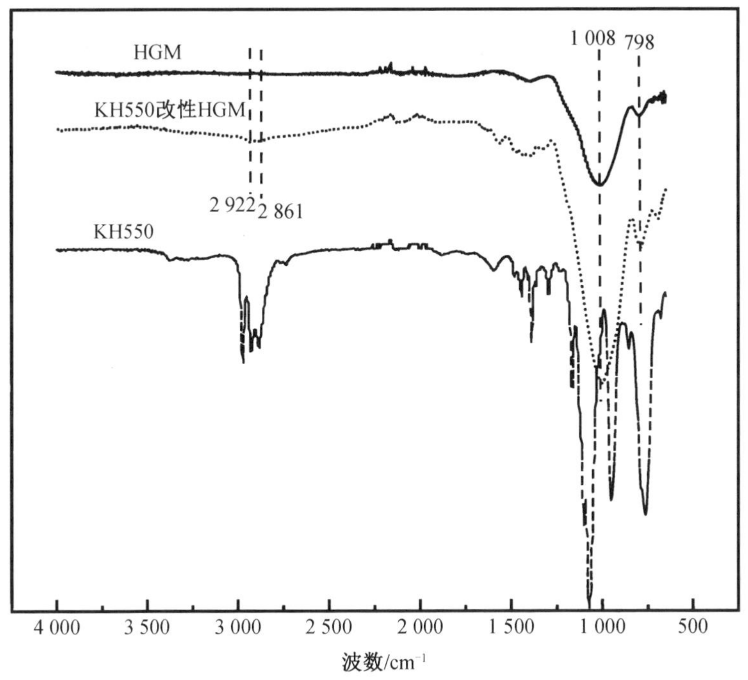

图 3-23　中空玻璃微球改性前后的 FT-IR 图

从图 3-23 中可以看出，经偶联剂 KH550 改性后的空心玻璃微珠在 2 922 cm^{-1} 和 2 861 cm^{-1} 处出现新的峰，对应为硅烷偶联剂甲基和亚甲基的反对称振动吸收峰叠加带，在 1 008 cm^{-1} 和 798 cm^{-1} 处的吸收峰明显增强，这可能是由于 Si—O 的对称伸缩振动和非对称伸缩振动引起的,说明 KH550 已经成功接枝到空心玻璃微珠表面。KH550 改性后的 HGM 能够更好地与聚氨酯基体形成协同效应,并且可在微观层面上提高两者之间的黏附力,这有助于减少材料中的应力集中并提高复合材料的力学性能。

2. 原子力显微镜(AFM)与静态水接触角

对表层材料进行静态水接触角测试及 AFM 测试的结果如图 3-24 所示。

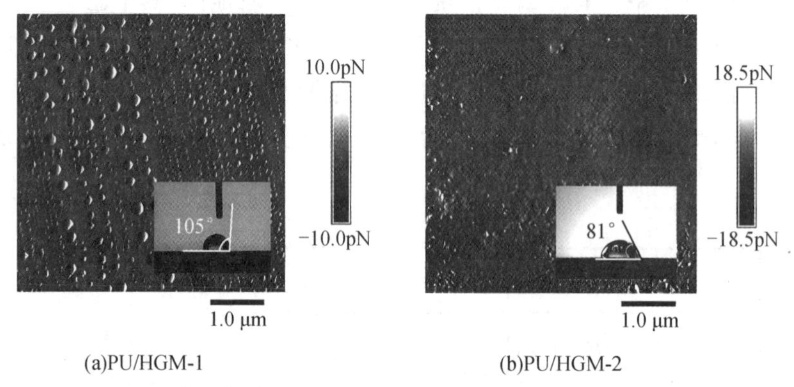

(a)PU/HGM-1　　(b)PU/HGM-2

图 3-24　疏水层和复合材料层表面静态水接触角及 AFM 图

从图 3-24(a)可以看出 PU/HGM-1 试样表面静态水接触角为 105°,呈现出良好的疏水性,具有低表面能特性。从图 3-24(b)所示,PU/HGM-2 试样表面静态水接触角为 81°,AFM 照片显示 PU/HGM-2 试样表面平整,并没有特殊微结构。AFM 照片显示聚氨酯疏水层表面出现了微纳米级的表面微结构。由于聚氨酯的软硬段结构中出现了明显的微相分离,聚丁二烯聚氨酯中含有大量的氢键,聚氨酯硬段在氢键作用下聚氨酯中硬段内聚能较大,有助于硬段聚集并形成微相区,随着树脂固化交联反应的进行,硬段逐渐被有序分离出来,形成表面凸起部分,而软段与环氧树形成网络互穿结构形成平面结构。一方面正是这种微结构的形成使得聚氨酯表面具有较好的疏水性;另一方面疏水层 HTPB 软段具有低极性,所以聚氨酯的疏水性较好,而吸声层聚氨酯采用低分子量聚醚多元醇和 TDI 反应而成,并且还含无机填料,所以极性相对较高,水接触角较小。

3. 密度及力学性能

聚氨酯弹性体的声阻抗通常在 1.8×105 g/(cm · s)左右,大于海水的声阻抗 1.53×105 g/(cm · s)(室温状态下),HGM 的加入不仅能增加与声波的相互作用实现吸声效果,而且能降低材料的密度,实现与海水的声阻抗更加匹配。聚氨酯试样的表观密度测试、拉伸强度、断裂伸长率和邵 A 硬度的测试结果见表 3-6。

表 3-6　聚氨酯试样的密度与力学性能测试

性能项目	PU/HGM-1	PU/HGM-2
密度/($g \cdot cm^{-3}$)	1. 056	0. 832
拉伸强度/MPa	1. 056	10. 08
断裂伸长率/%	281	169
邵 A 硬度	81. 2	90. 4

从表 3-6 可以看出,HGM 的加入降低了材料的密度。聚氨酯疏水层试样 PU/HGM-1 拉伸强度和断裂伸长率较大。这是因为环氧树脂的加入增强了材料的拉伸性能,而 PU/HGM-2 试样的拉伸强度和断裂伸长率较小。另外,由于玻璃微珠的加入,材料的硬度变大,为邵A 90. 4。

4. 聚氨酯/HGM 多层复合材料隔声性能

由图 3-25 可以看出,频率为 500~6 500 Hz 时,整体上 PU/HGM-1 试样与 PU/HGM-2 试样隔声效果相差不大。表层为疏水层的 PU/HGM-1 试样总体厚度相比 PU/HGM-2 试样减少 4 mm,但隔声效果依然表现更好。可能是因为疏水层结构没有加 HGM,透声性能表现更好从而减少了声波的反射,使声波穿过疏水层达到吸声层,再通过能量转化而耗散掉。在 2 000 Hz 频率下两种试样隔声效果最为突出,PU/HGM-1 隔声量达到 33 dB,PU/HGM-2 隔声量达到 31 dB。说明在特定频率具有较好的隔声效果。频率为 2 000~5 000 Hz 时隔声量都在 20 dB 以上。通过疏水层与吸声层构成的这种复合结构,材料厚度虽然减少了,但依然可以保持较好的隔声效果,并且表面疏水层具有较好的疏水效果。

5. 聚氨酯/HGM 多层复合材料吸声系数

图 3-26 为两种试样吸声系数曲线对比图。由图可以看出,当频率为 500~1 700 Hz 时, PU/HGM-1 试样与 PU/HGM-2 试样吸声系数相当;当频率为 1 250 Hz~2 700 Hz 时,试样吸声系数均大于 0. 2,并且在 1 312 Hz 下 PU/HGM-1 吸声系数最大,为 0. 4,PU/HGM-2 吸声系数为 0. 36,在这个频率范围内具有较好的吸声效果。当频率为 1 700~3 400 Hz 时,带表层疏水层的试样 PU/HGM-1 比 PU/HGM-2 试样的吸声系数略高,说明在一定范围频率内,有疏水层的试样具有

更好吸声效果。当频率 3 400~6 000 Hz 时，带疏水层试样的吸声系数有所降低，说明带有疏水层试样在高频范围内吸声效果略差。

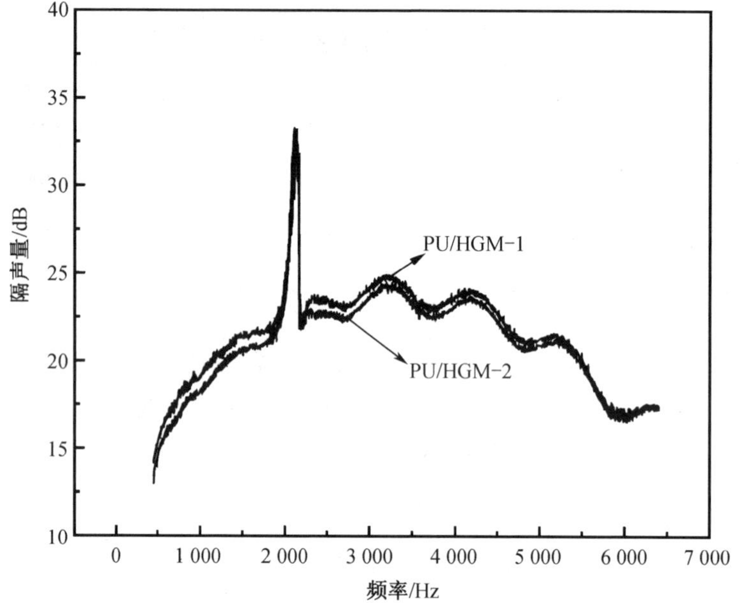

图 3-25　PU/HGM-1 与 PU/HGM-2 隔声量曲线对比

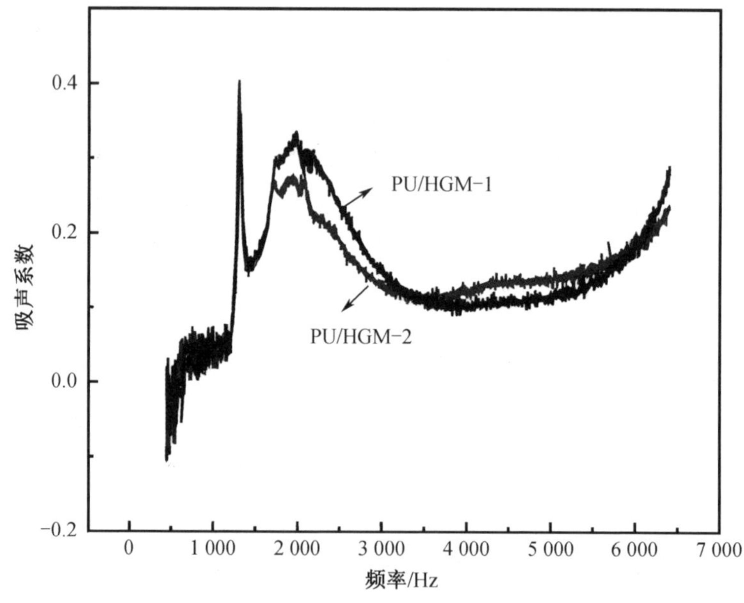

图 3-26　PU/HGM-1 与 PU/HGM-2 吸声系数曲线对比

3.7　本章小结

1. 基于表面微结构的聚氨酯低表面能材料的制备与性能研究

在本章中，设计并制备了具有微相分离形态的聚氨酯环氧树脂共混体系，我们通过预聚物法合成了一系列不同硬段含量的 HTPB 型聚氨酯，并与环氧树脂共混，使用胺类交联剂进行交联固化。通过调整聚氨酯的软硬段比例和制备工艺，我们成功地控制了表面微结构，制备出了具有多种尺度的类生物微结构的低表面能涂层。通过红外光谱（FT-IR）、超景深三维显微镜、原子力显微镜（AFM）、接触角测量仪和抗菌性试验等方法对所制备的涂层进行了详细的表征和分析。在掌握了聚氨酯及其分子结构、分子间作用及工艺对低表面能与微结构的相关性的研究技术关键后，我们便可对制得的低表面能材料进行微结构的调控。主要结论如下。

（1）聚丁二烯聚氨酯可以在热固性环氧树脂中形成具有规则排列的山丘状微结构，通过硬段含量的百分比可以调控微结构的尺寸及间距。

（2）静态水接触角测试表明，PU-EP 比纯聚氨酯和纯环氧树脂具有更高的静态水接触角，HPE20 试样静态水接触角最大为 102°，经过摩擦后，PU-EP 接触角最高达到 117°，该涂层具有疏水性和一定的耐磨性；通过微结构尺寸调整获得试样 HPE20-1，静态水接触角可达到 110.5°。

（3）抗菌性试验表明：HPE20-1 试样涂层对大肠杆菌和金黄色葡萄球菌具有高效的抗菌性，抗菌率达 96.66%。

（4）热失重分析表明，环氧树脂的加入，使混合物的起始分解温度增加，提高了聚合物体系的耐热性。

（5）附着力测试按照《色漆和清漆　划格试验》（GB/T 9286—2021）进行，测试结果为 1 级水平。

（6）实海挂板试验：本研究在武汉长江水域和台州海域进行了为期一年的实海挂板试验，以测试不同防污涂层的防污性能。P1～P6 试板对淡水藻类表现出高效的防污能力，P1 试板在实海挂板试验中的表现证实了其防污涂层的有效性，尤其是在抵抗藻类和大型污损生物的附着方面。这些结果为进一步优化防污涂层的设计和材料选择提供了重要的实验数据和科学依据。

而 P7 试板的防污性能较差。在台州海域的试验中，P1～P5 试板对藻类和大型污损生物具有优秀的防污能力，且附着物容易通过高压水流清洗掉。

材料表面的微结构对减少污损生物附着起到了关键作用,模仿自然界生物表面结构的微结构可以显著提高防污性能。试验数据为优化防污涂层的设计和材料选择提供了支持。

2. 表面疏水的聚氨酯多层复合隔声材料的制备与性能研究

采用聚氨酯疏水层与聚氨酯/中空玻璃微球(HGM)复合材料吸声层,制备多层吸声复合材料。试样 PU/HGM-1 的表层为疏水层,加 2 层吸声层,总厚度为 14 mm;对比试样 PU/HGM-3 为 3 层吸声层构成,总厚度为 18 mm。测试了材料的隔声性能、吸声系数、静态水接触角,并用原子力显微镜表征表面微结构。主要结论如下。

(1)隔声测试表明:有疏水层的试样 PU/HGM-1 厚度虽然比无疏水层的试样薄 4 mm,但隔声效果更好,在一定频率范围内,复合材料呈现出较为均匀的隔声特性。

(2)两个试样的吸声系数变化趋势一样,在 1 250~2 700 Hz 范围内,试样吸声系数均大于 0. 2,吸声效果较好;在 1 700 Hz~3 400 Hz 范围内,带表层疏水层试样吸声效果表现更好。随着频率的升高,带表面疏水层试样在中高频范围内先增加后下降,受频率变化影响较大。

(3)AFM 测试及静态水接触角测试表明:疏水层表面形成了微纳米级相分离结构,静态水接触角为 105°,具有低表面能特性。

3. 存在部分问题和需要进一步研究的地方

本研究通过低表面能材料复合表面形貌控制技术,获得具有低黏附力的仿生表面,在实际应用中还需积累一定数据,其中结构与性能关系,还需更深入研究。此外该涂层的低表面能疏水性,在防雾、防霜、防冰领域方面也具有一定的潜在价值,如在地面卫星天线、输电线、飞机防除冰等领域具有重要的应用价值。

第 4 章 基于界面作用的 BSC/PU-EP 复合材料的研制

在材料科学领域,界面作用对材料的整体性能具有至关重要的影响。界面作用主要包括物理化学吸附作用、化学键合作用以及静电作用等,这些作用在材料界面处产生了一系列独特的效应和现象。

4.1 界面作用类型及表现形式

1. 物理化学吸附作用

物理化学吸附作用主要通过物理吸附或化学吸附的方式,在材料界面上形成一层吸附层。物理吸附主要依赖于分子间的范德华力,具有可逆性和多层吸附的特点。而化学吸附则涉及吸附质与吸附剂之间的化学键形成,具有更强的结合力和选择性。这种吸附作用不仅影响材料的表面性质,如润湿性、吸附性等,还会对材料的整体性能产生显著影响,如改变材料的导电性、催化性能等。

2. 化学键合作用

化学键合是指在界面处形成的化学键,它能够实现材料的牢固结合。在金属材料中,这种键合主要通过金属键实现;在陶瓷材料中,则通过离子键和共价键来实现。化学键合作用使得材料界面处的原子或分子紧密结合在一起,从而提高了材料的强度和韧性。化学键合还能够改变材料的晶体结构和电子结构,进而影响材料的性能。

3. 静电作用

静电作用是指界面间由于电荷分布不均而产生的相互作用。在材料中,静电作用可以对材料的电学性能、光学性能等产生显著影响。例如,在电子器件中,静电作用可以导致电荷的积累和放电,从而影响器件的性能和稳定性。静电作用还可以影响材料的润湿性和吸附性,从而影响材料的加工和使用。

4.2 界面作用对材料物理性能的影响分析

4.2.1 界面作用对材料物理性能的影响

界面是指材料中不同相之间、不同组织区域之间或材料与环境之间的分界面。界面作用对材料的多种物理性能都有显著影响,具体如下。

1. 对力学性能的影响

(1)增强作用

在复合材料中,界面可以有效传递应力。例如,纤维增强复合材料中,当材料受到外力作用时,界面能将外力从基体传递到纤维上,使纤维承担大部分载荷,从而提高材料的强度和刚度。

(2)增韧作用

界面能够通过引发多种能量耗散机制来提高材料的韧性。如在陶瓷基复合材料中,界面可以使裂纹发生偏转、桥联等,增加裂纹扩展的路径和能量消耗,从而提高材料的断裂韧性。

2. 对热学性能的影响

(1)热导率

界面热阻会影响材料的热导率。在纳米复合材料中,由于纳米颗粒与基体之间存在大量界面,这些界面会散射声子,增加热传递的阻力,导致材料的热导率降低。例如,在聚合物基纳米复合材料中,加入少量的纳米粒子就可以显著降低材料的热导率。

(2)热稳定性

界面可以提高材料的热稳定性。例如,在金属材料表面形成的氧化膜界面层,能够阻止金属与外界环境进一步发生化学反应,提高金属的耐高温性能。

3. 对电学性能的影响

(1)导电性

在一些复合材料中,界面可以影响电子的传输。例如,当导电填料在绝缘基体中形成连通的网络时，电子可以通过界面在填料之间传输，使材料的导电性发生突变，从绝缘状态转变为导电状态。

(2)介电性能

界面极化会影响材料的介电性能。在多层结构的电介质材料中，界面处由于电荷分布不均匀会产生极化现象，导致材料的介电常数和介电损耗发生变化。

4. 对光学性能的影响

(1)光吸收和散射

在纳米材料中，界面可以引起光的吸收和散射。例如，纳米半导体材料的界面态可以吸收特定波长的光，从而改变材料的光学吸收特性。同时，界面粗糙度等因素也会导致光的散射，影响材料的透明度和光泽度。

(2)发光性能

界面可以影响材料的发光性能。例如，在一些发光材料中，通过控制界面的结构和性质，可以改变发光中心与周围环境的相互作用，从而提高发光效率和发光颜色的纯度。

4.2.2　优化材料物理性能

通过调控界面来优化材料物理性能主要可从控制界面结合强度、改善界面的结构与形貌、调整界面的化学组成等方面着手，以下是具体介绍。

1. 控制界面结合强度

(1)选择合适的表面处理方法

对材料表面进行预处理，如化学蚀刻、等离子体处理等，可以增加表面粗糙度和活性，提高界面结合力。例如，在金属与陶瓷的连接中，通过对金属表面进行化学蚀刻，可增大金属与陶瓷的接触面积，进而提高二者间的结合强度，使材料的力学性能得到优化。

(2)引入中间层

在不同材料的界面间加入合适的中间层，可以改善界面的结合情况。例如，在碳纤维增强树脂基复合材料中，通过在碳纤维表面涂覆一层与树脂相容性好的涂层作为中间层，能够提高碳纤维与树脂之间的结合强度，有效传递载荷，从而提高复合材料的力学性能。

2. 改善界面结构与形貌

(1)采用纳米技术

通过纳米技术对界面进行调控,如制备纳米结构的界面层或在界面处引入纳米颗粒,可以显著改变界面的结构和性能。例如,在金属材料中引入纳米晶界面,由于纳米晶具有较高的表面能和较多的界面缺陷,能够阻碍位错运动,从而提高材料的强度和硬度。

(2)控制界面的粗糙度

适当控制界面的粗糙度可以增加界面的接触面积和机械咬合作用,从而提高界面的结合强度。例如,在涂层材料中,通过控制涂层表面的粗糙度,使其与基体表面更好地贴合,能够提高涂层的附着力和耐磨性。

3. 调整界面化学组成

(1)元素掺杂

在界面处引入特定的元素进行掺杂,可以改变界面的化学性质和电子结构,从而优化材料的性能。例如,在半导体材料中,通过在界面处掺杂杂质原子,可以调节界面的能带结构,改善材料的电学性能。

(2)化学反应控制

通过控制界面处的化学反应,形成稳定的化合物或化学键,能够提高界面的结合强度和稳定性。例如,在金属与聚合物的复合中,通过在界面处引发化学反应,形成金属-有机化学键,可显著提高二者的结合力,进而改善材料的综合性能。

4.3 界面作用对材料化学性能的影响分析

界面作用在材料科学中扮演着至关重要的角色,尤其是在材料化学性能的表现上。材料的化学性能往往由其内部结构和组成决定,但界面作为材料内部不同相之间的接触区域,对材料的整体性能有着显著的影响。以下将分别从化学反应活性、腐蚀防护性能和稳定性三个方面详细探讨界面作用对材料化学性能的影响。

1. 化学反应活性

界面作用对化学反应活性的影响主要体现在催化剂中的活性位点上。催化剂是化学反应中的重要物质,能够降低反应的活化能,从而加速化学反应的速率。催化剂的活性位点通常位于其表面,这些位点与反应物分子之间的相互作用是催化作用的关键。界面作用能够改变催化剂表面的结构和性质,从而影响活性位点的数量和活性。例如,金属催化剂表面的氧化物层可以影响其催化性能,而氧化物层的形成和稳定性都与界面作用密切相关。

2. 腐蚀防护性能

界面作用还能够显著提高材料的腐蚀防护性能。腐蚀是材料在环境介质中发生化学反应或电化学反应而导致的破坏。腐蚀防护的关键在于防止材料与环境介质直接接触,从而减缓腐蚀速率。界面作用可以通过形成保护层、改变材料的电化学性质或提供牺牲阳极等方式来提高材料的腐蚀防护性能。例如,金属表面形成的氧化物层可以阻挡腐蚀介质与金属基体直接接触,从而起到保护作用。一些缓蚀剂也可以吸附在金属表面,形成一层保护层,防止腐蚀的发生。

3. 稳定性

界面作用对材料的化学稳定性也有着重要影响。材料的化学稳定性是指其在特定环境条件下抵抗化学反应的能力。界面作用可以改变材料的表面能、吸附性能等,从而影响其与环境介质的相互作用。例如,聚合物复合材料中的界面稳定性是影响其性能的关键因素之一。界面作用能够增强不同相之间的结合力,防止复合材料在受力或受热时发生分层和剥离。界面作用还可以影响复合材料的热稳定性、化学稳定性等性能。

4.4　界面作用对材料机械性能的影响分析

在材料科学中,界面作用对材料的整体性能具有重要影响。界面作用不仅影响材料的微观结构,还对其宏观机械性能产生显著影响。本节将重点探讨界面作用对材料强度、韧性和耐磨性的影响。

1. 界面作用对材料强度的影响

在纤维增强复合材料中,纤维与基体的结合强度是材料整体强度的关键。纤维与基体之间的界面结合强度决定了载荷在纤维和基体之间的传递效率。界面结合强度高时,载荷可以有效地从基体传递到纤维,从而提高复合材料的强度。界面结合强度还影响纤维的拔出长度和拔出过程中的能量吸收,进而影响材料的断裂韧性。为了提高纤维与基体的结合强度,研究者们采用了多种方法,如表面处理、添加界面剂等,以改善纤维与基体的界面结合性能。

2. 界面作用对材料的韧性的影响

在橡胶复合材料中,填料的分散状态对材料的韧性起着重要作用。填料颗粒与橡胶基体之间的界面结合强度决定了填料颗粒在橡胶基体中的分散程度。当填料颗粒与橡胶基体之间的界面结合强度较高时,填料颗粒能够均匀地分散在橡胶基体中,形成连续的网络结构,从而提高材料的韧性。界面作用还可以影响填料颗粒与橡胶基体之间的相互作用,从而影响材料的应力分布和裂纹扩展路径,进一步提高材料的韧性。

3. 界面作用对材料的耐磨性的影响

在陶瓷材料中,晶界结构对材料的耐磨性具有重要影响。晶界是晶粒之间的界面,其结构和性能与晶粒内部存在差异。晶界处的原子排列较为混乱,且存在较多的缺陷和应力集中点,因此晶界是裂纹萌生和扩展的优先位置。为了提高陶瓷材料的耐磨性,研究者们通过优化晶界结构,提高晶界结合强度,以减少裂纹的萌生和扩展。界面作用还可以影响陶瓷材料中的裂纹扩展路径,使其更加曲折和复杂,从而提高材料的耐磨性。

界面是不同材料之间的接触面,也是材料性能发生变化的关键区域。通过调控界面作用,可以实现对材料性能的调控。本研究主要采用表面改性技术、化学改性等方法,对材料界面进行调控,并研究其对材料性能的影响。

4.5 表面沟槽微结构的 BSC/PU-EP 低表面能材料的研制

本节采用端羟基聚丁二烯型聚氨酯/环氧树脂与玄武岩鳞片复合:端羟基聚丁二烯型聚氨酯/环氧树脂的海岛微相分离结构与片层结构的玄武岩鳞片堆积组装成表面沟槽微结构,利用玄武岩鳞片的曲折渗透性能和极强的耐酸碱性,降低低表面能材料的腐蚀速率,极大地提高了材料的防腐性能,这种表面具有微结构的低表面能材料静态水接触角可达 110°,材料表面具有疏水性,具有防腐防污作用。

4.5.1 玄武岩鳞片特点及微观形貌

玄武岩鳞片是一种新型鳞片材料，是选用性能优良的天然玄武岩矿石经高温熔融、澄清、均化成型、筛选等特殊加工工艺而成的新型材料，呈现透明或深绿色片状结构，厚度一般在 3 μm 左右，尺寸一般为 25 μm～3 mm。玄武岩纤维主要由 SiO_2、Al_2O_3、FeO、Fe_2O_3、Na_2O、K_2O、CaO、MgO、TiO_2 等组成，其中 SiO_2 和 Al_2O_3 占 70%以上，玄武岩鳞片能谱如图 4-1 所示。

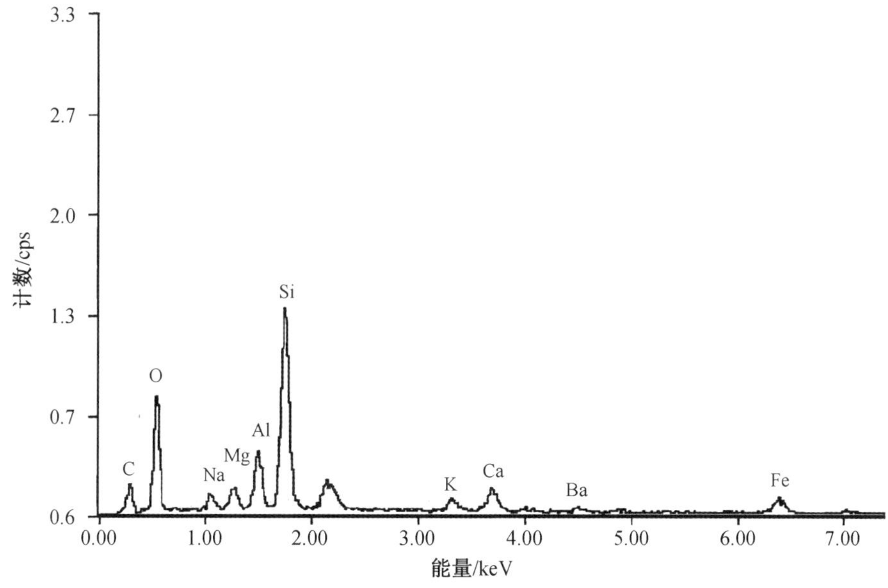

图 4-1 玄武岩鳞片能谱

由于玄武岩鳞片中铁氧化物、TIO_2、Al_2O_3、CaO 含量高而其中碱性氧化物含量较少，因此不仅能产生屏蔽效应，在耐酸碱和耐腐蚀性能方面也有独特的优势。玄武岩鳞片防腐涂层具有突出的物理化学性能，可以替代玻璃鳞片用于石化行业、海洋船舶、桥梁、建筑等防腐领域，尤其是玄武岩的耐高低温性能稳定，优异的介电性和耐化学品性能，使其在国防军工方向很有发展前景，目前国内也仅在高速公路、铁路、民用建筑上等领域内有部分实际应用，故玄武岩鳞片涂层的研制开发将具有广阔的市场应用前景。并且玄武岩鳞片及重防腐玄武岩鳞片聚合物涂层具有良好的综合性能和性价比，其前景亦被看好。

玄武岩鳞片与金属、混凝土和树脂类都具有较高的粘接强度，工作温度最低可达零下 200 ℃,最高可达 1 000 ℃,可以适应温差比较大、条件特别恶劣的特殊环境。另外,玄武岩鳞片添加到树脂中还可以产生特殊的“迷宫效应”,屏蔽性能好,耐酸碱性能优良,是集资源节约型、环境友好型、性能优良型于一身的高性能新型材料,目前玄武岩纤维在复合材料应用方面的研究较多,而玄武岩鳞片作为一种新型材料,相关方面的报道较少。

目前国际上俄罗斯、乌克兰玄武岩鳞片的制造技术具有一定的技术优势。俄罗斯产玄武岩鳞片片径较小,其尺寸分布在几微米到几十微米之间,而国产玄武岩鳞片的片径较大,相同放大倍数下的 SEM 照片视野内可见鳞片数量较少。从 SEM 照片中可以看出两种玄武岩鳞片的厚度都较薄。玄武岩鳞片聚合物涂层可以降低金属腐蚀速度 8~9 倍,水蒸气透过率可降低 5~9 倍,在防水耐水防腐蚀领域具有广泛的行业应用前景。

由图 4-2 可知,通过对国产和俄罗斯产两种玄武岩鳞片的 SEM 图像进行分析,我们可以看出两种玄武岩鳞片微观形貌无明显差别。这两种玄武岩鳞片在化学成分上非常接近,但在某些氧化物的含量上存在细微差别。具体来说,俄罗斯产的玄武岩鳞片中铁的氧化物含量略高于国产的,这可能会影响材料的色泽和磁性特性。同时,俄罗斯产玄武岩鳞片中的钾的氧化物含量也略高,这可能会对材料的电学性质和化学稳定性产生一定的影响。

(a)国产玄武岩鳞片

(b)俄罗斯产玄武岩鳞片

图 4-2　国产和俄罗斯产玄武岩鳞片在相同放大倍数下的 SEM 照片

4.5.2　玄武岩鳞片的表面功能化

玄武岩鳞片作为一种高性能的无机填料,因其独特的物理和化学性质,在聚合物基复合材料中得到了广泛的应用。为了提高玄武岩鳞片与聚合物基体的相容性和界面结合力,对其进行表面功能化处理是至关重要的一步。硅烷偶联剂由于其独特的结构,能够桥接无机填料和有机聚合物,因此常被用于玄武岩鳞片的表面处理。玄武岩鳞片的主要成分为 SiO_2,偶联剂水解形成的硅醇与鳞片表面的 Si—O 键形成氢键,经加热脱水后形成牢固的 Si—O—Si 键,反应式如图 4-3 所示。

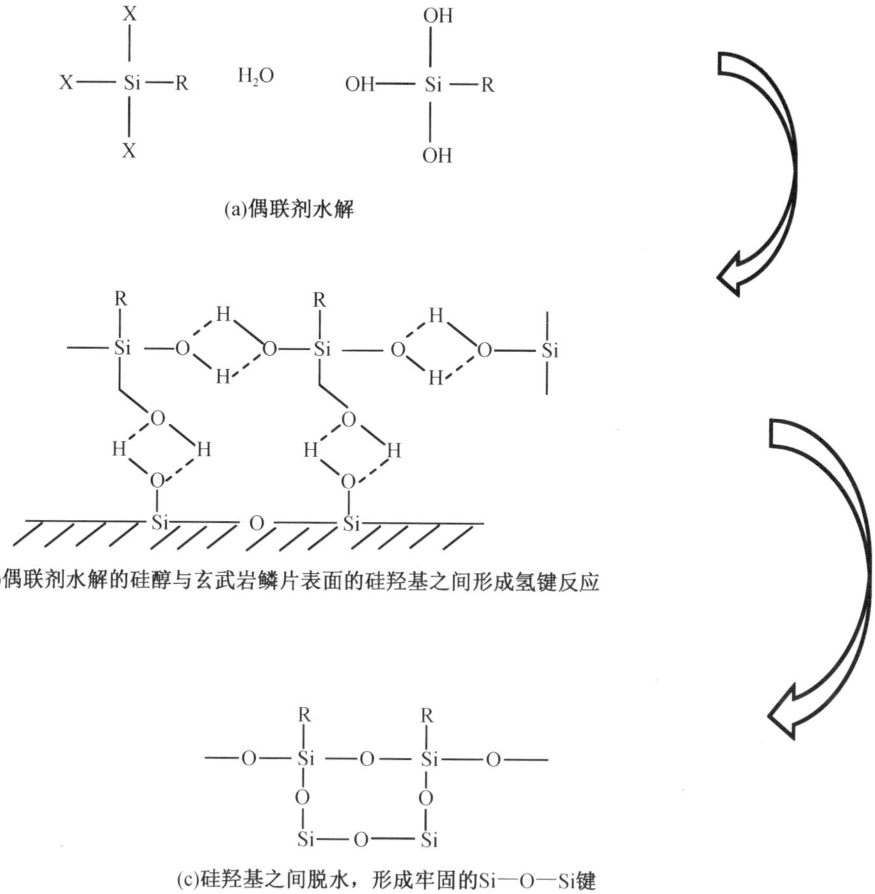

(a)偶联剂水解

(b)偶联剂水解的硅醇与玄武岩鳞片表面的硅羟基之间形成氢键反应

(c)硅羟基之间脱水，形成牢固的Si—O—Si键

图 4-3　玄武岩鳞片表面功能化反应原理

本研究采用的硅烷偶联剂为 KH560 含有可以与玄武岩鳞片表面反应的硅烷醇基团,以及能够与聚合物基体反应的有机官能团。用大功率超声和高速剪切相结合的处理工艺,使其表面附着大量的有机官能团,可与聚合物基体材料进行化学键合,适用于聚合物基功能复合材料的制备。

试验步骤如下。

(1)配制浓度为 5%~10%的 KH560 醇溶液 100 g,这一浓度的选择是基于实验优化的结果,旨在确保硅烷偶联剂能够有效地附着在玄武岩鳞片的表面。

(2)称取 5 g 玄武岩鳞片加入 KH560 醇溶液中,并在 2 000 r/min 的高速搅拌下混合 30 min。这一步骤的目的是确保玄武岩鳞片与硅烷偶联剂充分接触,以便硅烷偶联剂能够均匀地分布在玄武岩鳞片的表面。

(3)采用 500 W 的超声功率进行超声振荡 30 min,超声处理能够促进硅烷偶联剂与玄武岩鳞片表面的化学反应。处理完成后,静止倒出上层清液。

(4)使用乙醇和去离子水对玄武岩鳞片进行 3~5 遍的清洗,以确保彻底去除残留的杂质。

(5)将处理后的玄武岩鳞片烘干,以备后续使用。

通过上述处理工艺,玄武岩鳞片的表面得以成功功能化,极大地提高了其与聚合物基体的相容性,为制备高性能的聚合物基功能复合材料奠定了基础。这种经过表面功能化处理的玄武岩鳞片,可以广泛应用于各种高性能复合材料的制备,如耐腐蚀、耐高温、增强增韧等应用领域,从而拓宽了玄武岩鳞片的应用范围。

红外光谱是验证玄武岩鳞片表面功能化处理效果的重要手段。通过图 4-4 红外光谱图,可以观察到玄武岩鳞片表面有机官能团的特征吸收峰,从而确认硅烷偶联剂已经成功地附着在玄武岩鳞片的表面,并且形成了稳定的化学键。

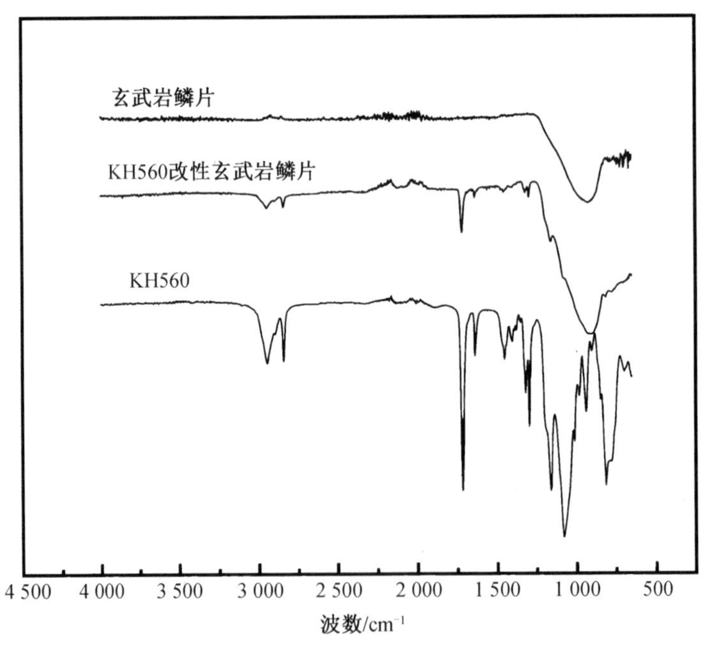

图 4-4 玄武岩鳞片的表面功能化红外对比光谱图

通过红外光谱图的分析,我们能够直观地观察到改性后玄武岩鳞片纤维表面化学结构的变化。在 2 947 cm^{-1} 和 2 842 cm^{-1} 处出现的烷基 C—H 伸缩振动峰表明，硅烷偶联剂中的有机官能团已经成功地接枝到了玄武岩鳞片的表面。这两个吸收峰对应于烷基的不对称和对称伸缩振动，是有机硅烷偶联剂特征的吸收峰。

1 718 cm^{-1} 处的酰氧基团伸缩振动峰进一步证实了硅烷偶联剂与玄武岩鳞片表面的反应。酰氧基团（C ═O）是硅烷偶联剂中的关键部分，它能够与无机材料表面的羟基发生反应，形成稳定的硅氧键。

1 088 cm^{-1} 处的 Si—O 特征峰是硅烷偶联剂中硅氧键的典型吸收峰，这一吸收峰的出现直接证明了硅烷偶联剂已经成功地接枝到了玄武岩鳞片的表面，并且形成了稳定的化学键。这种化学键的生成对于提高玄武岩鳞片与聚合物基体的界面结合力至关重要。

综上，红外光谱图的结果充分证明了硅烷偶联剂成功地对玄武岩鳞片进行了表面功能化处理，为后续的聚合物基复合材料的制备提供了良好的界面相容性。这种改性后的玄武岩鳞片纤维在复合材料中将展现出更优异的机械性能和化学稳定性。

4.5.3　表面沟槽微结构的低表面能材料的制备

将端羟基聚丁二烯型聚氨酯预聚体/环氧树脂在 105 ℃ 真空烘箱中真空脱泡至无泡，加入用硅烷偶联剂处理过的玄武岩鳞片纤维，搅拌混合均匀，再用超声处理 30 min，制得 A 组分。将 MOCA 固化剂加热 110 ℃ 至完全熔融，加入 A 组分中混合均匀，快速脱泡至无泡后，浇注到事先处理并预热的模具中，放在温度为 80 ℃ 真空烘箱中固化 22 h。

4.5.4　表面沟槽微结构的低表面能材料表征与分析

1. 红外光谱表征与分析

HTPB 与端羟基聚丁二烯型聚氨酯 HPU 的 FT-IR 图如图 4-5 所示，通过 FT-IR 图，我们可以观察到这两种聚合物的化学结构和官能团的特征吸收峰。在 2 981 cm^{-1}、2 916 cm^{-1}、2 843 cm^{-1} 处的吸收峰对应于—CH_3 和—CH_2 基团的伸缩振动。这些峰的出现表明聚合物链中存在烷烃结构，这是聚丁二烯和聚氨酯共有的化学结构。3 072 cm^{-1} 处的吸收峰归属于—CH ═CH_2 基团的伸缩振动，这表明聚合物中存在不饱和的双键结构，这与 HTPB 的丁二烯单元有关。

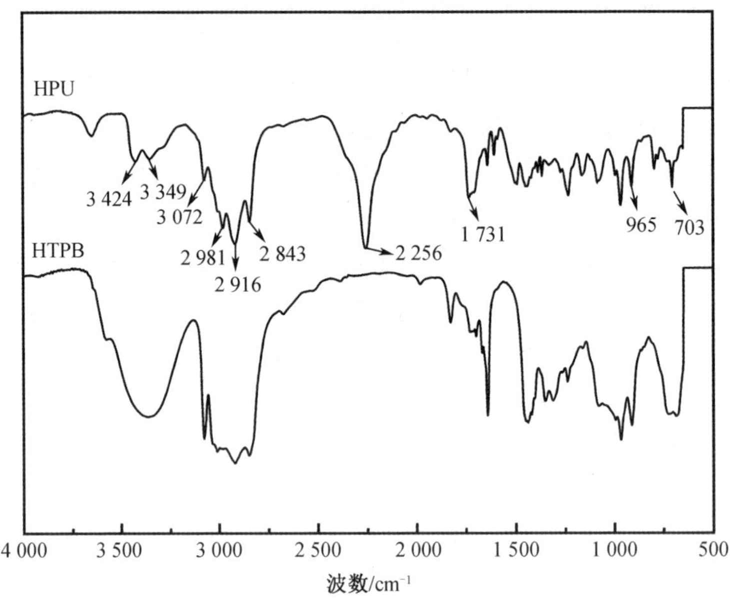

图 4-5　HTPB 与聚丁二烯型聚氨酯 HPU 的 FTIR 图

2 256 cm^{-1} 处的吸收峰是异氰酸酯基(NCO)的特征峰,这是合成聚氨酯时使用的异氰酸酯原料的典型吸收峰。1 731 cm^{-1} 处的吸收峰对应于聚氨酯中的—C═O 伸缩振动,这表明聚氨酯的硬段结构已经形成。3 424 cm^{-1} 和 3 349 cm^{-1} 处的吸收峰是-NH 基团的伸缩振动,这进一步证实了聚氨酯结构的存在。这些—NH 基团可能来自聚氨酯的软段,它们在聚氨酯的合成和交联过程中起着关键作用。965 cm^{-1} 和 703 cm^{-1} 处的吸收峰分别对应于反 1,4-结构和顺 1,4-结构上 CH 键的面外弯曲振动。这些吸收峰的出现表明聚合物链中存在不同构型的 CH 键,这可能与聚合物的微观结构和柔性有关。

通过 FT-IR 图的分析,我们可以确认 HTPB 和 HPU 的化学结构和官能团,这对于理解这两种聚合物的物理化学性质和它们在复合材料中的应用至关重要。

2. 扫描电子显微镜(SEM)表征分析

图 4-6 为材料表面和侧面 SEM 图,可以看出,材料表面表现为沟槽结构形态,这种结构是由端羟基聚丁二烯型聚氨酯/环氧树脂与玄武岩鳞片纤维通过微相分离与自组装获得的。玄武岩鳞片纤维通过化学键、氢键作用与端羟基聚丁二烯型聚氨酯/环氧树脂复合,端羟基聚丁二烯型聚氨酯/环氧树脂的海岛微相分离结构与片层结构的玄武岩鳞片堆积组装成沟槽微结构,这种沟槽微结构的低表面能材

料静态水接触角可达 110°，如图 4-7 所示。

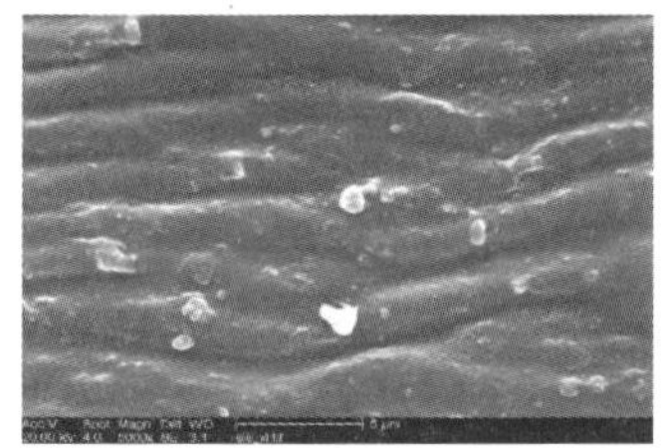

图 4-6　沟槽微结构材料表面 SEM 图

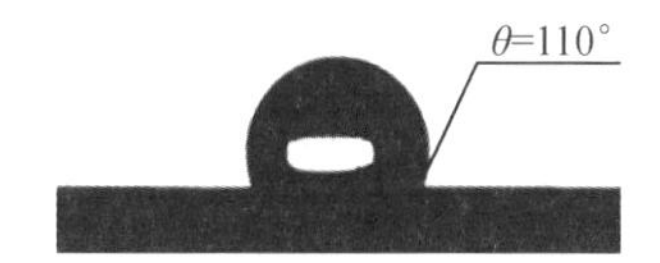

图 4-7　沟槽微结构材料表面静态水接触角图

3. 材料表面静态水接触角

图 4-7 为沟槽结构低表面能材料表面静态水接触角图，接触角测试仪测得静态水接触角 110°，成为疏水表面，这种沟槽结构大大增加了表面纹路的微观粗糙度，将大量的空气束缚在结构的凹陷处形成极薄的空气层，使得水滴只能停留在微观结构的尖端。由于水滴与固体界面的直接接触面积大大减小，固液界面间的相互作用力变弱，使水滴可以近似无阻碍地在表面上自由滚动，可应用于防污涂层，同时玄武岩鳞片以均匀的错层结构分布在基体树脂中，增加了曲折渗透性能，产生屏蔽保护效应，腐蚀速率降低的同时还具有极强的耐酸碱性，极大地提高了材料的防腐性能，因此本材料可应用在防腐、防污领域。

4.6　表面瓦楞结构的 BSC/PU-EP 复合材料的制备及性能研究

以端羟基多元醇与端羟基聚醚与异氰酸酯为主要原料合成聚氨酯预聚体，再与环氧树脂进行接枝或共混形成的 PU-EP 共混改性材料，具有较低的表面能、较强的附着力和优异的力学性能。本研究在基体体系中引入玄武岩鳞片纤维，经过表面功能化的玄武岩鳞片纤维，与 PU-EP 复合制备出 BSC/ PU-EP 共混改性低表面能材料，进行接触角、附着力、耐腐蚀性、耐水性能等分析测试。BSC/PU-EP 低表面能材料制备工艺路线如图 4-8 所示。

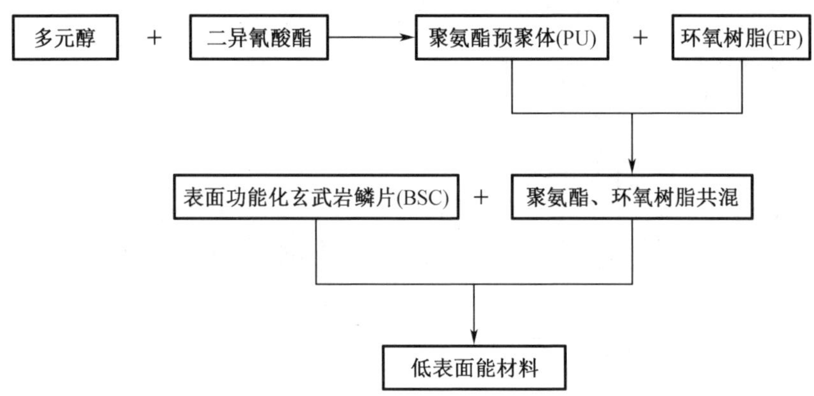

图 4-8　BSC/PU-EP 低表面能材料制备工艺路线图

4.6.1　表面瓦楞结构的 BSC/PU-EP 复合材料的制备

将 PU-EP 共混改性材料在 100～105 ℃真空烘箱中真空脱泡至无泡,加入表面功能化处理过的玄武岩鳞片,搅拌混合均匀,再用超声处理 30～60 min,得到 A 组分;将固化剂加热熔融,得到 B 组分。A、B 组分单独存放,使用时 A、B 按计量比例混合后快速脱泡,可采用喷涂、刷涂、浸涂或浇注成形的方式制得 BSC/PU-EP 低表面能材料。

4.6.2　玄武岩鳞片在基体树脂中分散性能

在本研究中,我们通过采用硅烷偶联剂对玄武岩鳞片进行表面处理,成功地提高了其在树脂基体中的分散性和界面结合力。实验中,玄武岩鳞片的添加量从 0 逐步增加到 1.5%,通过观察复合材料的微观结构,我们发现鳞片在树脂中的分散稳定性良好,没有出现明显的沉降现象。这一结果表明,经过硅烷偶联剂处理的玄武岩鳞片与树脂基体之间的界面结合非常紧密,有效地避免了鳞片的团聚现象,从而保证了复合材料的均匀性和性能的一致性。

硅烷偶联剂的处理不仅改善了玄武岩鳞片的表面性质,还增强了其与树脂基体的相容性。这种改性后的玄武岩鳞片在树脂中能够形成均匀分布的微区,这些微区在复合材料中起到了类似迷宫的结构,有效地延长了腐蚀因子的传输路径。这种迷宫效应是玄武岩鳞片作为填料在防腐涂料中的关键优势之一,它能够显著提高涂层的抗渗透性和耐腐蚀性。

此外,适量的玄武岩鳞片添加量对于发挥其屏蔽效果至关重要。如果添加量过少,鳞片无法形成有效的迷宫结构,从而无法达到预期的屏蔽效果。相反,如果鳞片表面处理不当,单纯增加鳞片含量,反而会导致鳞片团聚,形成质量不佳的迷宫结构,这将导致复合材料的性能下降。因此,通过硅烷偶联剂对玄武岩鳞片进行表面改性,不仅提高了其在树脂中的分散性,还确保了复合材料的高性能和稳定性。这种处理方法为制备高性能的玄武岩鳞片增强复合材料提供了一种有效的途径,具有重要的工业应用价值。不同添加量的 BSC/PU-EP 复合材料如图 4-9 所示。

图 4-9　不同添加量的 BSC/PU-EP 复合材料

对固化后材料表面和断面进行观察,其 SEM 图如图 4-10 所示。通过对固化后的材料表面和断面进行细致观察(图 4-10),我们进一步证实了硅烷偶联剂处理对于提高玄武岩鳞片在树脂基体中的分散性和界面结合力方面的显著效果。从显微镜图像中可以清晰地看到,玄武岩鳞片与基体树脂之间的界面结合非常紧密,没有出现明显的断裂和剥离现象,这表明硅烷偶联剂的表面处理有效地促进了两者之间的化学键合。

(a)材料表面

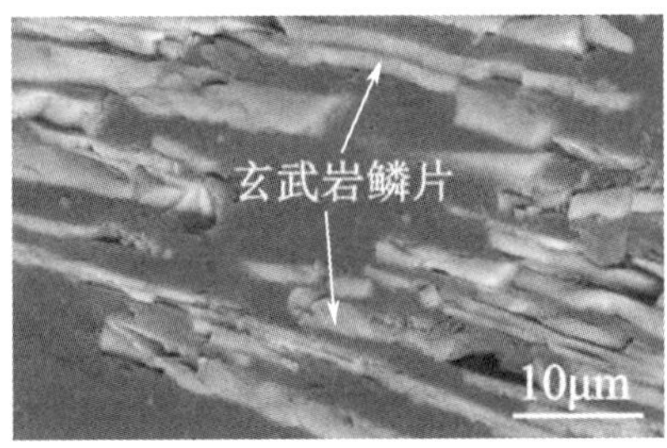

(b)断面

图 4-10　玄武岩鳞片在材料表面和断面的形貌 SEM 图

此外,材料断面的观察结果显示,玄武岩鳞片在树脂基体中分布均匀,没有出现团聚或沉降,这进一步证实了硅烷偶联剂处理后鳞片的优异分散性。这种均匀分散和良好的界面结合对于提高复合材料的机械性能和耐久性至关重要,有助于提升材料在实际应用中的可靠性和稳定性。因此,硅烷偶联剂处理不仅优化了玄武岩鳞片的分散性,还显著增强了其与树脂基体的结合力,为制备高性能复合材料提供了坚实的基础。

4.6.3 BSC/PU-EP 复合材料表面的微观形貌

对 BSC/PU-EP 改性材料表面的微观形貌进行研究,得到的 SEM 图如 4-11 所示。由图可知,BSC 与 PU-EP 改性树脂基体复合,构建了具有一定尺寸的微观沟槽结构,这种结构的形成是由于聚氨酯与环氧树脂在固化过程中发生的特殊微相分离现象,以及玄武岩鳞片的片状结构与树脂基体的相互结合,在材料表面形成了具有微观瓦楞的结构。

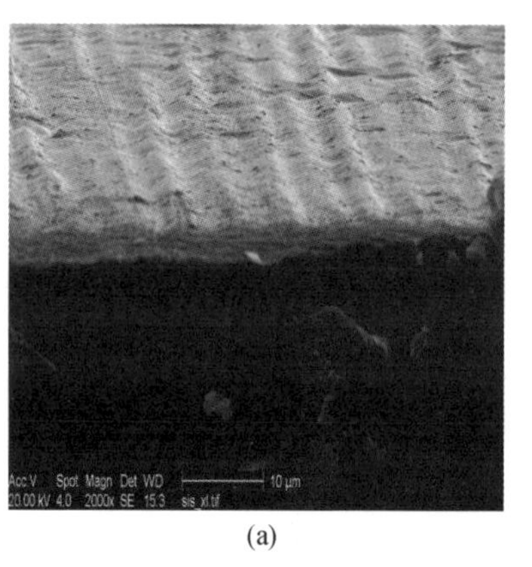

(a)

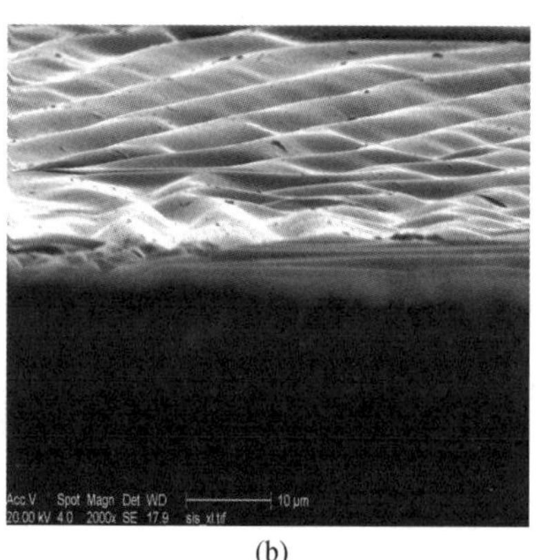

(b)

图 4-11 玄武岩鳞片与基体树脂表面构建的微观瓦楞形貌 SEM 图

微相分离是聚合物共混物中常见的现象,它导致了不同聚合物相在纳米或微观尺度上的分离,从而形成独特的微观结构。

4.6.4 玄武岩鳞片表面改性对表面接触角的影响

接触角是在气、液、固三相交叉点所做的气-液界面的切线与穿过液体的固-液界面的切线的夹角,能够反映物质与液体的润湿性。改性后的玄武岩鳞片为填料与树脂复合,经过固化成型后测试接触角结果如图 4-12 所示。

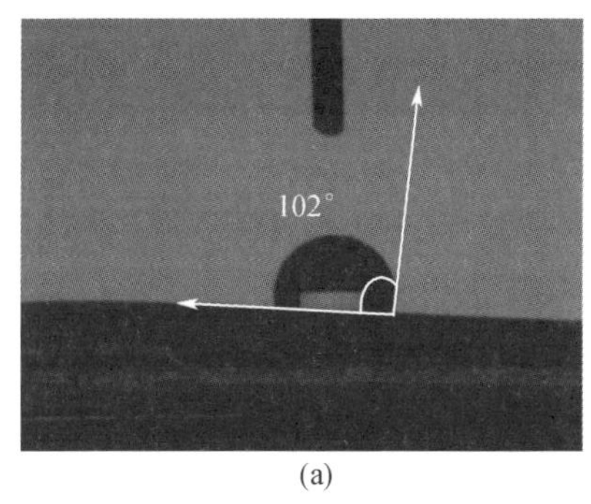

(a)

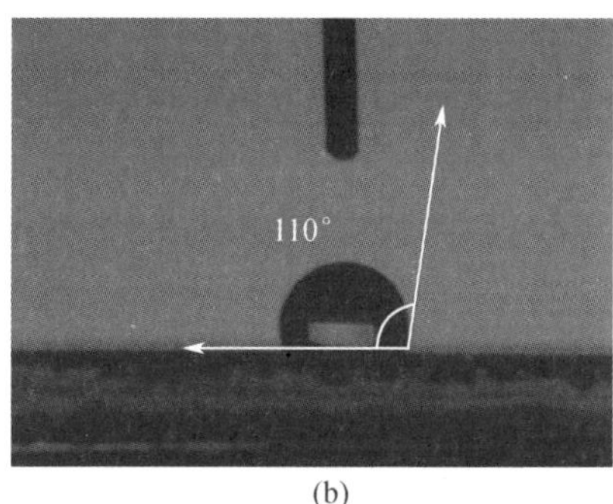

(b)

图 4-12　添加玄武岩鳞片前后材料的表面接触角

在本研究中,我们对 BSC/PU-EP 复合材料的表面微观形貌进行了深入分析。通过接触角测试,我们观察到玄武岩鳞片与 PU-EP 改性树脂基体复合后,材料表面的接触角发生了变化。具体来说,当玄武岩鳞片纤维的添加量为 1.5%时,材料表面的接触角从基体树脂的 102°增加到了 110°。这一变化表明,经过改性后的玄武岩鳞片在亲水性减弱的同时,疏水性得到了增强。

接触角的增加可以归因于聚氨酯的微相分离特性及玄武岩鳞片的片状结构。在固化成型的过程中,这两种组分的相互作用在材料表面形成了微观沟槽结构。这种结构不仅增加了表面的粗糙度,而且降低了表面能,从而影响了材料的润湿性。微相分离产生的微观沟槽结构是提高材料表面性能的关键因素之一,它们为材料提供了额外的防护性能,如耐腐蚀性和抗污染性。

此外,硅烷偶联剂的使用进一步增强了玄武岩鳞片与树脂基体之间的界面结合力。这种结合力的提升有助于维持微观沟槽结构的稳定性,从而确保了材料在实际应用中的长期性能。通过红外光谱图可以证实,改性后的玄武岩鳞片表面附着了大量的有机官能团,这些官能团与聚合物基体材料形成了化学键合,进一步证明了硅烷偶联剂处理的有效性。

综上所述,本研究通过改变玄武岩鳞片的添加量,并利用硅烷偶联剂进行表面处理,成功地调控了复合材料的表面微观形貌和润湿性。这些发现为设计和开发具有特定表面性能的玄武岩鳞片增强聚合物基复合材料提供了重要的科学依据。

4.6.5　附着力测试

利用划格法测定低表面能涂层的附着力,依照《色漆和清漆　划格试验》(GB/T

9286—2021)测试标准,根据被割划过涂层表面被胶带粘起的数量,可以确定涂层的附着力等级。测试结果如图 4-13 所示,涂层切口光滑,切口边缘没有剥落,对照标准确定附着力等级为 1 级。

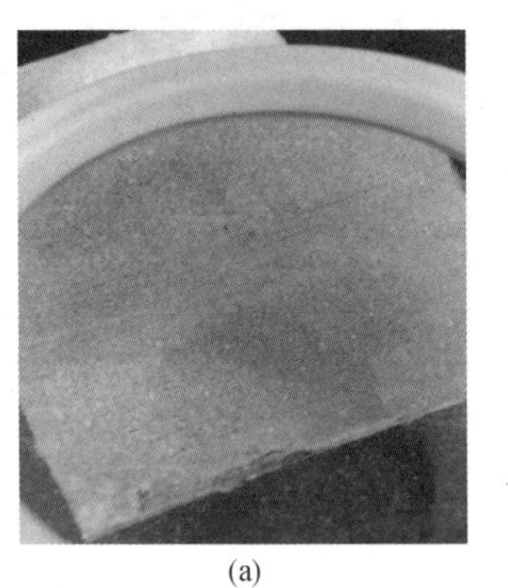
(a)

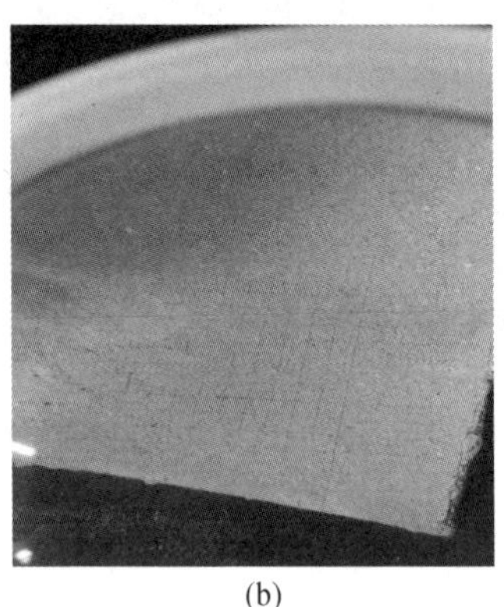
(b)

图 4-13　涂层表面附着力测试

4.6.6　耐人工海水

将完全固化后的涂层边缘用石蜡进行封闭,放入人工海水浸泡,连续浸泡 30d 后取出试样,用水将试板表面残留的海水冲除,干布擦干表面水分,标准条件下养护 4h 后,观察试板表面是否出现锈蚀、起泡及涂层脱落等腐蚀现象。

人工海水参照《船用金属材料电偶腐蚀试验方法》(GB/T 15748—2013)配制,具体化合物成分及用量见表 4-1。

表 4-1　人工海水组成及用量表

化合物	NaCl	$MgCl_2$	Na_2SO_4	$CaCl_2$	KCl	$NaHCO_3$	KBr	H_3BO_3	$SrCl_2$	NaF
浓度 /$(g \cdot L^{-1})$	24. 53	5. 20	4. 09	1. 16	0. 69	0. 20	0. 10	0. 03	0. 03	0. 003

在本研究中,为了评估玄武岩鳞片复合 PU-EP 改性材料的耐腐蚀性能,我们采用了一种模拟海洋环境的加速腐蚀试验方法。具体来说,将完全固化后的涂层边缘用石蜡进行封闭,这一步骤是为了确保涂层的整体密封性,防止人工海水渗透到涂层与基材之间的界面。封闭后的试样被放入按照国家标准《船用金属材料电

偶腐蚀试验方法》(GB/T 15748—2013)配制的人工海水中浸泡。

在连续浸泡 30 天后,试样被取出,首先用水将试板表面残留的海水冲除,然后用干布擦干表面水分。这一过程是为了去除可能影响后续观察的盐分和其他杂质。在标准条件下养护 4 h 后,我们对试板表面进行了详细地观察,以检查是否存在锈蚀、起泡及涂层脱落等腐蚀现象。

从图 4-14 中可以看出,经过 30 天的人工海水浸泡后,试样表面没有出现锈蚀、起泡及涂层脱落等腐蚀现象。这一结果表明,玄武岩鳞片复合 PU-EP 改性材料具有优异的耐腐蚀性能。

图 4-14　试样涂层表面形貌 2D 图像

这种性能的提升可以归因于以下几个关键因素。

(1) 玄武岩鳞片的加入提高了材料的屏障效果,鳞片在树脂基体中形成了迷宫效应,有效延长了腐蚀介质的扩散路径。

(2) 硅烷偶联剂的使用改善了玄武岩鳞片与树脂基体之间的界面结合力,增强了涂层的整体稳定性。

(3)聚氨酯与环氧树脂的微相分离以及玄武岩鳞片的片状结构在材料表面形成了微结构,进一步增强了涂层的耐腐蚀性能。

此外,人工海水的配制严格按照国家标准进行,确保了试验条件的一致性和可重复性。通过这种加速腐蚀试验,我们能够快速评估材料在模拟海洋环境中的性能,为材料的实际应用提供了重要的参考数据。

综上所述,本研究通过一系列的实验步骤和观察,证实了 BSC/PU-EP 复合材料在模拟海洋环境中的优异耐腐蚀性能。这些发现为该材料在海洋工程、船舶制造等领域的应用提供了科学依据。

4.7 本章小结

本章设计并制备了具有微相分离形态的聚氨酯环氧树脂共混体系,通过在PU-EP共混改性基体树脂中,复合硅烷偶联剂改性的玄武岩鳞片纤维,制备了性能良好的低表面能材料,通过调控软硬段含量、成型工艺,获得了具有表面沟槽微结构和表面瓦楞微结构的低表面能材料,本章讨论集中在BSC/PU-EP复合材料的性能研究上,包括其制备过程、微结构、表面特性以及在耐人工海水应用中的表现。主要归纳总结如下。

(1)材料制备与结构

通过使用端羟基多元醇、端羟基聚醚和异氰酸酯合成聚氨酯预聚体,并与环氧树脂接枝或共混,制备了PU-EP共混改性材料。在PU-EP基体中引入了表面功能化处理的玄武岩鳞片纤维,形成了BSC/PU-EP复合材料。

(2)微观形貌与表面特性

玄武岩鳞片与PU-EP树脂基体复合后,在材料表面形成了具有一定尺寸的微观沟槽结构,这些结构有助于降低表面能,增强疏水性。接触角测试显示,改性后的玄武岩鳞片材料表面接触角增加,表明亲水性减弱,疏水性增强。由其制备的低表面能涂层,静态水接触角可达110°

(3)性能测试

进行了接触角、附着力及耐海水性能等测试,以评估材料的综合性能。实验结果显示,BSC/PU-EP复合材料具有较低的表面能、较强的附着力和优异的力学性能及较好的耐人工海水性质。

综上所述,本章讨论了BSC/PU-EP复合材料的制备、特性分析以及在海洋环境中的实际应用效果,展示了该材料在提高防污性能方面的潜力。

第 5 章　基于周期性结构的阻尼隔声复合材料隔声性能的研究

当前,新型的隔声材料主要以多层复合材料形式存在,并朝着轻质化、薄型化以及卓越隔声性能的方向不断进步。这些多层复合材料的一个显著特点是其周期性结构,该结构在特定频段内展现出禁带特性。这意味着,在周期性介质声学常数的调控下,弹性波或声波可能会遭遇禁带,即在某一频率区间内,这些波的传播会被有效抑制。

周期性结构的这一独特优势,在实际应用中已经得到了充分验证,并逐渐成为学术界关注的焦点。特别是其禁带特性,为工程中的减振降噪提供了新的解决方案。当声波撞击多层复合材料时,会引起复合结构的弯曲振动。而由于阻尼材料具有显著的内摩擦和内损耗特性,结构中的振动能量会大量转化为热能并耗散掉,从而有效减弱弯曲振动,降低结构振动噪声。因此,具有周期性结构的多层复合材料,在减振降噪阻尼复合材料领域将发挥越来越重要的作用。

国内外常用的隔声手段主要是利用隔声材料来阻断或隔离声能的传递。当声波接触到这些材料时,一部分声波会在材料界面上反射回去,这就是隔声的基本原理;另一部分声波在材料内部传播时,会因黏性流动损失和材料分子间的相对运动导致的内摩擦,从而将声能转化为热能散失,而剩余的声能则会穿透材料继续传播。然而,传统的噪声治理方法受限于其固有的局限性,往往难以达到理想的降噪效果。在实际应用中,为了达到预期的隔声效果,通常要求隔声材料具有足够的厚度和密度,但受到空间和成本等因素的限制,材料的隔声性能往往难以达到预期。为了解决这个问题,四川大学的郭少云设计了具有多层结构的聚合物隔声材料,这种材料通过组合不同的聚合物隔声材料层和增加吸声结构的层数来实现。研究发现,这种多层结构中的交替层状排布和丰富的层界面赋予了其独特的阻隔性能,不仅显著提升了材料的隔声效果,还提高了空间利用率,并降低了使用成本。

在实际工业与工程应用中,许多结构,如船舶和飞机的加强筋板、铁路的导轨、包装工程中的瓦楞结构等,都呈现出周期性的特点。这些结构都是由一系列相同的小单元按照特定顺序排列组成的。周期性结构之所以得到广泛应用,主要有三个原因:首先,其结构和材料相对简单,易于制造和装配;其次,瓦楞和加强筋等结构在减轻质量的同时,还能保持整体结构的刚度;最后,周期性结构在特定频段内具有禁带特性,能够禁止弹性波在带隙范围内的传播。

本章采用约束阻尼结构,引入周期性结构铜丝网,使复合材料具有优异的阻尼隔声性能,将聚氨酯基材料作为阻尼层提高阻尼性能,改性环氧树脂基材料作为约束层提供高模量,制得了周期性结构阻尼隔声复合材料。主要设计思想如下。

(1)由于单双层结构难以避免质量定律影响,因此将单双层结构拓展为多层隔声结构,这样振动噪声能量可进一步层层衰减和被吸收掉。

(2)引入周期性结构金属丝网络,与声子晶体“局域共振理论”结合,提高材料隔声量的同时拓宽阻尼温域。

(3)通过调整阻尼层厚度,金属丝参数(不同孔径、金属丝径),优化隔声性能,以小质量获得大的隔声量,并可根据材料厚度空间及质量等使用要求进行优化设计。

研究路线如图 5-1 所示。

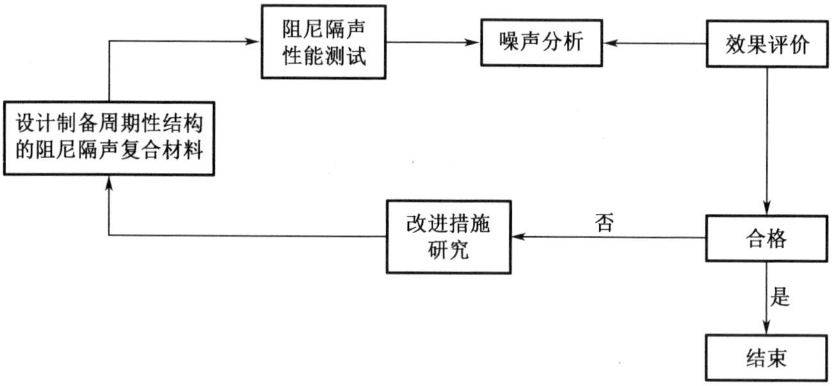

图 5-1　设计制备周期性结构的阻尼隔声复合材料研究路线图

5.1　约束阻尼复合材料的制备

5.1.1　阻尼层的制备

预聚物法是合成聚氨酯弹性体的一种重要方法,所谓预聚物法,就是先将聚酯多元醇或聚醚多元醇与异氰酸酯合成预聚物,然后再将预聚物与扩链剂(交联剂)混合固化的方法。本文采用 PPG-1000、PPG-2000、PTMG-1000 分别和 TDI 合成端异氰酸酯预聚物。TDI 来源广、价格便宜且含刚性苯环，根据基团贡献理论，在分子链中引入苯环、酯基等大基团能获得更大的阻尼值，因此用它做材料的硬段可改善材料的阻尼性能。

具体的制备方法如下：

将计量好的多元醇在 110 ℃下真空脱水 2 h，直至无泡，加入计算量的 TDI，控制温度在（80±5）℃，反应 3 h 得到预聚物，测定其异氰酸酯基含量（ω_{NCO}），达到理论计算量后降温至 60 ℃，加入计量好的三羟甲基丙烷（TMP）扩链剂，快速搅拌并真空脱泡 3 min，快速倒入涂有脱模剂并事先预热充分的模具中，在 80 ℃烘箱中固化 22 h 制得阻尼层样品。

聚氨酯预聚体聚合反应式及 PU-TMP 扩链交联反应示意图如图 5-2 和图 5-3 所示。

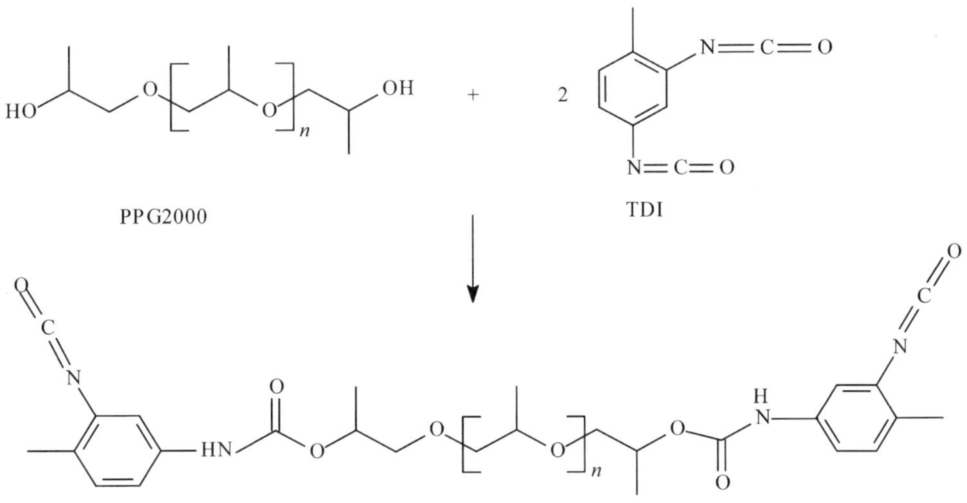

PPG2000　+　2 TDI

图 5-2　聚氨酯预聚体聚合反应式

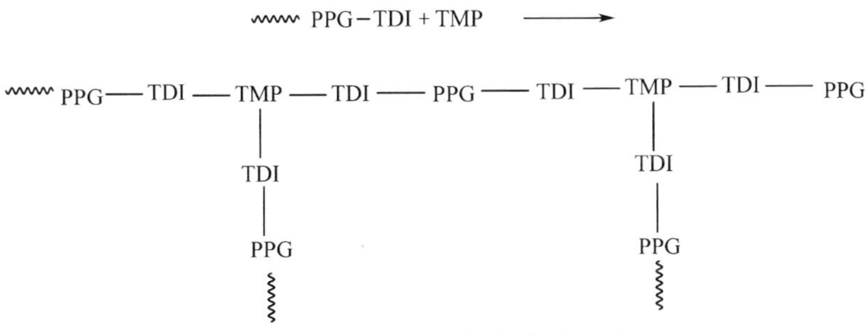

图 5-3　PU-TMP 扩链交联反应示意

阻尼层基体制备工艺流程图如图 5-4 所示。

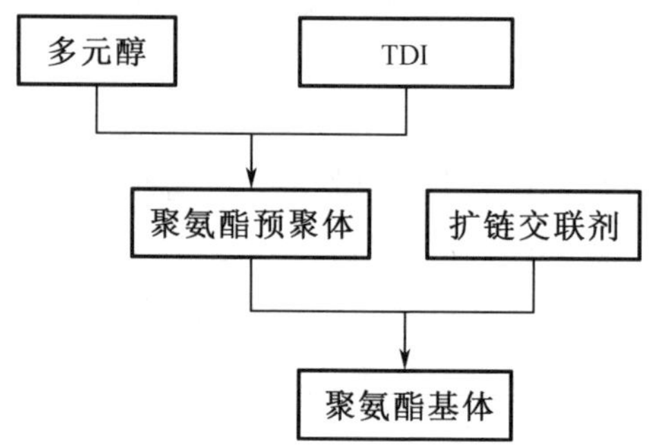

图 5-4 阻尼层基体制备工艺流程图

5.1.2 约束层制备

本研究通过选用特定的固化剂体系及配比对环氧树脂进行增韧,以克服环氧树脂材料的脆性的缺点,并对其阻尼相关的性能进行研究,进而选取具有特定的硬度和阻尼性能的环氧树脂 E-51 作为复合约束阻尼材料的约束层,做进一步的研究。

约束层制备工艺流程:向 E-51 型环氧树脂中加入聚氨酯预聚体,再加入不同添加量的改性后的玄武岩鳞片纤维,搅拌待体系混合均匀后,加入一定量的固化剂 D230,真空脱泡,放入烘箱中固化,为了弥补等温固化的不足,本课题采用梯度升温的方式进行固化,80 ℃ 4 h,120 ℃ 12 h。

约束层 E-51 与 D230 反应式如图 5-5 所示。

约束层制备工艺流程如图 5-6 所示。

5.1.3 约束阻尼隔声复合材料制备

为探究影响复合材料阻尼隔声性能的因素,分别从阻尼层、铜丝网、约束层材料展开研究。在研究过程中,制备不同的材料分别作为阻尼层材料与约束层材料。分析材料的相关影响因素,将阻尼层与约束层进行复合,制备出不同系列的复合约束阻尼隔声材料。测定复合材料的动态力学性能及隔声性能,考察材料的阻尼性能,隔声性能,并分析相应的影响因素,研究材料结构与性能的关系,制备过程如下。

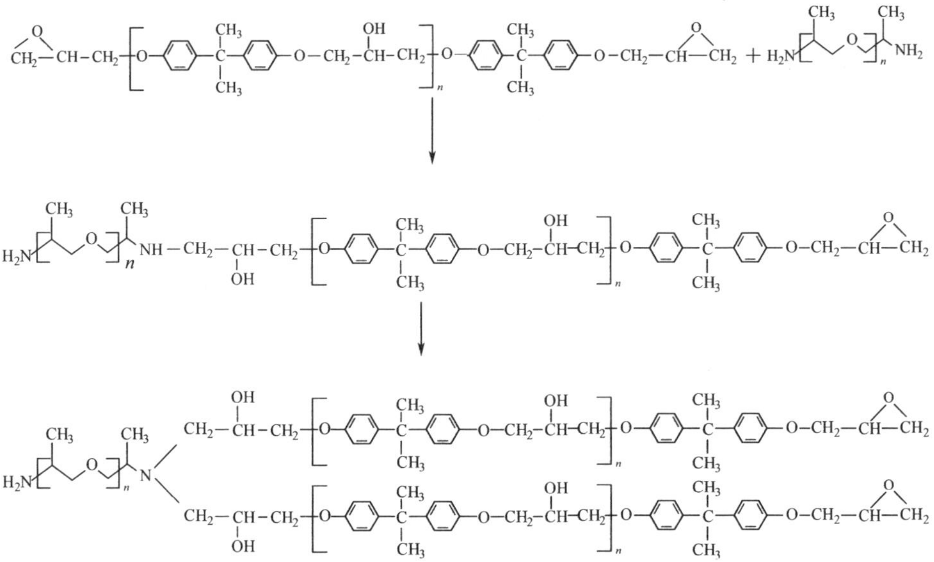

图 5-5 约束层 E-51 与 D230 反应式

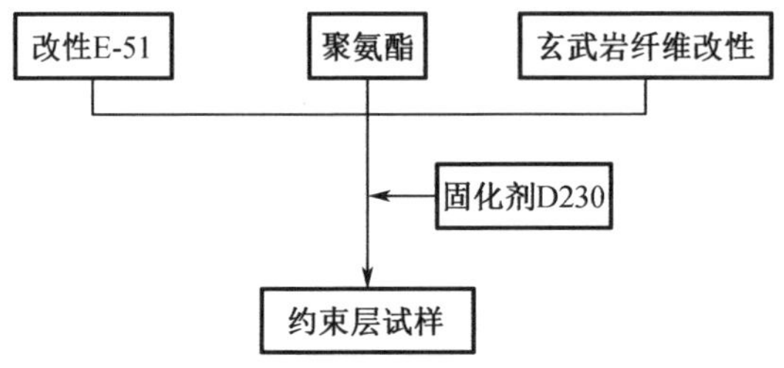

图 5-6 约束层制备工艺流程图

(1)根据 5.1.1 阻尼层制备方法,通过试验筛选阻尼温域较宽,阻尼损耗因子性能较高的阻尼层材料。

(2)根据 5.1.2 约束层制备方法,通过对环氧树脂 E-51 进行改性处理,制得与阻尼层性能匹配的约束层。

(3)铜丝网预处理:铜丝网为 10 目(丝径 0.3 mm、孔径 2 mm)、80 目(丝径 0.06 mm,孔径 0.22 mm)、200 目。将铜网浸于质量百分浓度为 5%的稀硫酸溶液中 3 h,然后用质量百分浓度为 5% $NaCO_3$ 溶液中和,用去离子水冲洗,再用丙酮溶液浸泡 2 h,烘干;然后再浸于质量百分浓度为 1%的 KH550 硅烷偶联剂溶液中浸泡 3 h,以增加与树脂界面黏结作用,烘干。

(4)玄武岩鳞片预处理

为改善玄武岩鳞片与聚合物基体相容性和反应性差的问题,使用硅烷偶联剂对其表面进行处理,使其表面附着大量的有机官能团,可与聚合物基体材料进行化学键合,改善界面相容性。采用 KH560 硅烷偶联剂配制浓度为 5% 的醇溶液 100 g,称取 5 g 玄武岩鳞片与其混合,高速搅拌超声。然后静止倒出上层清液,用乙醇、去离子水清洗 3~5 遍,烘干待用。

5.1.4 聚氨酯预聚体异氰酸酯基含量的测定

测定方法:称取 0.2~0.3 g 聚氨酯预聚物于 250 mL 烧杯中,加入 10 mL 氯苯将其溶解,再用移液管移取 20 mL 六氢吡啶-氯苯溶液,反应 30 min 后加入 100 mL 无水乙醇,将其置于磁力搅拌器上,电位显示数稳定后用盐酸标准溶液滴定,记录相应 pH 值,待 pH 值变化缓慢后即为滴定终点,同时进行空白试验。

计算方法:

$$\omega_{\mathrm{NCO}}=\frac{(V_0-V)\times c\times 42.02\times 100}{m\times 1\ 000}=\frac{(V_0-V)\times c\times 4.202}{m} \tag{5-1}$$

式中 V_0——滴定空白消耗的盐酸标准溶液的体积,mL;

V——滴定试样消耗的盐酸标准溶液的体积,mL;

c——盐酸标准溶液的浓度,$\mathrm{mol\cdot L^{-1}}$;

m——试样的质量,g;

42.02——NCO 摩尔质量的数值,g/mol。

5.2 阻尼层材料的制备及阻尼性能研究

聚氨酯弹性体可作为阻尼材料使用,它是由柔性链段和刚性链段嵌段而成。另外,聚氨酯弹性体的性能范围宽,而且本身具有黏弹性导致其产生弛豫,从而起到阻尼减振的作用。当聚氨酯弹性体在受到外力作用时会发生形变,对于一般硬质材料,当外力超过屈服点时,材料发生变形,并且该变形在外力撤销后仍不可恢复。对于弹性体材料而言,当材料受到外力作用时会发生较大范围内的可逆变形,将机械能转化为热能,同时变形可回复。目前聚氨酯弹性体在阻尼减振方面已得到广泛的应用,其中聚醚型聚氨酯弹性体因其具有较好的柔顺性,优越的低温性能,良好的阻尼性能而备受关注。另外,硬段中含有强极性的氨基甲酸酯基团,根据基团贡献理论该基团对材料阻尼性能贡献很大,其分子式如图 5-7 所示。

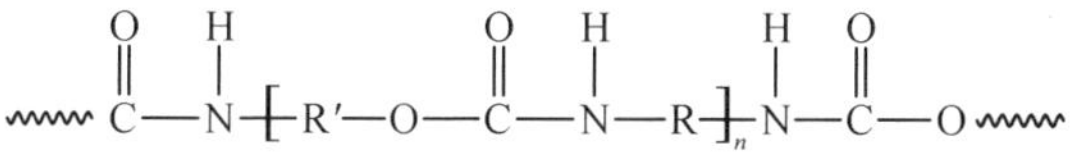

$$\sim\sim C(=O)-N(H)\!-\!\left[R'-O-C(=O)-N(H)-R\right]_n\!-\!N(H)-C(=O)-O\sim\sim$$

图 5-7　聚醚型聚氨酯弹性体结构式

阻尼层材料作为体系的核心材料,它在约束阻尼结构中起到了最重要的阻尼减振的作用。阻尼层必须具有优良的阻尼性能,较宽的阻尼温域,并且具有良好的柔韧性,因此选择较多的是聚合物基材料。

聚氨酯弹性体的原材料众多,低聚物多元醇可分为聚酯多元醇、聚醚多元醇、聚烯烃多元醇等,不同类型的多元醇合成出的聚氨酯弹性体性能差别很大。本节从分子结构设计出发,选择聚醚型聚氨酯弹性体作为阻尼层的基体材料、以模量比较高的环氧树脂作为约束层制备复合的约束阻尼材料。分别从阻尼层和约束层两个方面对聚氨酯弹性体性能进行研究,以期获得一种宽温域、高阻尼性能的阻尼材料。

5.2.1　不同异氰酸酯含量的聚氨酯弹性体阻尼层材料的制备

①聚氨酯预聚体的合成:选取 PPG2000 作为软段,TDI 为硬段,制备不同异氰酸酯含量的预聚体;

②阻尼层样品的制备:选取 TMP、MOCA 作为预聚体的扩链剂,将不同的聚氨酯预聚体制成样品。

5.2.2　不同异氰酸酯含量对聚氨酯弹性体阻尼层动态力学性能的影响

如图 5-8 所示,不同异氰酸酯含量的聚氨酯弹性体的动态力学测试温度谱,通过 DMA 测试,我们得到了聚氨酯弹性体的 $\tan\delta$ 与时间的关系曲线。$\tan\delta$ 是虚部模量与实部模量的比值,它表征了聚合物内部分子黏性流动的难易程度。$\tan\delta$ 值越大,表明聚合物的黏性流动越容易,因此能量消耗也越大。这是因为黏性流动需要消耗能量,而较大的 $\tan\delta$ 值意味着更多的能量损耗。

随着异氰酸酯含量(ω_{NCO})的增加,聚氨酯弹性体的玻璃化转变温度(T_g)逐渐向高温转移。这意味着硬段含量的增加导致分子链段刚性增大,从而提高了 T_g。损耗因子随温度变化曲线的峰值($\tan\delta_{max}$)呈现出先增加后逐渐减小的趋势,这可能是由于硬段含量的增加影响了分子链的柔性和相互作用，导致了更强的分子间作用力和更有序的结构，从而提高了材料的阻尼性能。相应的动态力学性能表如表 5-1 所示。

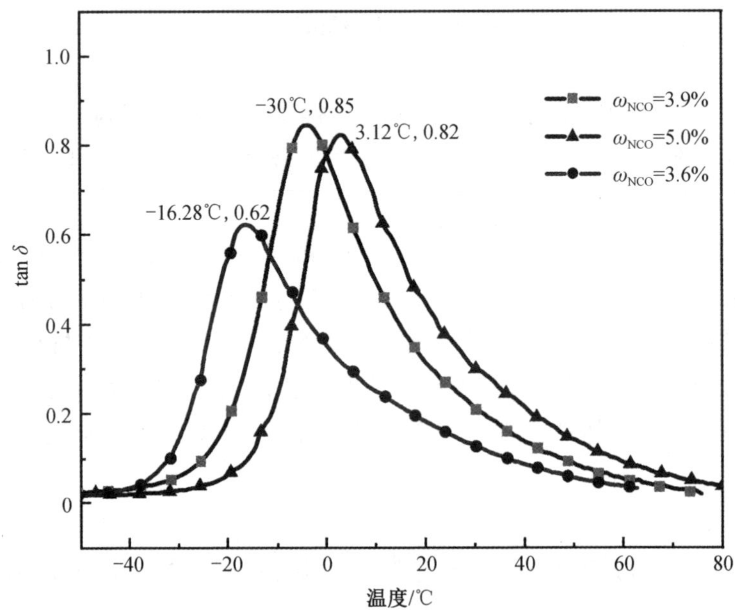

图 5-8　不同异氰酸酯含量的聚氨酯弹性体的动态力学测试温度谱

表 5-1　不同异氰酸酯含量聚氨酯动态力学性能表

ω_{NCO}/%	阻尼温域 ($\tan\delta$>0.3)/℃	损耗因子 ($\tan\delta_{max}$)	T_g/℃
3.6	-25.13~3.56	0.62	-16.28
3.9	-16.55~20.98	0.85	-3.72
5.0	-8.92~29.82	0.82	3.12

从表 5-1 可知，聚氨酯弹性体在-3.72 ℃左右出现最大损耗峰，最大值可达 0.85，这表明材料在低温区具有良好的阻尼性能。此外，$\tan\delta$ 大于 0.3 的范围内，阻尼温域达到了 40 ℃，这意味着材料在较宽的温度范围内展现出优异的阻尼性能。

动态力学分析(DMA)方法不仅能够评估聚氨酯弹性体的阻尼性能，还能够揭示材料内部分子运动的状态和相转变。通过调整异氰酸酯基含量,可以优化聚氨酯弹性体的阻尼性能,使其在更宽的温度范围内发挥作用。这些发现对于开发具有特定阻尼要求的聚氨酯基材料具有重要意义。

5.2.3　不同异氰酸酯基含量对聚氨酯弹性体阻尼层热力学性能 T_g 的影响

由图 5-9 中可以看出,随着异氰酸酯基含量的增加,聚氨酯弹性体的玻璃化转变温度(T_g)逐渐向高温转移,这是由于硬段含量的增加导致分子链段刚性增大,相应的 T_g 也较大。损耗因子随温度变化曲线的峰值($\tan\delta_{max}$)呈现出先增加后逐渐减小的趋势,而阻尼温度区间(即损耗因子 $\tan\delta$ 大于 0.3 的部分)却随着异氰酸酯基含量的增加而向高温方向移动。

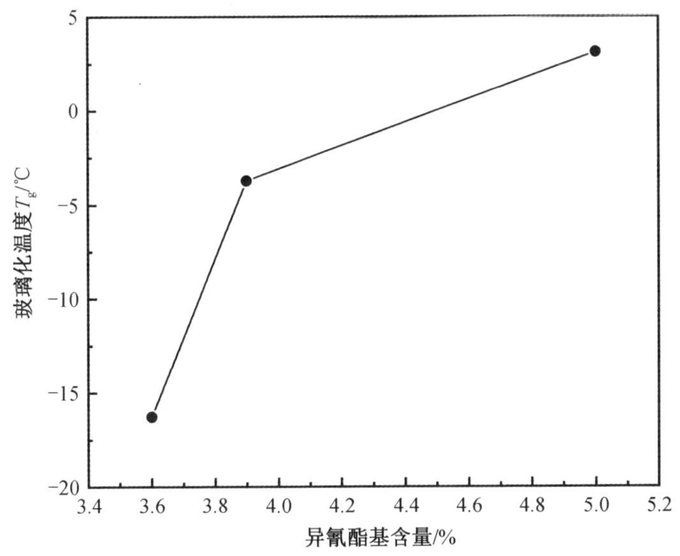

图 5-9　不同异氰酸酯基含量聚氨酯预聚体与 T_g 变化情况

具体地,当异氰酸酯基含量为 5.0%时,材料的阻尼性能最佳。然而,此时材料在 40 ℃附近进入黏流态,且弹性体的 T_g 较小,根据时温等效原理,这不利于材料在低频处的阻尼性能。因此,我们期望材料的 T_g 尽可能提高,以实现宽温域、高阻尼性能,同时在高温处(低频处)的阻尼性能也有所改善。

通过调整异氰酸酯基含量,我们观察到 T_g 向高温方向移动,并且玻璃化转变温域加宽。T_g 分别为-16.28 ℃、-3.72 ℃、3.12 ℃,呈现出增大的趋势,这主要依赖于聚合物链段的运动。聚合物的链段越稳固,T_g 越高。此外,材料的玻璃化转变温域主要依赖于硬段的含量及它们与软段的相分离程度。随着异氰酸酯基含量的增加,聚氨酯弹性体中刚性苯环及强极性的氨基甲酸酯基的含量随之增加,因此 T_g 向高温区移动。

在 T_g 转变区,材料的模量大幅度下降,因为高分子材料内大分子链的链段开始运动。在该转变区之前,链段处于“冻结”状态,材料表现出刚性,模量较高。而当温度达到玻璃化转变区时,高分子材料内部链段开始具有一定的运动能力,材料逐渐由玻璃态转变为橡胶态,使得材料的模量开始急剧下降。

综上所述,通过精确控制异氰酸酯基含量,我们能够优化聚氨酯弹性体的 T_g 和阻尼性能,使其在宽温域内具有高阻尼性能,并在高温处(低频处)的阻尼性能得到改善,满足本项目的技术要求。

5.2.4 不同异氰酸酯基含量对聚氨酯弹性体阻尼层力学性能的影响

根据表 5-2 的数据,我们观察到聚氨酯弹性体的力学性能随着异氰酸酯基含量的增加而发生变化。具体来说,材料的拉伸强度随着异氰酸酯基含量的增加而逐渐增大,而断裂伸长率则逐渐减小。这一趋势可以通过聚氨酯弹性体的分子结构来解释。

表 5-2 异氰酸根含量对阻尼材料力学性能的影响

ω_{NCO}/%	拉伸强度/MPa	断裂伸长率/%
3.6	6.8	410
3.9	7.5	380
5.0	11.3	310

聚氨酯弹性体由软段和硬段组成,硬段含有刚性苯环和强极性的氨基甲酸酯基等结构。当异氰酸酯基含量增加时,硬段的含量相对增加,导致分子内的极性基团和刚性基团增多,从而增强了分子的内聚力及分子间相互作用力。这种增强的相互作用力可以形成更多的氢键,从而提高了材料的拉伸强度和拉伸弹性模量。

相反,断裂伸长率的降低与交联剂的用量增加有关。随着异氰酸酯基含量的增加,交联剂的用量也增加,导致苯环、氨基甲酸酯基等刚性及强极性基团增多,分子内的聚集力和分子间相互作用力增强,交联结构增加。这限制了分子链的运动,使得材料在受到拉伸时的伸长能力降低。

因此,通过调整异氰酸酯基含量,可以有效地调控聚氨酯弹性体的力学性能,以满足特定的应用要求。这些发现为设计和优化聚氨酯基复合材料提供了重要的指导。

5.2.5　不同软段对聚氨酯弹性体阻尼层性能的影响

在本实验中,我们深入研究了不同软段组成的聚氨酯弹性体的阻尼性能。阻尼性能是聚合物在交变力场中将机械能转化为热能的能力,这种转化通常在玻璃化转变温度(T_g)附近发生,表现为聚合物分子链段的运动和松弛。基团贡献理论指出,聚合物总的阻尼峰面积是其各个结构单元贡献的总和。因此,聚合物大分子主链上的酯基和某些侧基,如—CH_3、—CN 等,通过增加链段运动过程中的内摩擦,可以显著提高材料的阻尼性能。

我们测试了几种不同软段的聚氨酯阻尼材料的动态力学谱,试验中,我们使用了平均分子量为 1 000 和 2 000 的聚丙二醇(PPG)和聚四氢呋喃(PTMG)作为软段,制备了聚氨酯弹性体。PPG-1000 和 PTMG-1000 合成的预聚体异氰酸酯基含量为 6.2%,而 PPG-2000 和 PTMG-2000 合成的预聚体异氰酸酯基含量为 3.6%。所有预聚体均使用 MOCA 进行扩链,扩链系数为 0.95,并在 80 ℃烘箱中固化 22 h。图 5-10 为不同软段的聚氨酯弹性体的动态力学测试温度谱。

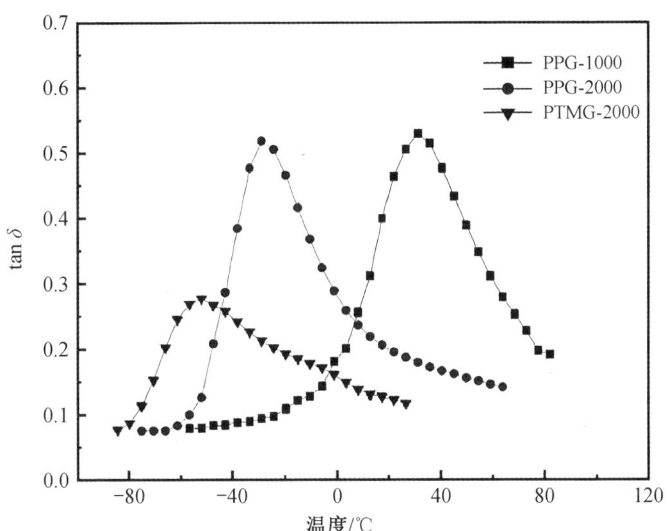

图 5-10　不同软段的聚氨酯弹性体的动态力学测试温度谱

尽管 PPG 和 PTMG 都是聚醚型聚氨酯弹性体,但它们制备的弹性体阻尼性能存在显著差异。PPG 主链上含有侧甲基,同时醚键含量较高,这使得聚氨酯弹性体分子软硬段之间的相容性变好。在拉伸过程中，这种结构极大地增加了大分子间的内摩擦，从而提高了阻尼性能。相比之下，PTMG 主链上无侧甲基且主链上醚键含量较低，因此用其制备的聚氨酯弹性体阻尼性能较低。

从表 5-3 可以看出，以 PPG-2000 为软段制备的聚氨酯弹性体具有较高的阻尼性能，其最大损耗因子 $\tan\delta_{max}$ 为 0.55，且在 $\tan\delta>0.3$ 的阻尼温域（-33.8~6 ℃），ΔT 为 39.8 ℃。而以 PPG-1000 为软段制备的聚氨酯弹性体，其 $\tan\delta_{max}$ 为 0.56，阻尼温域更宽（25~75.1 ℃），ΔT 为 50.1 ℃。

表 5-3　软段对 PU 弹性体阻尼性能的影响

软段结构	$\tan\delta_{max}$	$\tan\delta_{max}$ 的温度/℃	$\tan\delta>0.3$ 的温域/℃	ΔT/℃
PPG-1000	0.56	45.2	25~75.1	50.1
PPG-2000	0.55	-19	-33.8~6	39.8
PTMG-2000	0.25	-45.5	—	—

结果表明，通过调整软段的分子量和结构，可以有效地调控聚氨酯弹性体的阻尼性能。

本实验通过调整聚氨酯弹性体的软段结构和异氰酸根含量，成功地调控了材料的阻尼性能。这些发现为设计具有特定阻尼要求的聚氨酯基复合材料提供了重要的科学依据。通过精确控制聚合物的分子结构，我们可以优化材料的力学性能和热性能，以满足特定的应用需求。

5.2.6　不同软段聚氨酯弹性体阻尼层的力学性能

对不同软段聚氨酯弹性体材料进行拉伸强度、撕裂强度和断裂伸长率测试的结果见表 5-4。

表 5-4　软段对聚氨酯弹性体力学性能的影响

软段结构	硬度/邵 A	拉伸强度/MPa	撕裂强度/(kN·m^{-1})	断裂伸长率/%
PPG-1000	92	25.8	63.6	309
PPG-2000	72	7.1	34.2	716
PTMG-2000	89	41.8	144	528

表 5-4 展示了不同软段结构对聚氨酯弹性体力学性能的影响。表中列出了三种不同软段结构的聚氨酯弹性体的硬度、拉伸强度、撕裂强度和断裂伸长率四项关键力学性能指标。

1. 硬度(邵 A)

硬度是衡量材料抵抗塑性变形能力的一个指标。PPG-1000 的硬度最高,邵 A 为 92,说明聚氨酯的分子链排列紧密,交联密度高,含有较多硬段,材料的强度和刚度也相应增加,材料具有较好的耐磨性。而 PPG-2000 的硬度最低,邵 A 为 72,说明聚氨酯分子链柔性高,交联密度低,含较多软段,弹性较好。

2. 拉伸强度(MPa)

拉伸强度是指材料在拉伸过程中能够承受的最大应力。PTMG-2000 的拉伸强度最高,为 41.8 MPa,而 PPG-2000 的拉伸强度最低,为 7.1 MPa。这说明 PTMG-2000 的聚氨酯弹性体在承受拉伸力时更为坚固。

3. 撕裂强度($kN \cdot m^{-1}$)

撕裂强度是指材料抵抗撕裂的能力。PTMG-2000 的撕裂强度 144 $kN \cdot m^{-1}$,高于 PPG-1000 和 PPG-2000,这表明 PTMG 系列的聚氨酯弹性体在抵抗撕裂方面表现更好。

4. 断裂伸长率(%)

断裂伸长率是指材料在断裂前能够伸长的百分比,反映了材料的柔韧性。PPG-2000 的断裂伸长率最高,达到 716%,而 PPG-1000 的断裂伸长率最低,为 309%。这表明 PPG-2000 的聚氨酯弹性体具有更好的柔韧性。

从这些数据可以看出,使用不同分子量的 PPG 和 PTMG 作为软段的聚氨酯弹性体在力学性能上存在显著差异。PPG-1000 的聚氨酯弹性体硬度较高,但拉伸强度和撕裂强度较低,断裂伸长率较大,显示出较好的柔韧性。而 PTMG 系列的聚氨酯弹性体则在拉伸强度和撕裂强度上表现更佳,但硬度和断裂伸长率相对较低。

这些性能的差异可能与软段的分子结构有关。PPG 主链上的侧甲基和较高的醚键含量可能增强了分子间的内摩擦,提高了阻尼性能,但同时也可能影响了材料的拉伸强度和撕裂强度。而 PTMG 由于主链上缺乏侧甲基且醚键含量较低,可能在拉伸和撕裂方面表现更好,但硬度和断裂伸长率相对较低。这些信息对于选择合适的聚氨酯弹性体用于特定应用非常重要。

5.2.7 不同扩链剂对聚氨酯弹性体阻尼层性能的影响

不同扩链剂固化的聚氨酯弹性体材料的制备：选取 PPG-2000 作为软段，TDI 为硬段，根据 5.1.1 节介绍的制备方法，制备出异氰酸酯基含量为 6.01%的预聚体。分别选取 TMP 及 MOCA 作为预聚体的扩链剂，将聚氨酯预聚体制成相应的样品。然后对不同扩链剂固化的聚氨酯弹性体进行动态力学分析

图 5-11 所示为异氰酸酯基含量为 6.01%，使用不同扩链剂（MOCA 和 TMP）固化的聚氨酯弹性体阻尼层材料的 DMA 温度谱图。

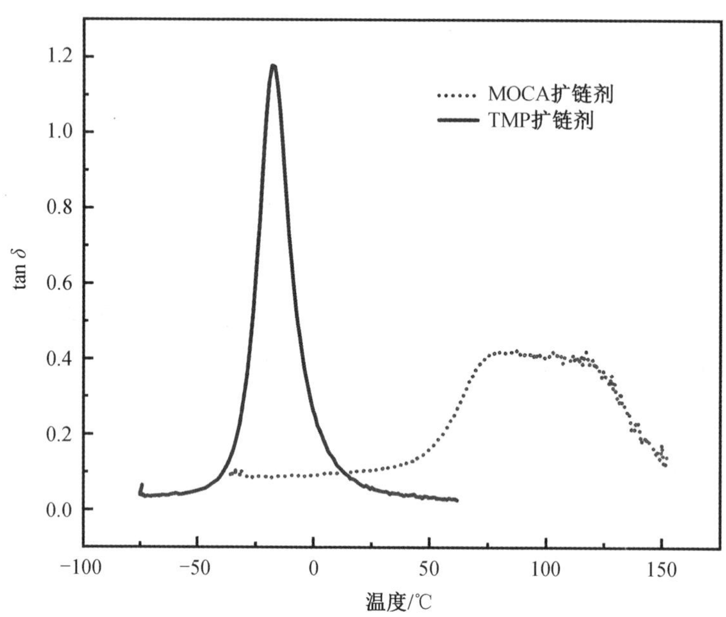

图 5-11 异氰酸酯基含量为 6.01%的聚氨酯弹性体阻尼层的 DMA 温度谱图

从图 5-11 中可以看出：

(1) MOCA 扩链剂在 100 ℃左右出现损耗因子的峰值，表明材料在这一温度下具有最佳的阻尼性能。峰值 tan δ 约为 0.35，且峰值较为宽泛，这意味着材料在较宽的温度范围内具有较好的阻尼性能。

(2) TMP 扩链剂在−40 ℃左右出现损耗因子的峰值，峰值 tan δ 超过 1.0，表明在这一温度下材料具有非常高的阻尼性能。然而，这个峰值相对较窄，意味着材料的阻尼性能在较窄的温度范围内达到最佳。

使用 MOCA 扩链剂的聚氨酯弹性体在较高温度下具有较好的阻尼性能,而使用 TMP 扩链剂的聚氨酯弹性体在较低温度下具有更高的阻尼性能。这可能与两种扩链剂对聚氨酯弹性体分子结构和分子间相互作用的影响有关。MOCA 扩链剂含有苯环,其刚性较大,这限制了分子间的运动。同时,MOCA 中的极性基团增强了分子间作用力,这不仅提高了材料的模量,也使得玻璃化转变温度(T_g)向高温方向移动。然而,这种结构也导致损耗因子显著下降,因为刚性结构限制了分子链的滑动,从而减少了能量的耗散。

聚氨酯弹性体的阻尼性能和 T_g 可以通过选择不同的扩链剂来调控。MOCA 扩链剂由于其刚性结构,可以提高材料的模量并使 T_g 向高温移动,但可能会降低损耗因子。这种调控对于设计具有特定性能要求的聚氨酯弹性体材料至关重要。通过选择不同的扩链剂,可以有效地调控聚氨酯弹性体的阻尼性能,以满足特定应用的需求。

综上,本节讨论了作为约束阻尼复合材料阻尼层,探讨了不同异氰酸酯基含量对聚氨酯阻尼性能的影响以及扩链剂种类对聚氨酯弹性体材料阻尼性能的影响;研究了多元醇种类对聚氨酯弹性体性能的影响。随着预聚体中异氰酸酯基含量的减小,聚氨酯弹性体材料的模量逐渐降低,而材料的阻尼性能随之提高。随着预聚体中异氰酸酯基含量的增加,聚氨酯弹性体材料的模量逐渐增加,而材料的阻尼性能会有一定程度的降低,但是 T_g 会向高温方向移动,有利于获得高阻尼、宽温域的阻尼材料。选择不同分子量的多元醇 PPG、PTMG,通过与 TDI 预聚成预聚体,利用 DMA 测试研究表明,用 PPG-2000/TDI 预聚体,MOCA 为扩链剂制备的聚氨酯弹性体阻尼温域较宽,因此这组材料作为阻尼隔声复合材料的阻尼层。

5.3　周期性结构约束阻尼复合材料的制备及阻尼性能研究

约束层在约束阻尼复合材料中扮演着至关重要的角色,它不仅为材料提供必要的强度和硬度,还对复合阻尼材料起到整体保护的作用。性能优异的约束层应具备高强度、高硬度和强韧性,并且应具有较好的阻尼性能,以确保材料的复合阻尼效果。双酚 A 型环氧树脂因其分子结构中含有环氧基而具有多种优异性能。这类树脂通常由双酚 A 和环氧氯丙烷缩聚而成,具有良好的电绝缘性、黏结性、加工性能,以及固化后产品的化学稳定性、低收缩率和高强韧性。这些特性使得环氧树脂在电子电器绝缘材料、涂料、黏结剂以及树脂基复合材料等领域得到广泛应用。

在本研究中,采用改性环氧树脂 E-51 作为约束层,通过互穿网络聚合物(IPN)法对环氧树脂进行增韧改性,以克服其脆性较大的缺点。这种方法能够与阻尼层材料相互匹配,最大限度发挥阻尼作用。通过精心选择和设计约束层材料,可以显著提升复合阻尼材料的整体性能。环氧树脂作为约束层的候选材料,通过改性和增韧处理,能够有效提高其在复合阻尼材料中的应用潜力,满足不同应用场景对材料性能的特定要求。

5.3.1 环氧树脂改性(E-51/PU IPN 互穿网络)材料的制备

在聚氨酯弹性体的合成过程中,异氰酸酯和多元醇是两种主要的原料。以下是合成过程的详细步骤。

首先,将异氰酸酯加入反应器中,并在搅拌的同时将温度升至 60 ℃。接着,将预先抽真空以去除气泡的多元醇加入反应器中。在加入多元醇后,继续搅拌 40 min,以确保多元醇和异氰酸酯充分混合。然后,将温度升至(100±5)℃,并保持这个温度反应 3~5 h。这个步骤是为了让异氰酸酯和多元醇之间的反应充分进行,形成聚氨酯的预聚体。

反应过程中,需要定期取样测定异氰酸酯基含量。当异氰酸酯基含量达到 6.5%至 7.5%时,说明预聚体的合成已经达到预期的阶段。异氰酸酯基含量达到要求后,将反应器降温至室温,然后进行过滤,以去除可能的杂质得到纯净的聚氨酯预聚体。

将环氧树脂加入上述合成的聚氨酯预聚体中,在 60 ℃下保温搅拌 40 min。这个步骤是为了确保环氧树脂与聚氨酯预聚体充分混合。将温度升至(120±5)℃,并保持这个温度反应 2~3 h。在这个过程中,环氧树脂和聚氨酯预聚体形成 IPN,这种结构可以提高材料的机械性能和耐化学性。

最终异氰酸酯基含量的测定:在环氧树脂和聚氨酯预聚体反应过程中,同样需要定期取样测定异氰酸酯基含量。当异氰酸酯基含量降至 4.5%~5.5%时,说明 IPN 互穿网络的形成已经完成。最后,将反应器降温至室温,并进行过滤,得到 E-51/PUIPN 互穿网络材料。

图 5-12 展示了不同环氧树脂含量的 IPN 样品的形态特征。以下是对这些样品的详细描述。

- 1 号样品:未添加环氧树脂的纯聚氨酯预聚体。作为对照组,它将展示聚氨酯预聚体的基本特性。

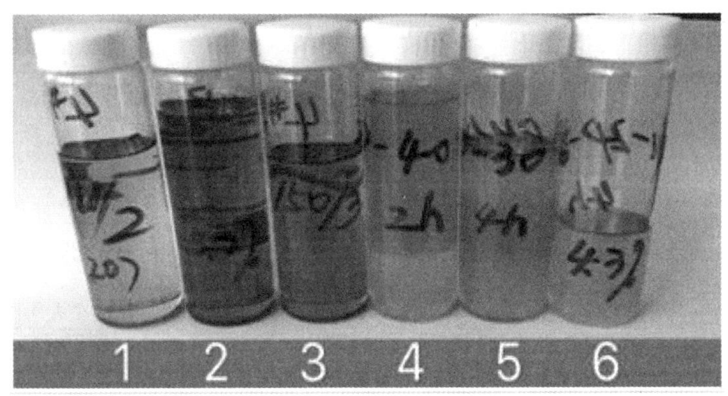

图 5-12　E-51/PU IPN 互穿网络

- 2 号样品：含有 15%环氧树脂的 IPN。在这个含量下，环氧树脂与聚氨酯预聚体混合均匀，形成了一个宏观上均一稳定的体系。这意味着两种聚合物在微观层面上相互渗透，但整体上保持了均匀性。
- 3 号样品：含有 20%环氧树脂的 IPN。与 2 号样品类似，3 号样品在宏观上也表现出均一稳定的体系，环氧树脂的增加并没有破坏体系的均匀性。
- 4 号样品：环氧树脂含量增至 40%的 IPN。在这个含量下，样品开始出现宏观上的相分离，形成了明显的分层结构。这表明环氧树脂的含量增加导致了与聚氨酯预聚体的相容性降低，从而在宏观上产生了分离。
- 5 号和 6 号样品：这两个样品的环氧树脂含量均为 30%。尽管含量低于 40%的 4 号样品，但 5 号和 6 号样品同样出现了宏观上的相分离和分层结构。这可能与环氧树脂和聚氨酯预聚体的特定配比、反应条件或其他因素有关。

从这些观察中可以得出，环氧树脂的含量对 IPN 体系的相容性和宏观结构有显著影响。在一定含量范围内，环氧树脂可以与聚氨酯预聚体形成均匀的 IPN 体系。然而，当环氧树脂的含量超过某一临界值时，体系的均匀性被破坏，导致相分离和分层结构的形成。这种现象对于设计和优化 IPN 材料具有重要的指导意义，因为它关系到材料的最终性能和应用潜力。

5.3.2　周期性结构约束阻尼复合材料的阻尼性能研究

1. 周期性结构约束阻尼复合材料制备

(1)铜丝网预处理

将 200 目、80 目、10 目、铜丝网浸于质量百分浓度为 5%的稀硫酸溶液中 3 h，然后用质量百分浓度为 5% $NaCO_3$ 溶液中和,用去水冲洗,再用丙酮溶液浸泡 2 h,烘干;然后再浸于质量百分浓度为 1%的 KH550 硅烷偶联剂溶液中浸泡 3 h,以增加与树脂界面黏结作用,烘干。

(2)用 PPG-2000/TDI 预聚体

用 MOCA 为扩链剂制备约束阻尼复合材料的阻尼层,在阻尼层铺设铜丝网,以改性 E-51 型环氧树脂真空脱泡,D230 固化剂按比例混合均匀,分别加入改性后的玄武岩纤维再进行脱泡处理,浇注到模具中进行固化。固化条件 80 ℃ 2 h,120 ℃ 6 h,后固化 6 h。

2. 周期性结构铜丝网对复合材料阻尼性能的影响

选用铜丝网目数 200 目、80 目、10 目铺设在阻尼层,将按计算量加入扩链剂浇注入模具中,约束层按计算比例加入固化剂。将试样制成 10 mm×10 mm×2 mm 的尺寸,利用动态黏弹谱仪进行测试,在-80～160 ℃范围内,升温速率设定为 3 K/min,选取频率为 1 Hz 进行 tan δ-T 曲线分析。测试结果如图 5-13 所示。

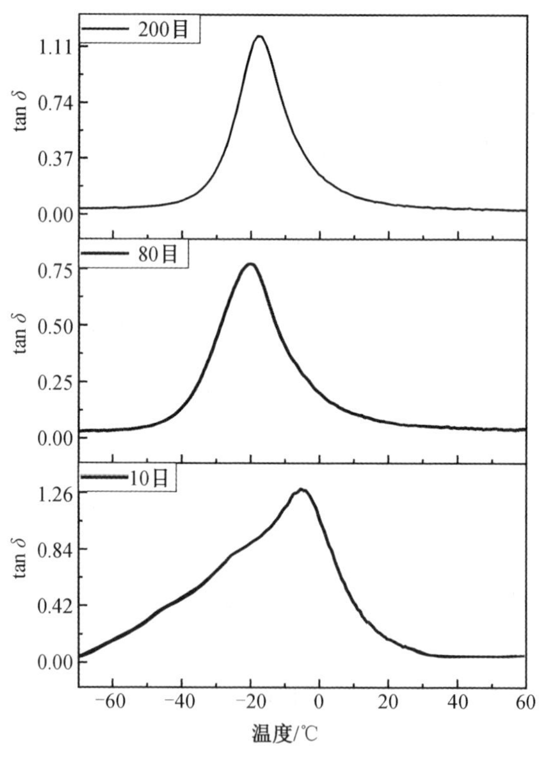

图 5-13 不同目铜丝网 tan δ-T 曲线图

由图 5-13 可知,铜丝网目数 200 目、80 目、10 目对应 tan δ 值分别为 0.77, $\Delta T(\tan\delta>0.3)\approx30$ ℃, tan $\delta=1.17$, $\Delta T(\tan\delta>0.3)\approx38$ ℃; tan $\delta=1.29$, $\Delta T(\tan\delta>0.3)\approx67$ ℃, 铜丝网目数变小,阻尼损耗因子有所提升,阻尼温域变宽;铜丝网质量密度越大,对周期性结构局域共振耗能机制贡献越大。

以 10 目铜丝网为例对比未加入铜丝网复合材料损耗因子及储能模量随温度变化关系变化,如图 5-14 和图 5-15 所示。

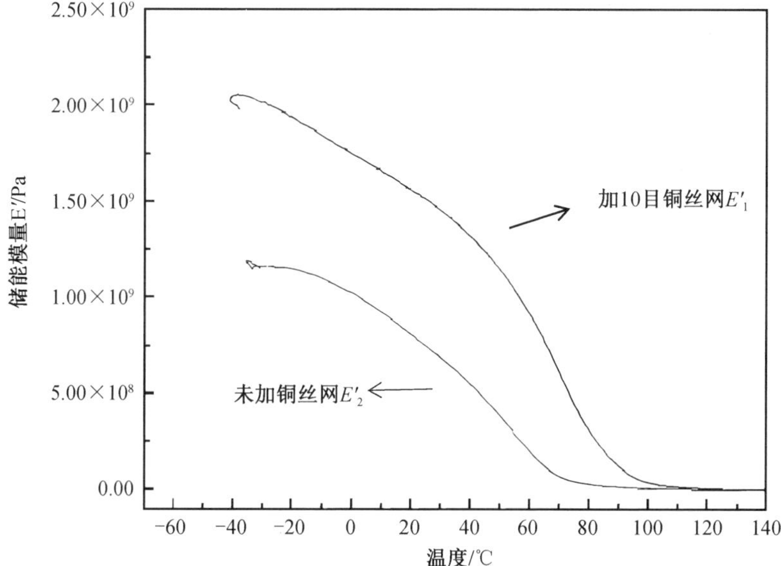

图 5-14　未加铜丝网与加入 10 目铜丝网/聚氨酯复合材料的储能模量随温度的变化曲线

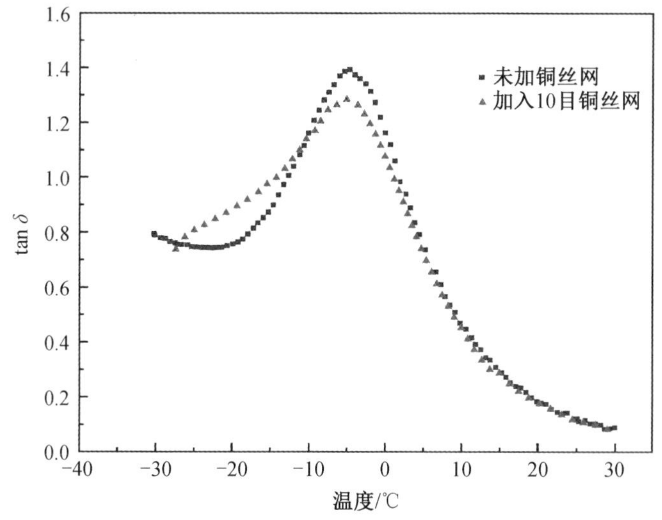

图 5-15　未加铜丝网与加入 10 目铜丝网/聚氨酯材料的损耗因 tan δ 随温度的变化曲线

图 5-14 可知,材料的 E'均随着温度的升高而呈现下降的趋势;加入铜丝网改性后材料的 E_1' 整体上大于改性前 E_2'。改性前,在 $T<T_g$ 时,材料的 E_1' 下降缓慢,当 $T>T_g$ 后,E_1' 显著下降;改性后的材料有相似的趋势,但是可以明显地看出在当 $T>T_g$ 时,改性后材料的 E_1' 下降速度明显小于改性前。这是由于 $T<T_g$ 时,材料处于玻璃态,链段运动被冻结;改性后的材料 $E_1'>E_2'$,一是因为铜丝网的存在,铜丝网网络起到了骨架支撑的作用,因此其模量较高;二是因为改性后材料在测试初期,金属与聚氨酯基体附着性能好,是一个整体,由于铜丝网网络的存在使得材料的 E_2' 较高;但是当 $T>T_g$ 时,材料逐渐进入高弹态,链段的运动加剧,铜丝网与聚氨酯弹性体在外加载荷的作用下结合力变差,聚氨酯弹性体被拉伸出现附着力下降导致 E_2' 下降。

表 5-5　铜丝网对复合材料阻尼性能的影响

试样	T_g/℃	$\tan\delta_{max}$	$\Delta T(\tan\delta>0.3)$/℃
未加铜丝网复合	−7	1.4	30
加入 10 目铜丝网复合	15	1.3	>50

由图 5-15 可以看出,加入铜丝网后材料的阻尼温域明显拓宽,由初始的 30 ℃增加到>50 ℃,增加了 67%。这可以用局域共振理论加以解释。接枝型聚氨酯弹性体的阻尼机理是黏弹性阻尼作用机理,而加入铜丝网络的接枝型聚氨酯弹性体在宏观上可以看成是一维二组元局域共振单元模型,其中铜丝网络可认为是振子,接枝型聚氨酯弹性体可看成是弹簧。在复合材料中,外部的振动与内部的铜丝网相互作用并发生谐振,使振动在铜丝网络中传播,以致衰减,从而起到了局域共振的耗散方式;而包覆在外面的软质聚氨酯弹性体通过其黏弹阻尼的弛豫作用也起到耗能的作用;另外,从复合材料的整体结构上来看,内部的局域共振在外部的聚合物材料中振动-衰减起到阻尼减振的作用。

加入铜丝网络后,材料的 E'大幅度上升,尤其是材料进入玻璃化转变区及高弹态时;材料的阻尼温域也明显拓宽,当 $\tan\delta>0.3$ 时,材料的阻尼温域由 30 ℃增加到>50 ℃,并且阻尼温域明显地向高温方向移动,这说明局域共振对阻尼减振是有贡献的,能够改善材料的阻尼性能。因此,在接枝型聚氨酯基体材料中引入铜丝局域网络可以作为阻尼层使用。

5.3.3　IPN 互穿网络对周期性结构约束阻尼复合材料阻尼性能的影响

为了获得宽广阻尼平台的 IPN 材料,必须保证两个网络间有适度的相容性,当出现相对较宽和较高的阻尼峰,IPN 出现明显的微相分离,体系相容性好,环氧树脂含量 15%时,两个峰几乎连成一个宽的平台峰,表示硬段相组分已大量进入软段相,两组分间有相当程度的分子级混合,此时可以使两个网络达到很好的混容,因而聚氨酯相的 T_g 向高温移动并大幅度加宽,网络间的交联使得两个网络相容性增加,此时聚氨酯为连续相,起主导作用。IPN 形态结构与两组分的相容性直接相关,如何控制 IPN 的形态结构,是合成设计阻尼材料需要考虑的重要因素之一。但是互穿程度过高也不是高性能阻尼材料所追求的,互穿程度越高,形成的 T_g 越接近一个单峰会使得阻尼温域变窄,所以适度的互穿可以获得较宽的阻尼温域,环氧树脂与聚氨酯大部分以化学键结合,两相间结合紧密,也有一小部分以共混的形式分散在连续相聚氨酯中,这种部分互穿网络的 T_g 介于两相间的玻璃化转变温度 T_g 之间,所以两相间的 T_g 相差越大越容易形成较宽的阻尼温域,该 IPN 体系中有 T_g 低于室温的聚氨酯和远高于室温的 IPN 网络,加宽了玻璃化转变温度范围。

研究约束阻尼复合材料阻尼性能,要确定约束层与阻尼层阻尼性能的最佳配比,只有经过大量的实验,才能最终确定最佳配比,最终得到较宽温域的约束阻尼复合材料 DMA 测试图,如图 5-16 所示。

由图 5-16 可以看出,出现较宽连续峰,有 2 个玻璃化转变温度,通过 IPN 互穿网络调整约束层与阻尼层适配性,得到最佳阻尼性能匹配,单纯的聚氨酯材料在低温区具有较高的阻尼损耗因子,但是阻尼温域过窄,没有实用价值;EP/PU 互穿网络约束层与阻尼层适配性在拓宽阻尼温域有重要作用,PPG-2000/TDI/EP-MOCA 在玻璃化转变区域出现了较宽的平台区,约束阻尼复合材料阻尼温域达到了 57.9~145.2 ℃,ΔT 为 87 ℃($\tan\delta>0.3$)。

综上,引入周期性结构局域共振耗能机制,加入铜丝网络后,材料的储能模量大幅度上升,尤其是材料进入玻璃化转变区及高弹态时,材料的阻尼温域也明显拓宽,当 $\tan\delta>0.3$ 时,材料的阻尼温域由 30 ℃增加到>50 ℃,并且阻尼温域明显地向高温方向移动,这说明局域共振对阻尼减振是有贡献的,能够改善材料的阻尼性能。

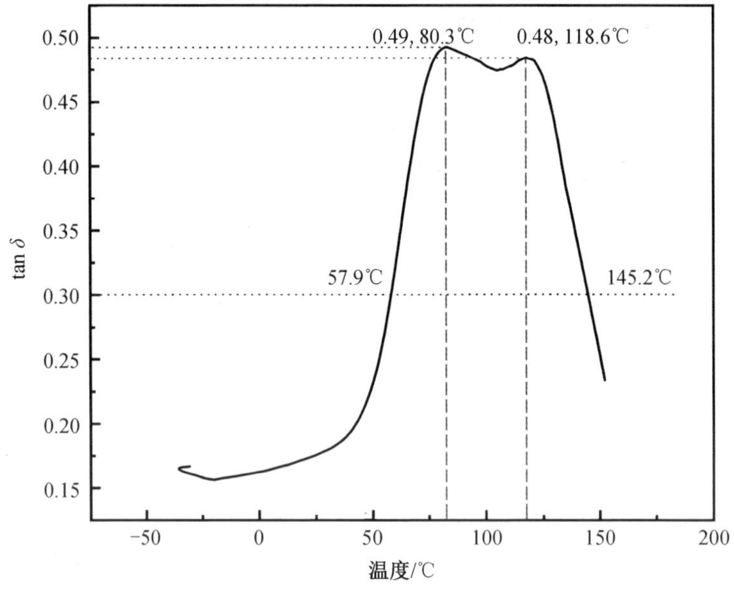

图 5-16　约束阻尼复合材料 DMA 测试图

5.4　周期性结构约束阻尼复合材料隔声性能研究

5.4.1　噪声的评价方法

噪声作为一种声波,其本质是波动。声波的传播依赖于介质,通常是空气。当物体振动时,会引起周围空气的振动,形成疏密交替的波动。这些波动以一定的速度传播,当它们到达人耳时,就会被感知为声音。噪声的波动特性包括频率、振幅和波长等参数。频率决定了声音的高低,振幅决定了声音的强弱,而波长则与频率和传播介质有关。

噪声的评价通常使用声压值和分贝来表示。声压值是指声音在介质中传播时,单位面积上的压力变化量。分贝(dB)是一种相对单位,用于表示两个声压值之间的比值。分贝的计算公式为

$$声压级(dB)= 20\times \lg(P_1/P_0)$$

其中,P_1是测量的声压值;P_0是参考声压值。在噪声测试中,通常使用参考声压值($P_0=2.0\times 10^{-5}$ Pa),它是人耳能够听到的最低声压。

人们为了更准确地评价噪声对人体的影响,引入了计权声压级和计权网络的概念。计权声压级是通过对声级计的频率响应进行调整,使其模拟人耳对不同频率声音的敏感度,从而得到一个更接近人耳听感的声级值。计权网络是一种滤波器,它根据频率的不同对声波进行加权处理,使得高频和低频的声波在最终的声级值中的占比更加符合人耳的实际感受。

计权网络主要有 A、B、C 三种类型,分别对应不同的频率范围和加权方式。A 计权网络主要用于评价中频段的噪声,B 计权网络用于评价中高频段的噪声,C 计权网络则用于评价低频段的噪声。在日常噪声测试中,通常使用 A 计权网络,因为它最接近人耳对噪声的敏感度,能够更准确地反映噪声对人体的实际影响。

声级计及测试现场如图 5-17 所示。

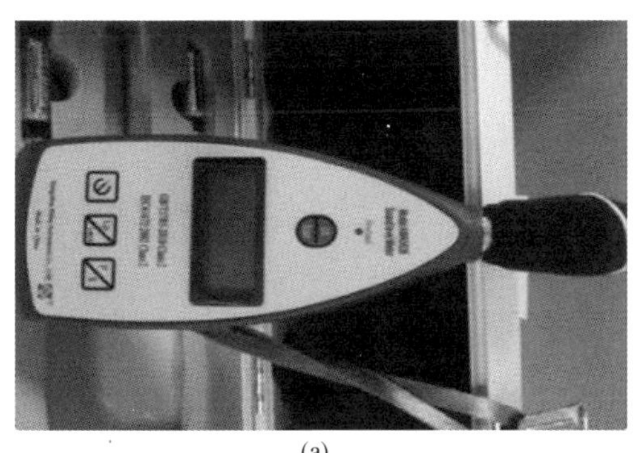

(a)

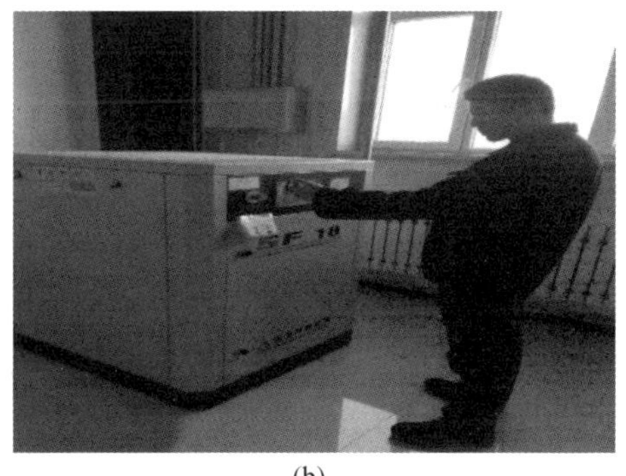

(b)

图 5-17　声级计及测试现场

5.4.2　阻尼层厚度对隔声性能的影响

将制备好的聚氨酯预聚物以固化剂按计量配比浇注成形,制备样品厚度分别为 4 mm、8 mm、10 mm、12 mm 试样待用,铜丝网数目选定为 10 目,测试结果表明,阻尼层厚度增加到 10 mm 时,厚度增加对隔声性能影响不大,所以固定选择试样厚度为 10 mm。

图 5-18 展示了不同厚度的聚氨酯阻尼层对隔声性能的影响。在这项研究中,制备了不同厚度(4 mm、8 mm、10 mm、12 mm)的聚氨酯试样,并使用 10 目铜丝网进行测试。隔声量以分贝(dB)为单位,衡量材料对声音传播的阻隔效果。

从图 5-18 中可以看出:隔声量随厚度增加而提高,在厚度从 4 mm 增加到 8 mm 的过程中,隔声量显著增加。这表明增加阻尼层的厚度可以提高其隔声性能,因为更厚的阻尼层能够更有效地吸收和阻隔声波。当厚度从 8 mm 增加到

10 mm 时,隔声量的增加开始减缓。这可能是由于厚度增加的边际效应,进一步增加厚度对隔声性能的提升作用有限。在厚度达到 10 mm 时,隔声性能的提升已经不大,因此选择 10 mm 作为固定试样厚度是合理的。这个厚度在保证隔声性能的同时,也考虑到了材料的经济性和实用性。

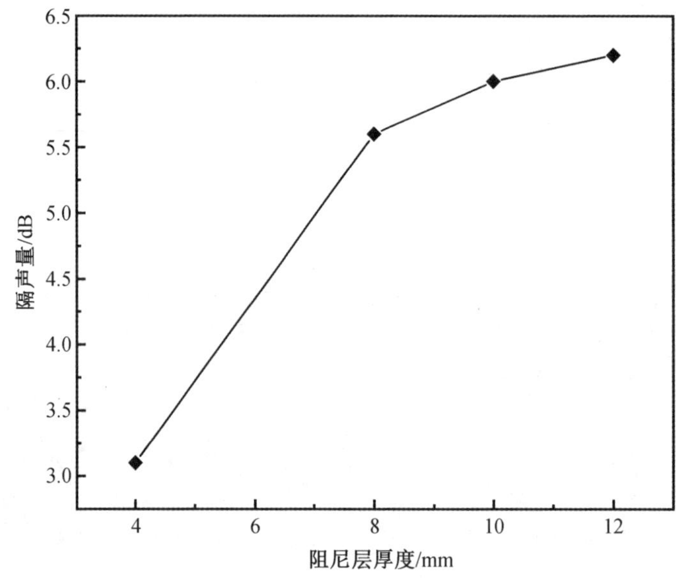

图 5-18　阻尼层厚度与隔声量关系

聚氨酯材料的隔声性能不仅与其厚度有关,还与其内部结构、密度、弹性模量等因素有关。通过调整这些特性,可以进一步优化隔声性能。

综上,通过实验数据和图表分析,我们可以得出结论:在一定范围内,增加聚氨酯阻尼层的厚度可以提高其隔声性能,且存在一个最佳厚度,超过这个厚度后,隔声性能的提升将不再显著。

5.4.3　铜丝网对约束阻尼复合材料隔声性能的影响

图 5-20 展示了不同目数铜丝网对聚氨酯弹性体复合约束阻尼复合材料隔声性能的影响。铜丝网经过表面处理后被置于聚四氟模具中,然后将预聚体与扩链剂混合均匀、脱泡后浇注到装有铜丝网的模具中,经过 80 ℃固化 4 h,再在 120 ℃下固化 12 h,得到铜丝网复合约束阻尼复合材料,试样如图 5-19 所示。

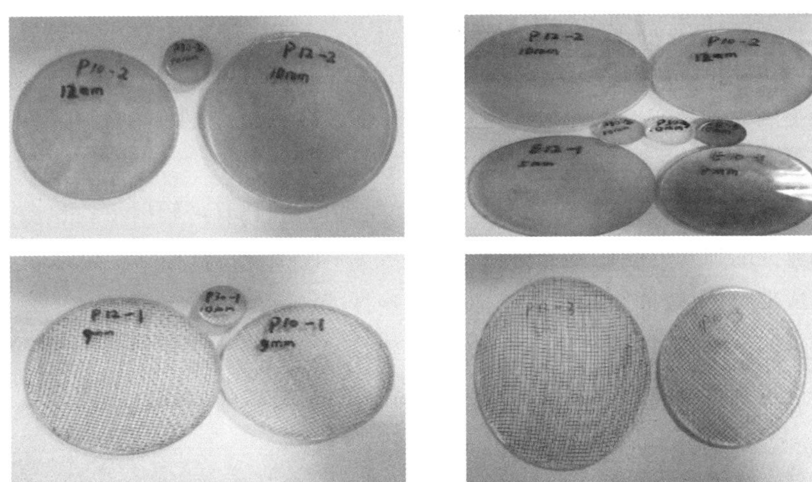

图 5-19　阻尼隔声试样

不同目数铜丝网对复合阻尼材料与隔声量关系如图 5-20 所示。

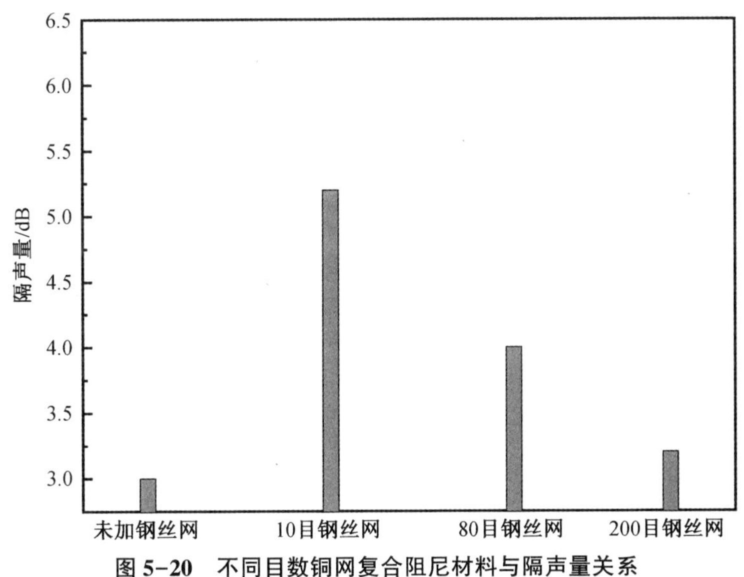

图 5-20　不同目数铜网复合阻尼材料与隔声量关系

从图 5-20 中可以得出如下结论。

(1)隔声性能的提升:与未加铜丝网的样品相比,加入铜丝网后隔声效果有明显提高。这表明铜丝网的加入可以增强复合材料的隔声性能。

(2)在 10 目铜丝网时,隔声效果最好,隔声量达到最高。这可能是因为 10 目铜丝网在提供足够机械支撑的同时,还能形成有效的周期性阻尼结构,从而在特定频率下抑制振动,提高隔声性能。

(3)80 目和 200 目铜丝网的隔声性能虽然也有所提升,但不如 10 目铜丝网。这可能是因为过高或过低的目数影响了铜丝网与聚氨酯弹性体的相互作用,或者改变了复合材料的振动特性,从而影响了隔声效果。

根据声学理论,当材料的某个基面振动受到抑制时,其声辐射特性也会受到影响。铜丝网的加入可能在复合材料中形成了周期性结构,这种结构可以在某个频率段形成带隙,有效抑制振动,从而提高隔声性能。

这种铜丝网复合约束阻尼复合材料在建筑、交通、工业等领域具有广泛的应用前景。通过调整铜丝网的目数,可以优化材料的隔声性能,以满足不同环境下的隔声需求。

通过实验数据和图表分析,我们可以得出结论:在聚氨酯弹性体中加入适当目数的铜丝网可以显著提高其隔声性能,且 10 目铜丝网在提高隔声性能方面表现最佳。

5.4.4 填料玄武岩鳞片对隔声性能的影响

图 5-21 展示了在玄武岩鳞片添加量为 1%的条件下,不同目数铜丝网对复合材料隔声性能的影响。隔声量以分贝(dB)为单位,是衡量材料阻隔声音传播能力的重要指标。从图中可以观察到,与未加铜丝网的样品相比,加入铜丝网后隔声效果有明显提高,尤其是在 10 目铜丝网时,隔声效果最佳。

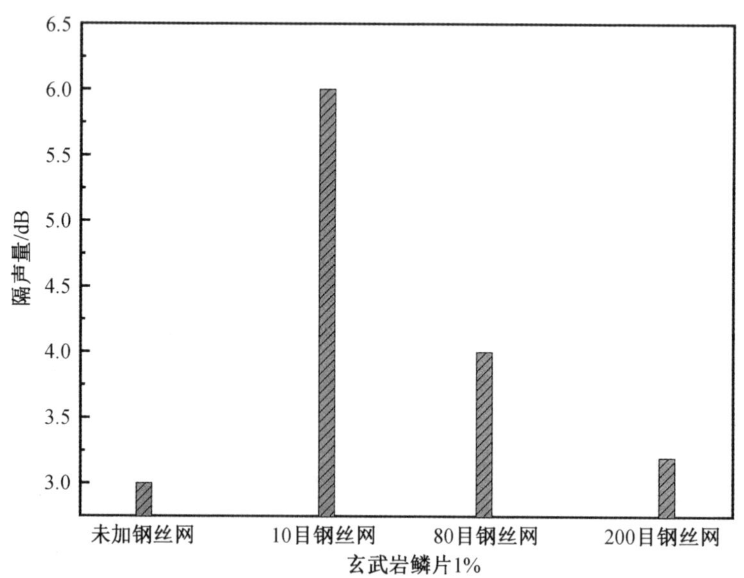

图 5-21 不同目数铜丝网对复合材料隔声性能的影响

片状填料玄武岩鳞片的加入,对复合材料的隔声性能有显著影响,主要体现在以下三个方面。

1. 增加内耗

片状填料的存在增加了材料的内耗。当声波在材料中传播时,会引起大分子链段的运动,产生内摩擦,将声能转化为热能,从而耗散。片状填料能够促进大分子链段的运动,提高材料的隔声性能。

2. 声波散射

片状填料会引起声波的散射。声波到达填料表面时会发生反射,由于填料在材料中无规则分布,形成的夹角也无规则,导致声波在材料内散射,增加传播距离,提高声能消耗。

3. 改变形变方式

填料还能将材料的压缩形变部分改变为剪切形变,这有助于提高材料的阻尼性能,进一步增强了隔声效果。

玄武岩鳞片与基体树脂之间的“错位”效应,使得片层之间的相对滑移更加容易,形成许多小空间,降低收缩应力和膨胀系数。同时,片层之间的相对滑移增加了能量耗散,提高了阻尼性能。

通过实验数据和图表分析,我们可以得出结论:在聚氨酯弹性体中加入适当目数的铜丝网和玄武岩鳞片可以显著提高其隔声性能,且 10 目铜丝网在提高隔声性能方面表现最佳。玄武岩添加对复合不同目数金属网的复合材料的隔声量都有明显增加,说明玄武岩片层结构对增加声波在材料中的损耗有一定贡献。

5.4.5　玄武岩鳞片与 IPN 基体复合的 SEM 图像

玄武岩鳞片与 IPN 基体复合的 SEM 图像如图 5-22 所示,可以看出,玄武岩鳞片呈不规则片状结构,尺寸在 20 μm 左右,与基体树脂复合后,被树脂包裹呈层状分布。从图像中可以观察到玄武岩鳞片在树脂基体中的分布情况。鳞片分布均匀,没有明显的团聚现象,这表明填料与树脂基体的相容性良好,有利于提高材料的力学性能和阻尼性能。界面清晰且结合紧密,两者之间存在较强的化学或物理键合,有助于提高复合材料的整体性能。

(a)玄武岩鳞片

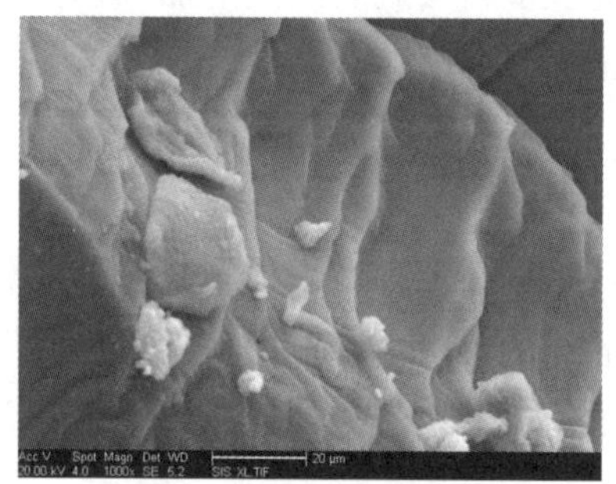

(b)玄武岩鳞片与IPN基体复合

图 5-22 玄武岩鳞片与 IPN 基体复合的 SEM 图像

鳞片在树脂中呈现出一定的取向错位排列,这可能会对材料的力学性能和隔声性能产生影响。取向的填料可能有助于形成更多的小空间,降低收缩应力和膨胀系数。玄武岩鳞片的加入可能会改变材料的压缩形变部分为剪切形变,这有助于提高材料的阻尼性能。

通过分析 SEM 图像,我们可以得出结论:玄武岩鳞片作为片状填料在树脂基体中的分布、形态、尺寸和界面结合情况对复合材料的隔声性能有显著影响。

5.5 本章小结

本章通过分子结构设计及固化工艺的控制,制备了不同种类的阻尼层材料,研究了阻尼层材料阻尼性能及周期性结构对约束阻尼复合材料隔声性能的影响,通过 SEM、DSC、DMA、力学试验机等方式对材料的性能进行了测试,得出以下结论。

(1)通过对阻尼层的研究,探讨了不同异氰酸酯基含量对聚氨酯阻尼性能的影响,以及扩链剂种类对聚氨酯弹性体材料阻尼性能的影响;研究了多元醇种类对聚氨酯弹性体性能的影响。确定阻尼层用 PPG-2000/TDI 预聚体,MOCA 为扩链剂制作为阻尼隔声复合材料的阻尼层。

(2)复合材料约束层以 PU/E-51 互穿网络结构,采用 D230 为固化剂,以此作为约束型复合材料的约束层。通过 IPN 互穿网络的研究,调整铜丝网/约束阻尼复合材料约束层对阻尼层性能匹配性,制得约束阻尼复合材料的阻尼温域为 60~140 ℃,ΔT=80 ℃($\tan\delta$>0.3),阻尼温域较宽。

(3)聚氨酯阻尼材料阻尼隔声性能进行研究,主要考察聚氨酯阻尼层厚度、玄武岩鳞片、铜丝网对聚氨酯基体材料阻尼隔声性能影响。隔声性能由未加入铜丝网时隔声量 3 dB 提升到加入铜丝网后隔声量为 6 dB,说明周期性结构铜网对阻尼隔声有较大贡献。阻尼层厚度由 10 mm 增加到 12 mm,复合材料隔声性能变化不大,因此阻尼层最佳厚度为 10 mm;铜丝网目数为 10 目时隔声效果最佳,隔声量为 5. 3 dB,周期性结构金属网符合局域共振理论,对阻尼隔声性能提升明显;加入玄武岩鳞片后隔声量为 6 dB,玄武岩鳞片片层结构对材料具有一定隔声贡献。

第 6 章　基于质量弹簧/约束阻尼结构耗能机制的阻尼复合材料的研制

基于质量弹簧/约束阻尼结构耗能机制的阻尼复合材料是一种新型的结构减振材料，它通过模拟质量弹簧模型中的耗能机制，利用材料的内部摩擦、变形等方式来耗散结构在受到外部激励时产生的能量，从而减少结构的振动响应。

6.1　阻尼复合材料的结构类型及改性方法

6.1.1　阻尼复合材料的结构类型

阻尼材料，凭借其变形耗能的特性，在航空、航天、航海、交通运输及大型机械等多个领域，对于控制由宽频带随机噪声激励引发的振动和噪声问题中发挥着关键作用。然而，这类黏弹性材料通常拥有较低的弹性模量，难以直接用作工程结构材料。为了克服这一局限，它们常被黏附于需要减振降噪处理的构件上，形成阻尼复合结构，以实现预期的减振降噪效果。历经数十年的演进，阻尼复合材料的结构形式已历经诸多变革，主要可归结为自由阻尼复合材料和约束阻尼复合材料两大类，如图 6-1、图 6-2 所示。

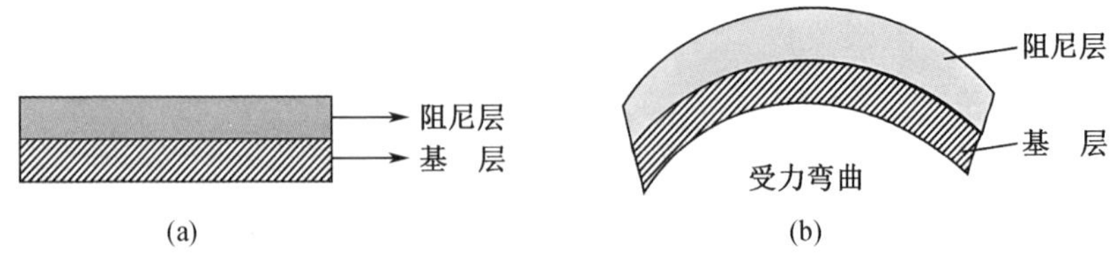

图 6-1　自由阻尼结构

自由阻尼结构由阻尼层材料紧密附着在基层材料上构成。当基层受到外力作用发生形变时，阻尼层会随之产生相应的应力与应变，以此实现能量的耗散。在这种结构中,体系的拉伸与压缩形变起到了主导作用。

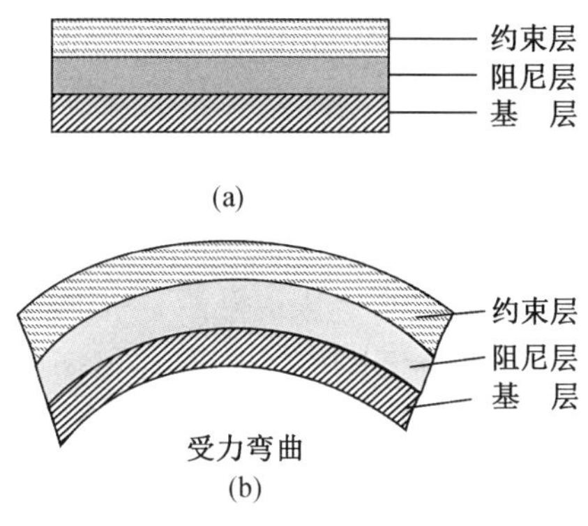

图 6-2　约束阻尼结构

约束阻尼结构基本上是在自由阻尼材料之上额外黏附一层具有高模量和高韧性的约束层材料。当材料受到外界振动影响时,阻尼层与基层之间会产生拉伸与压缩形变,同时阻尼层与约束层之间也会产生不同的拉伸与压缩形变。这种形变差异导致阻尼层的两个表面出现剪切形变,从而有效消耗能量,达到减少振动和降低噪声的效果。由于约束阻尼材料在振动过程中因剪切变形消耗更多能量,因此相比自由阻尼结构,约束阻尼结构体系展现出更优异的阻尼性能,在工程结构领域的应用更为广泛。

在探讨这两种结构中的阻尼层材料选择时,我们通常会优先考虑具有高阻尼温域和较高损耗因子的高聚物材料。这类高分子材料在玻璃化温度转变区域内能够展现出突出的阻尼性能。在这一特定的温度区间内,分子链的活动性显著增强,体系的黏度也随之增大。此时,链段运动会受到明显的摩擦阻力,导致形变无法及时跟上应力的变化,从而产生极大的内耗。

6.1.2　阻尼复合材料的改性方法

单一高分子材料的玻璃化转化区相对狭窄,这往往限制了其作为阻尼材料在宽温域、宽频率条件下的应用。为了克服这一局限性,我们需要对聚氨酯材料的分子结构进行精心设计。在阻尼性能材料的设计过程中,根据基团贡献分子理论①,

① 基团贡献分子理论是一种用于预测和估算化合物物理化学性质的理论方法。这种方法基于一个假设,即每个基团对某一物理化学性质的贡献在所有分子中是恒定的。通过将分子分解为各个基团,并根据基团对物理性质的贡献,将每个基团的贡献加总起来得到分子的总性质。

不同基团对阻尼性能的贡献程度是有差异的,其中苯基的贡献最大,其次是酯基,再次是甲氧基,最后是甲基等。因此,在分子中引入苯基、环状结构、酯键及大侧基等基团,可以有效地提升材料的阻尼性能。

为了实现这一目标,我们可以采用多种常用的分子结构设计及改性方法。这些方法旨在通过调整和优化聚氨酯材料的分子结构,从而拓宽其玻璃化转化区,以满足更广泛的阻尼需求。聚氨酯作为阻尼材料的独特优势在于其分子结构由柔性链段(软链段或软段)和刚性链段(硬链段或硬段)嵌段而成,形成了软段和硬段相区,展现出微相分离的多相体系特性。通过精确调控软段和硬段的比例,可以获得具有不同阻尼温域的材料,因此聚氨酯被视为一种理想的阻尼材料基体。为了进一步提升材料的阻尼性能,研究者们探索了多种化学方法,主要常用的有以下几种方法。

1. 共混

为了拓宽材料的玻璃化转变温度(T_g)区间并调整 T_g 的位置,共混改性成为一种广泛采用的方法。该方法的核心理念在于,通过共混可以促使聚合物形成微相分离结构,进而扩展阻尼峰的半峰宽度。

共混物的结构形貌与其性能之间存在着直接的关联。在共混物中,海岛结构是一种常见的形态。要制备出具有宽温域和高阻尼性能的材料,共混组分需要满足以下条件:首先,各个组分的 T_g 之间应存在较大的差异。其次,这些组分之间需要具有一定的相容性,并且溶解度参数相近。良好的相容性可以使得各个组分之间的 T_g 相互靠近,从而有效地拓宽有效阻尼温域。最后,共混组分本身应具备良好的阻尼性能。这些条件的满足将有助于我们获得理想的宽温域、高阻尼材料。

2. 共聚

共聚是一种化学反应,它涉及两种或更多种化合物在特定条件下结合成一种新物质,这些化合物通过共价键紧密相连,从而增强了它们之间的混溶性。根据聚合物分子结构的特征,共聚可以分为无规共聚、嵌段共聚、接枝共聚和交替共聚几种类型。在改善材料阻尼性能和满足工程应用需求方面,嵌段共聚和接枝共聚显得尤为重要。

嵌段共聚物是通过两种或多种单体分别形成均聚物,并将这些长链段以间隔的方式排列在主链上,或者首先让一种单体均聚成长链段,然后再引发另一种单体均聚成长链段,从而形成的共聚物。

阻尼材料经过嵌段共聚改性后,其分子链段结构性能会有所不同。嵌段共聚物由柔顺性和分子量各异的链段组成，这些链段的组合能够改变聚合物的整体性能。其中，柔性链段通常具有较大的分子量和较长的分子链，玻璃化温度(T_g)较低，分子链的柔顺性好，活动能力强。而刚性链段则选择分子量较小、分子链较短、T_g 较高的单体，这些单体的极性较大，因此分子间作用力很强。在聚合物中，各个单体发挥着不同的作用，它们之间的协同作用能够显著改善材料的阻尼性能。聚氨酯弹性体材料就是一个典型的例子，它本身就是由软链段和刚性较大的硬链段嵌段构成的一种嵌段共聚物。

接枝共聚物是一种特殊的共聚物，其特点在于聚合物主链的某些原子上连接着与主链化学结构不同的链段。研究结果显示，随着聚合物中支链含量的增加，接枝共聚物中的支链数目也相应增多。这些支链在聚合物中起到了类似增塑剂的作用，增强了链段间的缠结程度，进而提升了材料的阻尼性能。

基于"基团贡献理论"，增加支链的数目、提高基团的极性或者增加引入的侧链数目，都是有效提升共聚物材料阻尼性能的方法。因此，接枝共聚作为一种化学改性手段，被证明是增强材料阻尼性能的有效途径。

3. 互穿网络

互穿网络聚合物(IPN 或 IPNs)是由两种或两种以上的交联聚合物网络相互贯穿、缠结而构成的一种特殊结构。在这种 IPN 体系中，各个聚合物的链段相互交织、贯穿，形成了一种强迫相容的状态，并展现出协同效应。这种特殊的结构导致了微相分离现象的出现。IPN 的阻尼性能来源于多个方面，既包括分子链运动对内耗的贡献，也包括与频率成正比的缠结分子链所产生的阻尼效应。这为制备具有宽温域和高阻尼性能的材料提供了一条全新的途径。

早在 20 世纪 50 年代，IPN 就已经开始被零星使用。然而，直到 70 年代早期，IPN 的概念才逐渐明确，并受到越来越多的关注。这种互穿网络的改性方法之所以受到重视，是因为它能够使材料具备微观相分离而宏观不分相的特性。这种特性使得 IPN 材料在很宽的温度范围内都具有出色的阻尼能力，从而成为制备高性能阻尼材料的一种有效手段。目前，关于 PU-IPN 阻尼材料的研究已经相当广泛。其中，聚氨酯与环氧树脂组成的 IPN、聚氨酯与聚硅氧烷组成的 IPN，以及聚氨酯与乙烯基树脂组成的 IPN，是受到最为广泛关注和研究的三类材料。这些研究致力于探索和优化这些 IPN 材料的阻尼性能，以满足不同应用领域的需求。

经过嵌段共聚、接枝共聚、互穿网络等化学方法改性后的聚氨酯阻尼材料，因具备出色的综合性能和高阻尼性，而被广泛应用于多个领域。然而，随着科技的持续进步，对阻尼材料的性能要求也日益提高。现在，阻尼材料不仅需要具备卓越的阻尼性能,还必须拥有更优异的机械性能和力学性能,同时要求其在更宽广的振动频率范围内保持稳定的阻尼性能。传统的化学改性方法制备的阻尼材料逐渐难以满足这些更严格的要求。因此,在聚氨酯阻尼材料的制备过程中,除了继续采用上述化学改性方法外,研究者们还开始引入压电/导电、电/磁流变、局域共振等物理耗能机制,以期进一步提升材料的阻尼性能和拓宽其阻尼频率范围。

6.2 约束阻尼结构耗能机制

约束阻尼结构耗能机制在复合阻尼材料的研制中占据重要地位。该机制通过特定结构的设计,使得材料在受到外界振动或冲击时,能够有效地将机械能转化为热能或其他形式的能量,从而实现减振降噪的目的。约束阻尼结构通常由阻尼层、约束层和基层三部分组成。当结构受到振动时,阻尼层发生剪切变形,而约束层则限制其自由变形,从而在阻尼层内部产生剪切应力和应变。这种剪切作用导致阻尼材料内部发生能量耗散,有效降低结构的振动幅度。

针对约束阻尼结构耗能机制的特点,研究人员发现,通过优化阻尼层、约束层和基层的材料和厚度等参数,可以显著提高复合阻尼材料的阻尼性能。例如,采用高阻尼性能的黏弹性材料作为阻尼层,同时选择刚度适宜的材料作为约束层,可以实现更佳的阻尼效果。此外,合理的结构设计也是提高阻尼性能的关键,如采用多层约束阻尼结构,可以进一步增加能量耗散的途径,提高整体阻尼效果。在实际应用中,约束阻尼结构耗能机制已被广泛应用于船舶、汽车、航空航天等领域的减振降噪。例如,在船舶结构中,通过引入约束阻尼结构,可以有效降低船体振动引起的噪声和疲劳破坏,提高船舶的舒适性和安全性。在汽车领域,约束阻尼结构也被应用于车身和底盘等部件,以减少振动和噪声对乘客的影响。

虽然约束阻尼结构耗能机制在提高阻尼性能方面表现出色,但其应用效果还受到温度、频率等环境因素的影响。因此,在研制复合阻尼材料时,需要综合考虑各种因素,以实现最佳的阻尼效果。

6.3 质量弹簧模型

质量弹簧模型是研究最早的物理形变模型,模型设计中,物体被建模成一些质量点的集合,这些质量点分布在网络结构中,并且通过弹簧相连。简易的质量弹簧模型,是局域共振型声子晶体(具有声波或振动禁带特性的周期性介质结构的材料被称为声子晶体材料)的独立结构单元,由振子和弹簧构成,振子一般是金属材质,弹簧为软质的橡胶或者弹性体材料,示意图如图 6-3 所示。弹簧的弹性越小,振子的质量越大,共振频率就可以达到很低的值,也就对应着复合材料在低频处的优势。

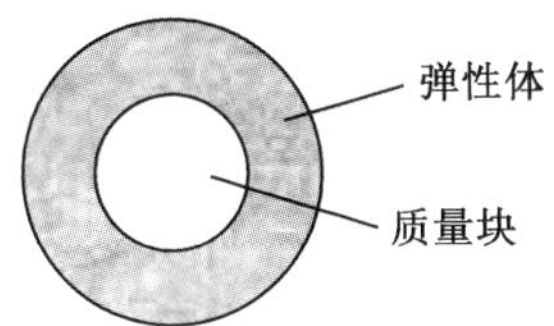

图 6-3　质量弹簧模型示意图

局域共振理论属于声子晶体的弹性波带隙机理,弹性波在声子晶体中传播时,受其内部结构的作用,在一定频率范围(带隙)内被阻止传播,而在其他频率范围(通带)可以无损耗地传播。研究认为,声子晶体带隙产生的机理有两种:布拉格(Bragg)散射型和局域共振型。前者主要是结构的周期性起着主导作用,当入射弹性波的波长与结构的特征长度(晶格常数)相近时,将受到结构强烈的散射。后者主要是单个散射体的共振特性起主导作用。局域共振是一种规模效应,在外部振动和噪声的作用下,金属振子和软质材料在硬质介质中发生谐振,使振动于金属振子中产生并于软质材料中消耗,可以视为一种新的阻尼耗能机理。

本节针对复合阻尼材料在振动控制领域的关键作用,深入探索了质量弹簧/约束阻尼结构的耗能机制,并基于该机制成功研制出新型复合阻尼材料。实验结果显示,该材料在特定的频率和温度范围内具备优异的阻尼性能,能够有效吸收和耗散振动能量。质量弹簧机制通过质量块与弹簧的相互作用,实现能量的转化与耗散;而约束阻尼结构机制则通过阻尼层、约束层和基层的协同作用,将机械能转化为其他形式的能量,从而达到减振降噪的效果。两种机制的共同作用,使得所研制的复合阻尼材料在力学性能和阻尼性能上均表现出色。

6.4 技术路线

技术路线如图 6-4 所示。

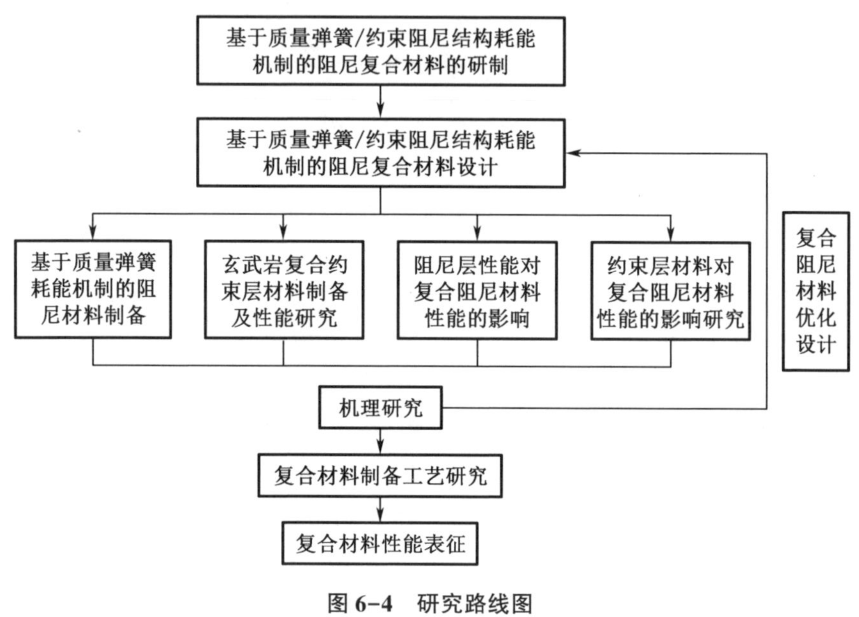

图 6-4　研究路线图

6.5 约束阻尼复合材料阻尼层的制备与性能研究

采用约束阻尼结构，引入质量弹簧模型，使复合材料具有高阻尼、高模量，其中聚氨酯基材料作为阻尼层提高阻尼性能，环氧树脂基材料作为约束层提供高模量，制得高阻尼、宽温域的复合材料。

6.5.1 阻尼层材料的制备方案

(1)通过选用不同端羟基聚醚作为材料的软段，以 TDI 为硬段，一方面，通过预聚体法调节预聚物的异氰酸根含量，另一方面，选用不同的固化工艺，制备出不同阻尼性能的聚氨酯阻尼材料。

(2)采用接枝及对阻尼贡献大的基团引入聚氨酯主链中制成IPN,研制宽温域、高阻尼性的聚氨酯作为阻尼层基体。

(3)对阻尼层基体进行改性,加入玄武岩鳞片及复合铜丝网,符合质量弹簧模型局域共振理论,进一步研究材料的阻尼性能。

6.5.2　阻尼性能的测试方法与评价

测量聚合物阻尼性能的常用实验手段包括动态扭摆法、受迫共振法,以及最为常用的受迫共振非振法(也称为动态黏弹谱实验)。动态黏弹谱实验能够直接提供 $E''-T$(损耗模量随温度变化)和 $\tan\delta-T$(损耗因子随温度变化)的关系曲线,这些曲线能够揭示玻璃化转变过程中的关键特性。通过分析这些曲线的变化,我们可以获取大量与阻尼性能相关的信息。具体而言,如果曲线更加平缓、$\tan\delta$ 值更高,且玻璃化转变温度范围(T 范围)更宽,则意味着高分子材料的阻尼性能更佳。目前对于阻尼材料的评价尚未形成统一的标准。普遍采用的是动态力学谱方法,该方法通过应力作用下材料的损耗因子峰值及其转变峰所覆盖的温度范围来评估材料的力学损耗或内耗水平。

$$E^* = E' + \mathrm{i}E''$$

$$\tan\delta = E''/E'$$

式中,E^* 表示弹性模量;E' 表示实数模量,也被称作储能模量,它反映了在应力作用下,能量在试样中的储存情况;E''表示虚数模量,它表示的是能量的损耗,因此也被称为损耗模量;i 为复数;δ 为应变落后于应力的相位角,也被称为力学损耗角;$\tan\delta$ 为损耗因子。

高分子材料的阻尼性能深受温度和频率的影响。当温度和频率发生变化时,损耗模量和损耗因子会达到一个峰值,此时材料的阻尼性能最为出色。聚合物通常在其玻璃化转变温度附近展现出最佳的阻尼性能。若材料温度低于玻璃化转变温度或频率极高,形变主要由键长和键角的变化导致,内耗相对较小。相反,当温度高于玻璃化转变温度或频率极低时,链段运动会呈现协同性,内耗同样较小。只有在玻璃化转变温度附近且频率适中时,链段运动才会与外力产生谐振,导致内摩擦力显著增大,从而出现损耗峰的极大值。

6.5.3 不同异氰酸酯基含量的聚氨酯阻尼层材料的制备

阻尼层材料作为体系的核心材料，它在约束阻尼结构中起到了最重要的阻尼减振的作用。阻尼层必须具有优良的阻尼性能，较宽的阻尼温域，并且材料具有良好的柔韧性，因此选择较多的是聚氨酯基体材料。聚氨酯弹性体的原材料众多，低聚物多元醇可分为聚酯多元醇、聚醚多元醇、聚烯烃多元醇、聚醚多元醇等，不同类型的多元醇合成出的聚氨酯弹性体性能差别很大。

本研究选择聚氨酯弹性体作为阻尼层的基体材料、以模量比较高的环氧树脂作为约束层进行复合的约束阻尼材料。分别从阻尼层和约束层两个方面对聚氨酯弹性体性能进行研究，以期获得一种宽温域、高阻尼性能的阻尼材料。

选取 PPG2000 作为软段，TDI 为硬段，制备不同异氰酸酯基含量的预聚体（图 6-5）；选取 EG、MOCA 作为预聚体的扩链剂，将不同的聚氨酯预聚体制成样品。预聚物法是合成聚氨酯弹性体的一种重要方法，所谓预聚物法，就是先将聚酯多元醇或聚醚多元醇与异氰酸酯合成预聚物，然后再将预聚物与扩链剂（交联剂）混合固化（图 6-6）的方法。本文采用 PPG-1000、PPG-2000、PTMG-1000、PTMG-2000 分别和 TDI 合成端异氰酸酯预聚物。TDI 来源广、价格便宜且含刚性苯环，根据基团贡献理论，在分子链中引入苯环、酯基等大基团能获得更大的阻尼值。具体的制备方法如下。

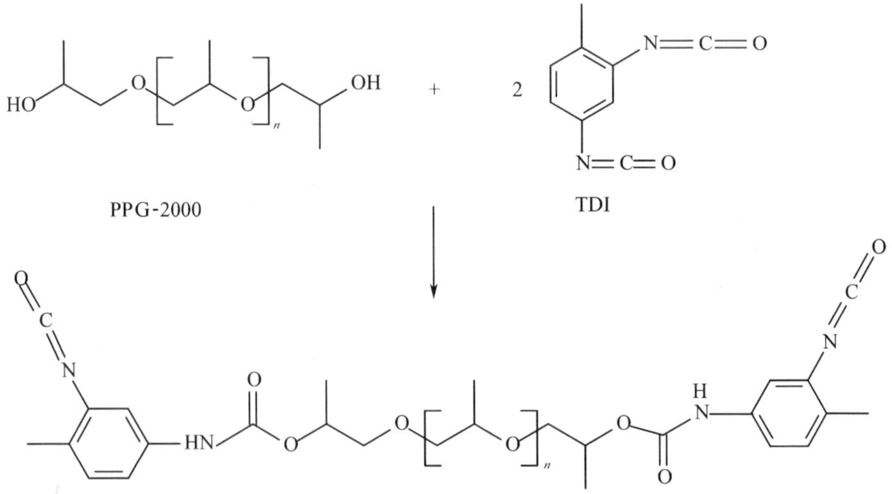

图 6-5 聚氨酯预聚体化学反应式

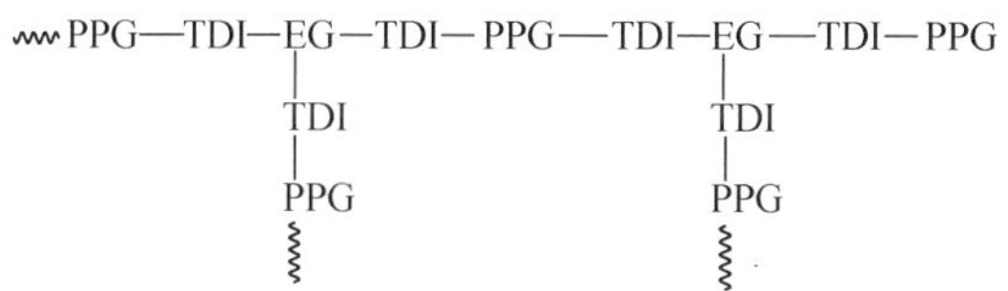

图 6-6　PU-EG 扩链交联反应式

将计量好的多元醇在 110 ℃下真空脱水 2 h,直至无泡,加入计算量的二异氰酸酯,控制温度在 80 ℃±5 ℃,反应 3 h 得到预聚物,测定其异氰酸酯基含量,达到理论计算量后降温至 60 ℃,加入计量好的扩链剂固化剂,快速搅拌并真空脱泡 3 min,快速倒入涂有脱模剂并事先预热充分的模具中,在 80 ℃烘箱中固化 22 h 制得阻尼层样品。

工艺流程如图 6-7 所示。

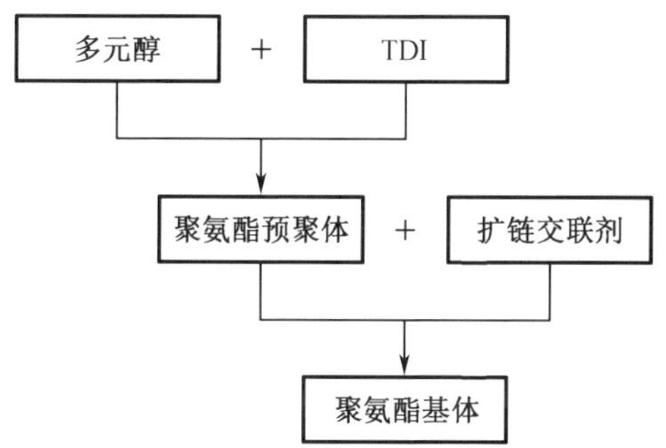

图 6-7　阻尼层基体制备工艺流程图

6.5.4　不同异氰酸酯基含量的阻尼层材料的 DMA 测试分析

选择不同分子量的多元醇 PPG、PTMG,通过与 TDI 预聚成预聚体,利用 DMA 测试。采用 DMA 方法可得到聚合物的 tan δ(虚部模量与实部模量的比值)与时间的关系曲线。从高分子物理的角度来讲,表征聚合物内分子的黏性流动的难易程度,tan δ 值越大,黏性流动越容易,所以对能量的消耗也越大(因为黏性流动需消耗能量)。因此,可用 tan δ 值的大小来研究聚合物阻尼性能的优劣。不同异氰酸酯基含量的聚氨酯弹性体的动态力学测试温度谱如图 6-8 所示。

随着异氰酸酯基含量的增加,聚氨酯弹性体材料的 T_g 逐渐向高温转移,损耗因子随温度变化曲线的峰值(tan δ_{max})呈现出先增加后逐渐减小的趋势,但是变化很小,相应的阻尼温度区间(表 6-1 中阻尼温域;一般取损耗因子 tan δ 大于 0.3 的部分作为阻尼温域)却随着异氰酸酯基含量的增加而逐渐向高温方向移动。产生上述原因是随着异氰酸酯基含量逐渐增大,分子内的硬段含量逐渐增多,硬段分子链段刚性大,相应的 T_g 较大。

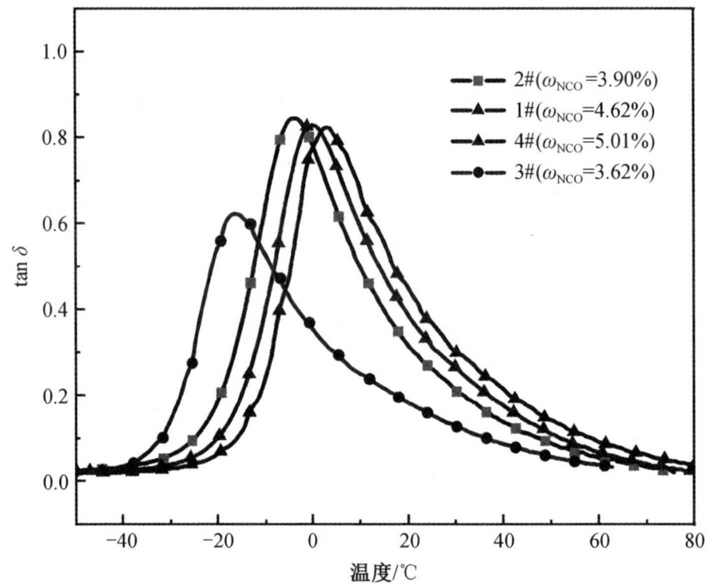

图 6-8　不同异氰酸酯基含量的聚氨酯弹性体的动态力学测试温度谱

由图 6-8 可知,聚氨酯弹性体在-3.98 ℃左右出现最大损耗峰,最大值可达 0.85,并且 tan δ>0.3 的范围内,阻尼温域近 40 ℃。在玻璃化转变区,损耗因子出现峰值,材料在低温区表现出良好的阻尼性能。表 6-1 不同异氰酸酯基含量的聚氨酯动态力学性能表。

表 6-1　不同异氰酸酯基含量的聚氨酯动态力学性能表

ω_{NCO}/%	阻尼温域 (tan δ>0.3)/℃	损耗因子 (tan δ_{max})	T_g/℃
3.62	-25.13~3.56	0.63	-16.03
3.90	-16.55~20.98	0.85	-3.98
4.62	-12.30~26.09	0.83	0.18
5.01	-8.92~29.82	0.83	3.38

由表6-1可以看出，当异氰酸酯基含量为5.01%，材料的阻尼性能最适宜本项目要求的技术指标。但同时也存在着问题，如材料在40 ℃附近进入黏流态，另外弹性体T_g较小，根据时-温等效原理，这将不利于材料在低频处的阻尼性能。针对这两点问题，本节制备了不同异氰酸酯基含量的聚氨酯弹性体，异氰酸酯基含量分别为3.62%、4.01%、4.62%、5.01%对弹性体的性能进行了研究，以期望材料的T_g尽可能地提高，使其不仅具有宽温域、高阻尼性能，同时还期望材料在高温处(低频处)的阻尼性能有所改善。随着异氰酸酯基含量的增加，T_g向高温方向移动，并且玻璃化转变温域加宽，T_g分别为-16.03 ℃、-3.98 ℃、0.18 ℃、3.38 ℃，有着增大的趋势，这主要依赖于聚合物链段的运动，聚合物的链段越稳固，T_g越高。另外，材料的玻璃化转变温域主要依赖于硬段的含量及它们与软段的相分离程度，异氰酸酯基含量增加，聚氨酯弹性体中刚性苯环及强极性的氨基甲酸酯基的含量随之增加，所以，T_g向高温区移动。

在T_g转变区，材料的模量大幅度下降，因为该转变区表征高分子材料内大分子链的链段开始运动，即在此区域之前链段处于“冻结”状态，材料表现出刚性，模量较高，而当温度达到玻璃化转变区时，高分子材料内部链段开始具有一定的运动能力，材料逐渐由玻璃态转变为橡胶态，使得材料的模量开始急剧下降。

当异氰酸酯基含量升高时，材料的玻璃化温度向高温方向移动，四个试样均表现出较高的损耗因子及宽的阻尼温域，当$\omega_{NCO}=3.62\%$时，损耗因子达到0.85，但是在40 ℃，材料进入黏流态，这是由于此时异氰酸酯基含量低，硬段密度低，相应的氢键交联度低，这必然影响材料的阻尼性能及其与环境的相容性。

6.5.5　异氰酸酯基含量对聚氨酯阻尼层力学性能的影响

聚氨酯弹性体的硬段含有刚性苯环，强极性氨基甲酸酯基等结构，异氰酸酯基含量越高，聚氨酯弹性体中的极性基团及刚性基团就越多，分子的内聚力及分子间相互作用力增强，同时可形成大量的氢键，因此拉伸强度、拉伸弹性模量也越大。材料的扯断伸长率则正好相反，这也可从分子的结构来解释，由于异氰酸酯基含量的增多，导致交联剂的用量增多，苯环、氨基甲酸酯基等刚性及强极性基团也增多，分子内的聚集力和分子间相互作用力增强，交联结构增加，分子被控制在交联点处，使得扯断伸长率降低。异氰酸酯基含量对阻尼材料力学性能的影响如表6-2所示。

表 6-2 异氰酸酯基含量对阻尼材料力学性能的影响

ω_{NCO}/%	拉伸强度/MPa	断裂伸长率/%
3.62	6.8	410
4.01	7.5	380
4.62	10.7	355
5.01	11.3	310

6.5.6 不同软段对聚氨酯弹性体阻尼性能的影响

高聚物阻尼性能的本质是在交变力场中，温度在 T_g 附近具有松弛特性的聚合物分子的某些链段运动能够使机械能转化为热能，它在客观上表现出转变/松弛的阻尼峰。基团贡献理论认为聚合物总的阻尼峰峰面积是各个结构单元贡献的总和。聚合物大分子主链上的酯基和某些侧基如—CH_3、—CN 等的存在可以增加链段运动过程中分子之间的内摩擦，从而增加材料的阻尼性能。本实验制备了几种不同软段聚氨酯阻尼材料的动态力学谱。

以平均分子量为 1000 和 2000 的 PPG 和 PTMG 为软段制备聚氨酯弹性体，用 PPG-1000 和 PTMG-1000 合成的预聚体异氰酸酯基含量为 6.2%，用 PPG-2000 和 PTMG-2000 合成的预聚体异氰酸酯基含量为 3.6%。用 MOCA 扩链，扩链系数为 0.95。于 80℃烘箱中固化 22 h，脱模后室温放置 7 天后，动态力学测试温度谱如图 6-9 所示。

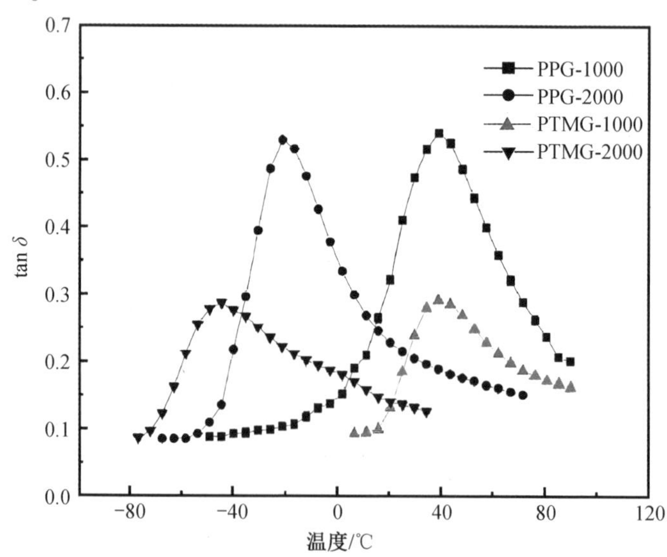

图 6-9 不同软段的聚氨酯弹性体的动态力学测试温度谱

虽然同为聚醚型聚氨酯弹性体,但是用 PPG 和 PTMG 制备的弹性体阻尼性能相差很大,因为 PPG 主链上含有侧甲基,同时醚键含量较高使得聚氨酯弹性体分子软硬段之间的相容性变大,在拉伸过程中极大地增加了大分子间的内摩擦,阻尼性能提高。PTMG 主链上无侧甲基且主链上醚键含量较低,所以用其制备的聚氨酯弹性体阻尼性能很低。对于聚醚型聚氨酯弹性体,我们比较看重的是其低温性能,由表 6-3 可以看出,PPG-2000 为软段制备的聚氨酯弹性体 $\tan\delta$ 为 0.55,$\tan\delta>0.3$ 的阻尼温域为 39.8 ℃(-33.8~6 ℃)。

表 6-3　软段对聚氨酯弹性体阻尼性能的影响

软段结构	$\tan\delta_{max}$	$\tan\delta_{max}$ 的温度/℃	$\tan\delta>0.3$ 的温域/℃	ΔT/℃
PPG-1000	0.56	45.2	25~75.1	50.1
PPG-2000	0.55	-19	-33.8~6.0	39.8
PTMG-1000	0.16	-42.8	—	—
PTMG-2000	0.25	-45.5	—	—

6.5.7　不同软段聚氨酯弹性体的力学性能

PPG 主链上侧甲基的存在同样会降低分子间的作用力,导致聚氨酯弹性体的力学性能下降,所以用 PPG 制备的聚氨酯弹性体的力学性能远远低于 PTMG 制备的聚氨酯弹性体,用平均分子量为 1 000 的 PPG 和 PTMG 制备的聚氨酯弹性体,其硬段含量远高于用平均分子量为 2 000 的二元醇制备的聚氨酯弹性体,所以用分子量低的聚醚制备的聚氨酯弹性体的扯断伸长率较低,但其力学性能相对较高(表 6-4)。

表 6-4　软段对聚氨酯弹性体力学性能的影响

软段结构	硬度/邵 A	拉伸强度/MPa	撕裂强度/(kN·m^{-1})	扯断伸长率/%
PPG-1000	92	25.8	63.6	309
PPG-2000	72	7.1	34.2	716
PTMG-1000	90	44.4	144.3	462
PTMG-2000	89	41.8	144	528

6.5.8 不同扩链剂对弹性体动态力学性能的影响

(1)不同扩链剂固化的聚氨酯弹性体材料的制备:选取 PPG-2000 作为软段,TDI 为硬段,根据 6.1.3 的制备方法,制备出异氰酸酯基含量为 6.01%的预聚体。

(2)分别选取 EG 及 MOCA 作为预聚体的扩链剂,根据 6.1.3 的制备方法,将聚氨酯预聚体制成相应的样品。

如图 6-10 所示为 $\omega_{NCO}=6.01\%$时,不同扩链剂固化的聚氨酯弹性体材料的 DMA 测试温度谱图。

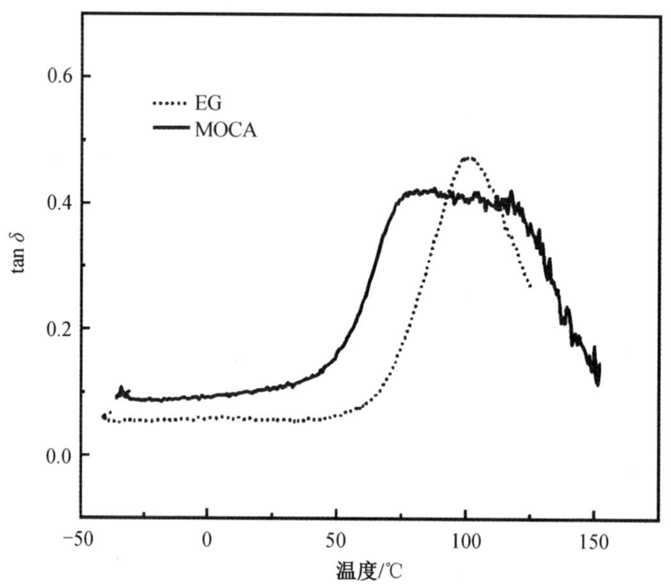

图 6-10 不同扩链剂固化的聚氨酯弹性体材料的 DMA 测试温度谱($\omega_{NCO}=6.01\%$)

结合本研究制备的聚氨酯材料及其特性分析,其主要原因在于:聚氨酯弹性体材料实质上是嵌段共聚物,由软段与硬段聚合而成,由于软段分子链由较为柔顺的 C—C 饱和键及醚键组成,链段活动能力比较强;硬段由异氰酸酯基和苯基等刚性链段组成,活动能力弱,极性较大,分子间作用力强,有利于分子链紧密堆积排列,聚氨酯这种特殊的结构组成方式,将导致内部的软硬段产生“微相分离”,即硬段形成的微晶作为物理交联点分散于软段形成的连续相中。由图 6-10 可知,产生上述现象的原因在于扩链剂的微结构的影响:MOCA 结构中含有苯环,刚性大,阻碍分子间运动,并且由于 MOCA 分子结构中极性基团的影响,增大分子间作用力,使得聚氨酯弹性体材料除了具有更好的模量外，T_g 向高温方向移动很多，但是损耗因子也随着下降很多。

MOCA 扩链系数 α 是扩链剂 MOCA 中—NH_2 数量与预聚体中—NCO 数量的比值，即 NH_2/NCO。微量的水分及空气中的湿气消耗—NCO，通常扩链系数在<1 时弹性体性能最佳。本项目试验选择气候干燥，空气湿度比较低，水消耗—NCO 的量较少。选择扩链系数为 0.95 时，—NCO 与—NH_2 反应比较充分，生成的大分子链较长，聚氨酯弹性体综合力学性能较好。

6.5.9　聚氨酯阻尼复合材料声学性能

为探究硬段含量对聚氨酯声学性能的影响，对制备的试样进行吸声系数的测定。吸声系数如图 6-11 所示，测试频率范围为 2~20 kHz。

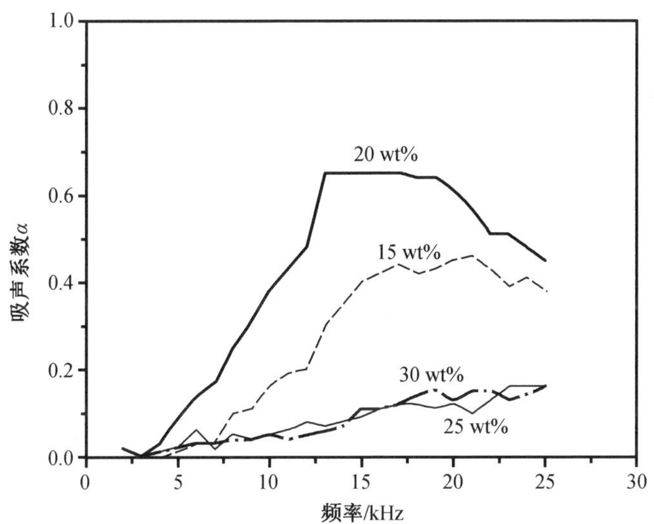

图 6-11　不同硬段含量的复合材料的吸声系数

当硬段含量为 15%和 20%时，吸声系数随着频率的增加先增大后减小。当硬段含量为 25%和 30%时，吸声系数随频率增加呈递增趋势，但是吸声系数一直低于 0.2。

声特性阻抗和阻尼性能是影响聚氨酯材料吸声性能的重要因素，一般情况下，聚氨酯的声特性阻抗会随着密度的提高而增加，当密度从 1.00 g/cm^3 增加到 1.43 g/cm^3 时，声特性阻抗从 1.5×10^6 $kg \cdot m^{-2} \cdot s^{-1}$ 增加到 2.13×10^6 $kg \cdot m^{-2} \cdot s^{-1}$，水

的特性阻抗大约在 1.45×10^{6} $kg\cdot m^{-2}\cdot s^{-1}$。

6.5.10 聚氨酯材料密度对声学性能的影响

为探究弹性体密度对其声学性能的影响,本项目采用排水法测试了试样的密度。图 6-12 所示为不同硬段含量的密度值,由图可知,随着硬段含量增加,密度随之增加。当密度为 1.048 g/cm^{3},硬段含量为 20%时,吸声系数最高,这说明密度值应该稳定在一个范围之内,过低或过高都会影响到声学性能。

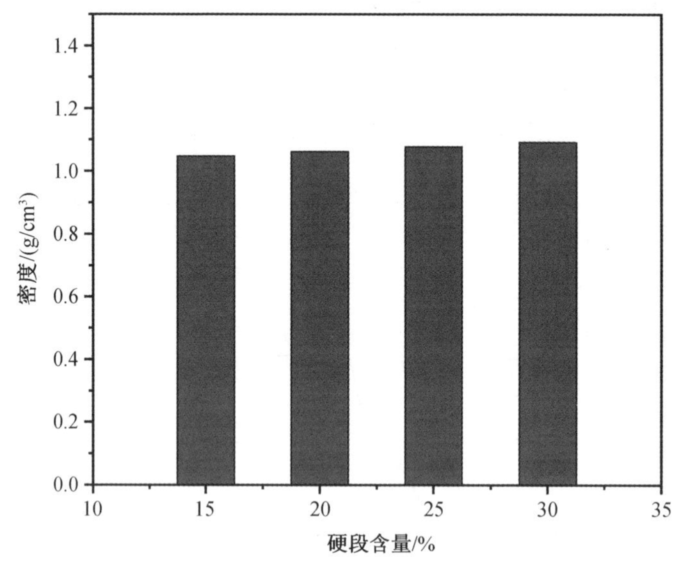

图 6-12　不同硬段含量的复合材料的密度

综上所述,硬段含量不同会影响聚氨酯的密度、损耗因子等,进而影响聚氨酯的声特性阻抗和阻尼性能,最终影响其吸声性能。当硬段含量为 15%时,密度为 1.04 g/cm^{3},损耗因子和吸声系数最高,可达 0.7。

6.6 阻尼层材料的改性研究

聚氨酯弹性体是一种性能介于橡胶与塑料的高分子材料,在很多领域都得到了广泛的应用。对于聚氨酯弹性体的改性主要集中于共混、共聚、互穿网络、压电/导电以及有机无机杂化,以便能够应用于特殊的及所要求的环境中,如低频、耐压、宽温域、高阻尼等条件,其中低频是现今关注的焦点,同时也是一个难点。现今,局域共振耗能机制已广泛应用于声学材料,并且对于低频吸声有所贡献,能实现“小尺寸控制大波长”。但是将局域共振理论用于阻尼材料中少有研究,本研究应用局域共振耗能机制制备出低频率、宽温域、高阻尼性能的材料,并将其作为阻尼层。所采取的主要方案如下。

(1)制备 IPN,拓宽材料的阻尼温域。

(2)添加玄武岩鳞片,利用片层之间的相对滑移耗散能量提高材料的阻尼性能。

(3)在基体材料中引入铜丝网网络,形成局域共振网络,提高基体材料的模量及阻尼性能。

6.6.1　聚氨酯-环氧树脂互穿网络

从阻尼材料的发展来看,传统的单一材料并不能同时满足宽温域和高阻尼性能的要求。在阻尼复合材料的选择上,为解决复合材料体系中“阻尼层”与“基层”性能差异大的问题(一方面由于“阻尼层”所以得黏弹性材料主要为橡胶或聚氨酯、硅橡胶等,与“基层”的黏合性能差,容易造成脱层剥落;另一方面,阻尼层的强度等静态力学性能差,影响了复合材料制品刚度和整体性能)。本书采用了对环氧树脂进行增韧改性,增加其阻尼性能的思路。在保留其黏结性好、成形方便等优良性能的前提下,采用降低交联密度、引入柔性链段的方法,提高其阻尼性能,以获得一系列具有高阻尼因子的阻尼复合材料,并可实现阻尼性能的可调节性。聚氨酯和环氧树脂可以共混得到聚氨酯-环氧树脂互穿网络(PU/EP IPN)结构,体系中两者之间互相协同、强迫包容以提高环氧树脂发韧性,同时聚氨酯预聚体分子结构中的活性基团可以和环氧树脂上的羟基、环氧基反应从而达到改变环氧树脂化学结构的效果,使聚氨酯预聚体和环氧树脂通过共价键相连,提高了两者之间的结合力,可以进一步提高环氧树脂的韧性。

当异氰酸酯基含量为 3.9%时,阻尼层材料阻尼性能最佳,但是对应的 T_g 较小,不利于材料在低频处的阻尼性能。因此本节制备了聚氨酯-环氧树脂互穿网络,借助环氧树脂的本身性能,以期望材料的 T_g 尽可能地提高,使其不仅具有宽温域、高阻尼性能,同时也期望能在高温处(低频)的阻尼性能有所改善。

互穿聚合物网络 IPN 是两种以上的交联聚合物互相贯穿而成的网络,可视为用化学方法实现的机械共混物,其特点是:通过化学交联施加强迫互容作用,聚合物链相互缠结形成相互贯穿的交联聚合物网络,达到抑制热力学相分离,增加两组分相容性,形成精细共混物结构,如图 6-13 所示。

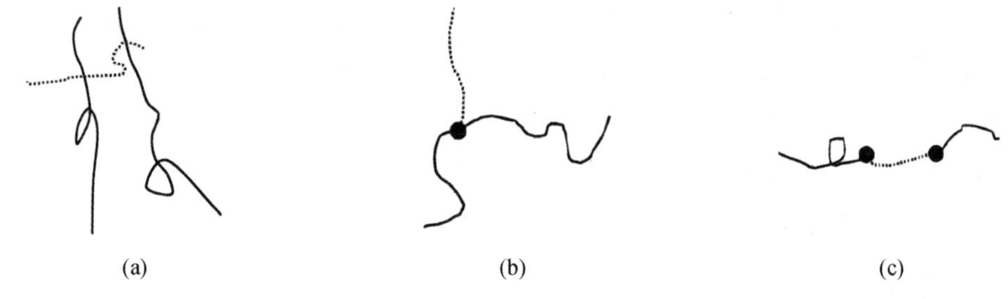

图 6-13　不同类型的共混和共聚

聚合物互穿网络示意图如图 6-14 所示。环氧树脂上有与异氰酸酯基反应的羟基,使其产生化学连接形成 IPN,这样既改善了聚氨酯的黏接性能,提高了刚性,同时也改善了环氧树脂的韧性。聚氨酯 IPN 是研究较多并且具有实用价值的阻尼材料,聚氨酯材料本身具有大量氢键,并表现出一定微相分离结构,有较高的损耗因子,形成 IPN 后更可以大大拓宽阻尼温域,此外,IPN 还具有易于实施、种类繁多等优点。

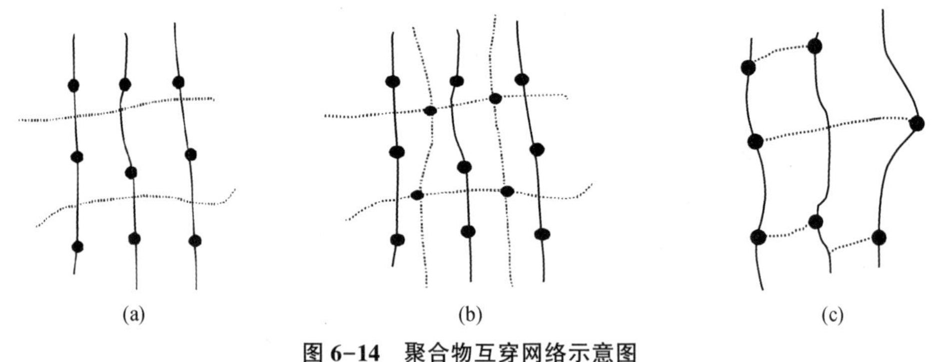

图 6-14　聚合物互穿网络示意图

决定 PU/EP IPN 相容性的关键因素是聚氨酯软段与环氧树脂的相容性,常用的 PPG、PEG、HTBN 及聚酯等聚氨酯软段由于含有极性基团,与双酚 A 环氧具有良好的相容性,所制得的 IPN 相容性也较好,表现出良好的阻尼性能,同样对于极性很大的软段如 HTBN 与极性不高的环氧树脂互穿也会表现出明显的不相容,其阻尼性能较差。

决定 IPN 阻尼性的关键在于微相分离程度,通过聚氨酯与环氧树脂两个交联聚合物网络的相互贯穿和机械缠结,来达到材料性能协同增长,但是由于 PU/EP IPN 的构成复杂影响因素较多,我们仅对同步法制备 PU/EP IPN 的相容性和阻尼性能进行讨论。

目前,对 IPN 阻尼性能的评价缺乏统一的标准,可定性表征为动态力学谱图上 $\tan\delta$-T 曲线越平缓、$\tan\delta$ 越高、T_g 范围越宽,材料的阻尼性能越好。对 IPN 材料阻尼性能的评价包括:储能模量 E'、损耗模量 E''及其比值 E''/E',这些参数都可以从动态力学谱图上得到。

由聚氨酯和环氧树脂相互贯穿而形成的聚合物网络体系形成 PU/EP IPN,IPN 技术由于能实现其他技术难以达到的微相分离和强迫互容的效果,已成为制备高性能聚合物阻尼材料的重要手段。以聚氨酯为连续相,采用具有优异强度的环氧树脂对其进行接枝改性,通过环氧树脂与聚氨酯之间化学键的交联,形成网络结构,降低分子间的自由体积,阻止水分子的渗入,提高材料的耐水性;选择分子结构中具有较大空间位阻的脂肪族异氰酸酯与端羟基多元醇为主要原料合成聚氨酯预聚体,与含有苯环、烷烃等非极性基团的环氧树脂形成互穿网络的 IPN 体系,环氧基团的引入可以获得较高 T_g。

利用 PPG-2000 型聚氨酯预聚体中端异氰酸酯基活性很高的特点,使其与环氧树脂分子链中的羟基(—OH)反应,从而使端异氰酸酯基聚氨酯预聚体以化学键合的形式接枝到环氧树脂主体结构中,得到 PPG-2000 改性环氧树脂聚合物。

6.6.2　PU/EP IPN 的制备

将异氰酸酯加入反应器中,搅拌升温至 60 ℃,将预先抽真空至无泡的多元醇加入反应器中,搅拌 40 min,升温至(100±5)℃反应 3~5 h,取样测异氰酸酯基含量,当异氰酸酯基含量为 6.5%~7.5%时,降温至室温,过滤,得到聚氨酯预聚体。

将预先抽真空至无泡的环氧树脂加入上述步骤合成的聚氨酯预聚体中,60 ℃保温搅拌 40 min,然后升温至(120±5)℃反应 2~3 h,取样测异氰酸酯基含量,当异氰酸酯基含量为 4.5%~5.5%时,降温至室温,过滤,得 PU/EP IPN。制得为环氧树脂含量为 15%的互穿网络预聚体及固化样片如图 6-15 所示。

为了获得宽广阻尼平台的 IPN 材料,必须保证两个网络间有适度的相容性,当出现相对较宽和较高的阻尼峰,IPN 出现明显的微相分离,体系相容性好,环氧树脂含量 15%时,两个峰几乎连成一个宽的平台峰,表示硬段相组分已大量进入软段相,两组分间有相当程度的分子级混合,此时的分子间交联可以使两个网络达到很好的混容,因而聚氨酯相的 T_g 向高温移动并大幅度加宽,网络间的交联使得两个网络相容性增加,此时聚氨酯为连续相,起主导作用。当环氧树脂增加到 30%,40%时,体系相容性差,出现明显的宏观相分离,互穿效率低下,阻尼性能变差。由图 6-16 可知,以 PPG-2000/TDI/ E-51 互穿网络的 T_g 比 PPG/TDI 型高很多,高温对低频,此改性方法可以为获得低频、高阻尼、宽温域的材料提供一定的技术基础。

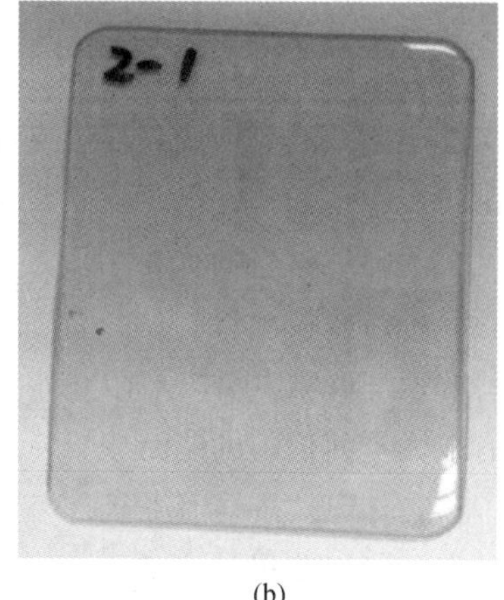

(a) (b)

图 6-15　聚氨酯环氧树脂互穿网络预聚体及固化后样片

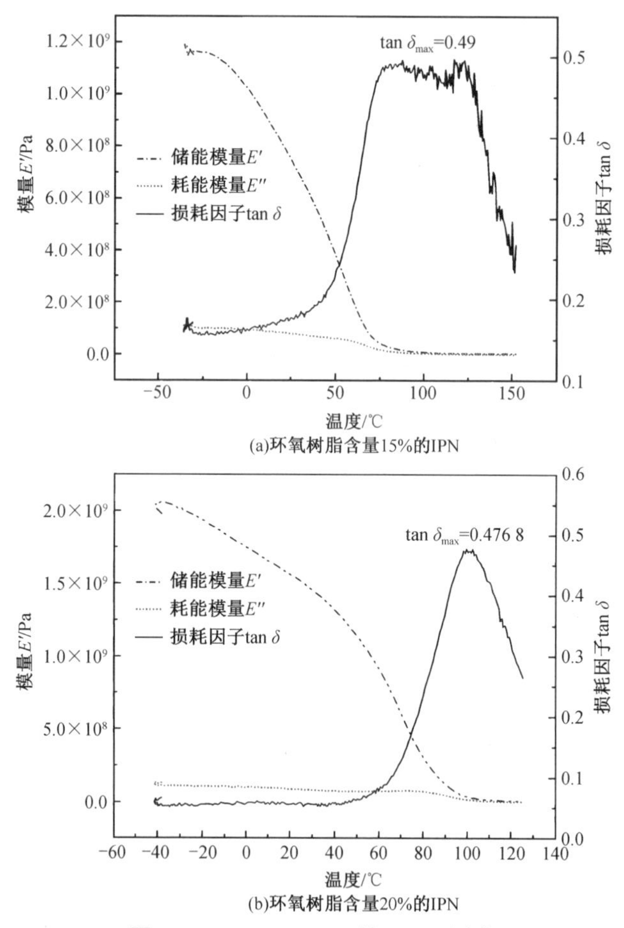

图 6-16　PU/EP IPN 的 DMA 测试

6.6.3 PU/EP IPN 的 SEM 图

PU/EP IPN 的 SEM 图如图 6-17 所示，SEM 照片显示了 PU-EP 微相分离结构，颜色较暗的分布在波谷部分是聚氨酯的软段，呈现连续相分布，而硬段则由于表面能较高，在图中为颜色较浅较亮的凸起部分，形成分散相，类似海岛结构。IPN 形态结构与两组分的相容性直接相关，如何控制 IPN 的形态结构，是合成设计阻尼材料需要考虑的重要因素之一。但是互穿程度过高也不是高性能阻尼材料所追求的，互穿程度越高，形成的 T_g 越接近一个单峰，会使得阻尼温域变窄，所以适度的互穿可以获得较宽的阻尼温域，如图 6-17(a)中，环氧树脂与聚氨酯大部分以化学键结合，两相间结合紧密，也有一小部分以共混的形式分散在连续相聚氨酯中，在图中表现为环氧树脂明显的裂缝，这种部分互穿网络的 T_g 可以获得介于两相间的玻璃化转变温度 T_g 之间，所以两相间的 T_g 相差越大越容易形成较宽的阻尼温域，本 IPN 体系中有 T_g 低于室温的聚氨酯和远高于室温的 IPN 网络，加宽了玻璃化转变温度范围，使其 T_g 在室温附近变化。

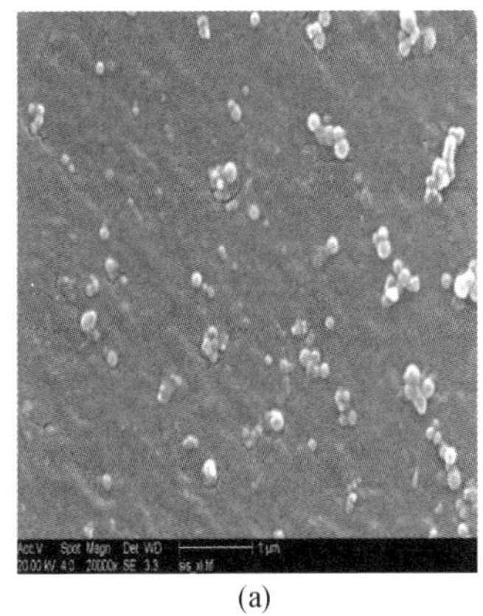

(a)

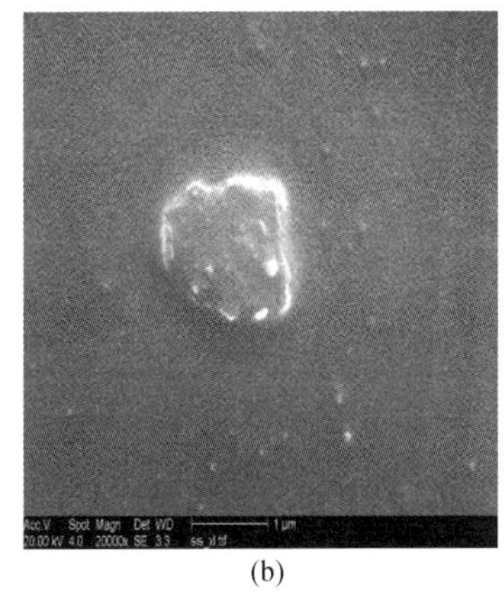

(b)

图 6-17　PU/EP IPN 的 SEM 图

尽管 IPN 体系的结构-性能关系尚未阐述清楚，但可以肯定的是，IPN 材料的热性能和力学性能相对于单组分聚合物和机械共混物均有所改善，特别是 IPN 材料的阻尼性能更优于单组分聚合物和机械共混物。

关于二元 IPN 网络组分配比优化的研究很多，增加第 1 网络中组分的相对用量，可以提高体系高温区域的阻尼性能；增加第 2 网络中软组分的相对用量，可以提高体系低温区域的阻尼性能。研究不同的 IPN 体系，都要首先确定网络组分的最佳配比,基本上无经验规律可循,只有经过大量的实验,才能最终确定最佳配比。

6.6.4 非等温 DSC 法研究互穿网络 PU/E 51/MOCA 体系固化反应动力学

采用升温速率为 5 ℃/min、8 ℃/min、11 ℃/min、14 ℃/min 非等温 DSC 法研究 PU/E-51/MOCA 体系固化反应动力学,通过 T-β 外推法,初步确定固化工艺,

固化反应非等温 DSC 如图 6-18 所示,由 DSC 图可以得到不同升温速率下固化反应特征峰温度包括起始反应温度 T_i,峰值反应温度 T_p,终了反应温度 T_f,具体参数见表 6-5。

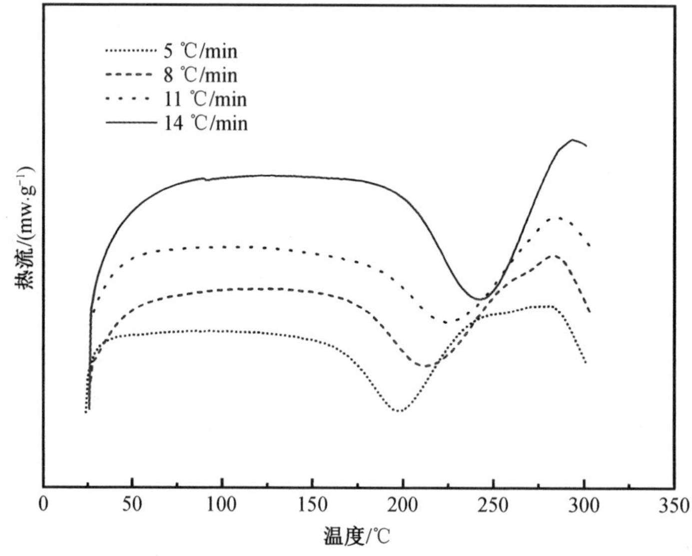

图 6-18 PU/EP/MOCA 固化体系 DSC 曲线

表 6-5 固化体系放热特征温度参数

升温速度 β /(℃ · min^{-1})	初始反应温度 /(℃ · min^{-1})	峰值反应温度 /(℃ · min^{-1})	终止反应温度 /(℃ · min^{-1})
5	127. 75	197. 75	265. 75
8	144. 54	213. 54	279. 54
11	154. 36	223. 36	282. 36
14	173. 69	242. 69	292. 70

通常树脂的固化是在恒定温度下进行的,因此结合表 6-5 不同升温速率下的固化特征峰温度,根据 T-β 外推法将四种不同升温速率下的固化放热峰的起始温度 T_i、峰值温度 T_p、终止温度 T_f 分别对升温速率 β 作图,并进行线性拟合,如图 6-19 所示。外推至 $\beta=0$,相对应的截距为 $T_i=103.33$ ℃、$T_p=173.53$ ℃、$T_f=253.59$ ℃,即分别为近似凝胶温度、固化温度和后处理温度,初步确定固化工艺为 100 ℃ 1 h,170 ℃ 2 h,250 ℃ 1 h。

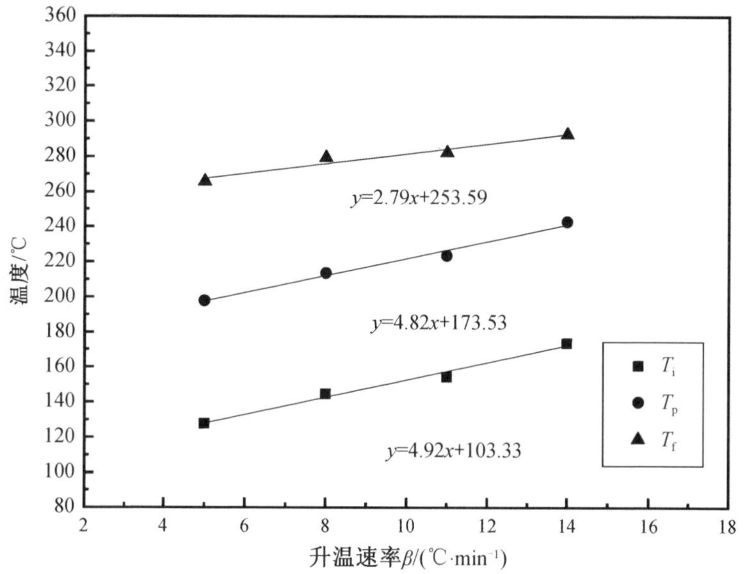

图 6-19　PU/EP/MOCA 固化放热特征峰的线性回归

6.7　玄武岩鳞片复合阻尼材料性能研究

玄武岩鳞片是具有一定粒径和厚度的薄片,经过物理或化学方法进行表面处理后可以与树脂进行复合,玄武岩属于火山喷出岩,是地球上存在和分布最广的天然矿物之一,玄武岩鳞片为灰绿色透明状,尺寸为 25 μm ~ 3 mm,厚度大约为 3 μm,玄武岩鳞片纤维与玻璃纤维、碳纤维相比,具有与树脂基体更强的黏合强度,强度方面与玻璃纤维复合材料不相上下,而弹性模量方面却具有很明显的优势,用其制成的阻尼复合板具有很高的弹性模量和强度(图 6-20)。

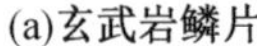

(a)玄武岩鳞片

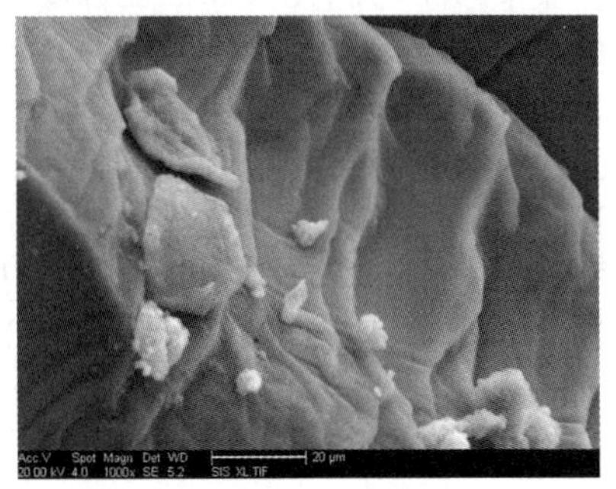

(b)玄武岩鳞片与IPN基体复合

图 6-20　玄武岩鳞片与 IPN 基体复合材料的扫描电镜照片

玄武岩鳞片与基体树脂之间产生一种特定的“错位”效应，片层之间的相对滑移更加容易，除了可以形成许多小空间降低收缩应力和膨胀系数又可以通过片层之间的相对滑移增加更多的能量耗散从而提高阻尼性能。

6.7.1　玄武岩鳞片复合阻尼材料的制备

将用硅烷偶联剂处理过的玄武岩鳞片加入聚氨酯材料中混合均匀，按计算量加入扩链剂，浇注入模具中，每层厚度控制在 1 mm，于 100 ℃中固化 3 h。

6.7.2　玄武岩鳞片复合阻尼材料性能研究

将试样制成 10 mm×10 mm×2 mm 的尺寸，利用动态黏弹谱仪进行测试，在 -80～160 ℃的范围内，升温速率设定为 3 ℃/min，选取频率为 1 Hz 对其做 tan δ-T 曲线分析。

由图 6-21 可知，玄武岩鳞片纤维的片层结构极大地提高了，tan δ 从 0.77 提高到 1.17，但是阻尼温域比未加玄武岩鳞片的基体树脂降低了 20 ℃。为了解决 tan δ 与阻尼温域之间的互相制约关系，我们引入质量弹簧模型，利用 PU/EP 宽温域和质量弹簧模型局域共振，期望获得一种宽温域、高阻尼的复合材料。

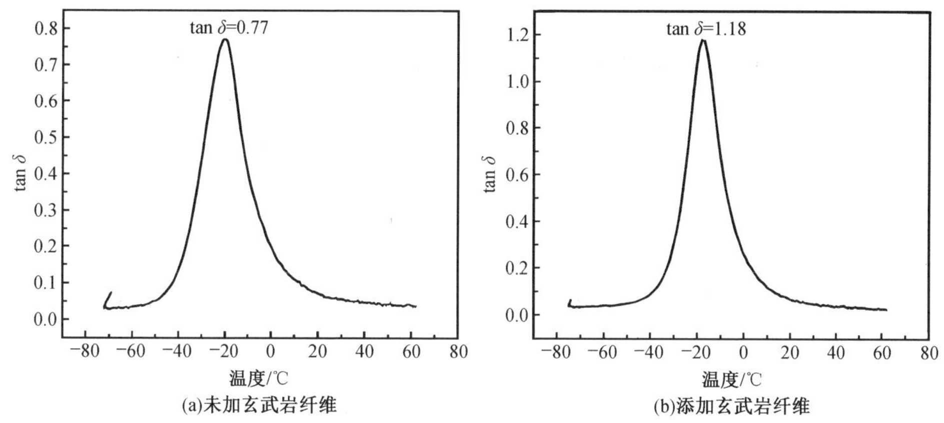

(a)未加玄武岩纤维　　(b)添加玄武岩纤维

图 6-21　复合阻尼材料 DMA 对比图

6.8　约束层制备与性能研究

通过选用特定的固化剂体系及配比对环氧树脂进行增韧,以克服环氧树脂材料的脆性的缺点,并对其阻尼相关的性能进行研究。进而选取具有特定的硬度和阻尼性能的环氧树脂 E-51 作为复合约束阻尼材料的约束层,做进一步的研究,具体反应式如图 6-22 所示。

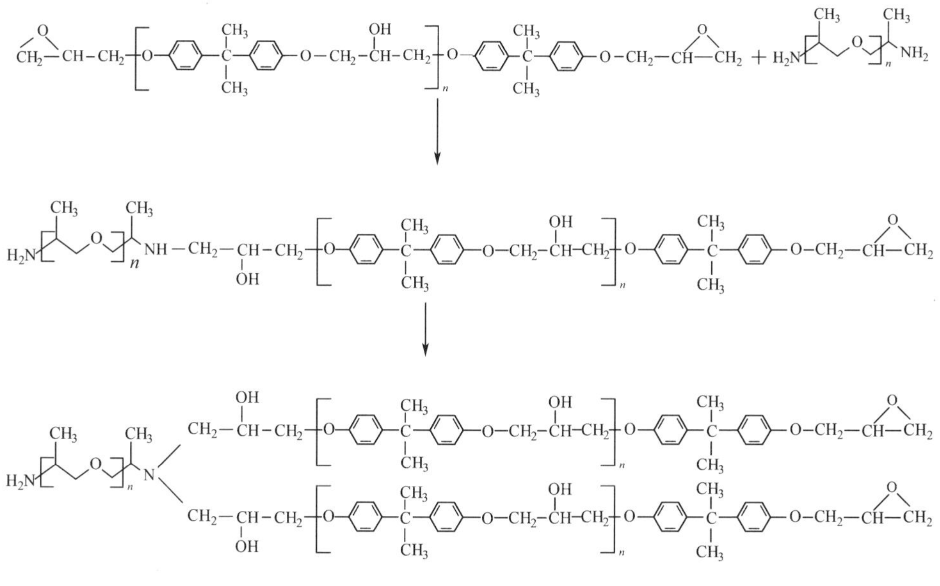

图 6-22　约束层 E-51 与 D230 化学反应式

6.8.1 约束层制备方法

约束层为约束阻尼复合材料提供强度及硬度，对复合阻尼材料起到了整体保护的作用。约束层一般具有高强度、高硬度、强韧性，同时还应该具有较好的阻尼性能，以制备出优异的复合阻尼材料。双酚 A 型环氧树脂是一类在分子结构中含有环氧基的聚合物，其种类很多，大部分是由双酚 A 和环氧氯丙烷进行缩聚的产物。环氧树脂由于分子中含有一定数量的醚键、羟基、苯环等结构，因而具有良好的电绝缘性、黏结性、加工性能，且固化产品的化学稳定性好，收缩率低、强度高，现已经广泛应用于电子电器绝缘材料、涂料、黏结剂、树脂基复合材料等方面。

本研究以环氧树脂 E-51 为约束层，研究玄武岩短切纤维对约束层性能的影响。通过选用特定的固化剂体系及配比对环氧树脂进行增韧，以克服环氧树脂材料的脆性的缺点，并对其阻尼相关的性能进行研究。进而选取具有特定的硬度和阻尼性能的环氧树脂 E-51 作为复合约束阻尼材料的约束层，做进一步的研究，具体制备方法如下。

(1) E-51 型环氧树脂真空脱泡，以 D230 固化剂按比例混合均匀分别加入不同添加量的改性后的玄武岩纤维再进行脱泡处理，浇注到模具中进行固化，为了弥补等温固化的不足，采用梯度升温的方式进行固化，固化条件 80 ℃ 2 h，120 ℃ 6 h，后固化 6 h。

(2) 玄武岩纤维改性：玄武岩纤维经过硅烷偶联剂处理后，会与纤维表面的羟基发生反应形成共价键，在纤维表面附着了有机基团，增强与树脂界面结合。

约束层制备工艺流程如图 6-23。

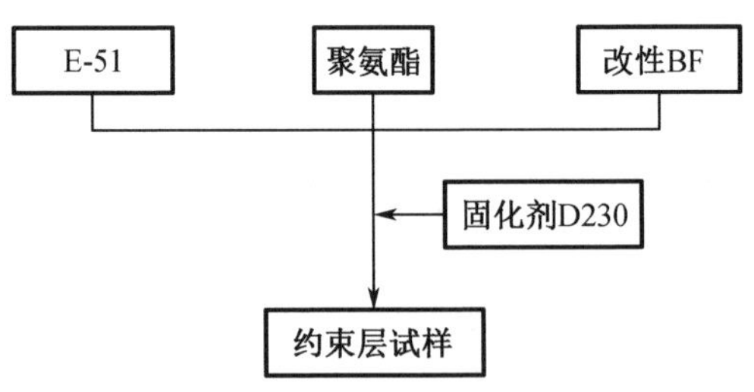

图 6-23 约束层制备工艺流程图

6.8.2　约束层的玄武岩纤维 SEM 图

采用扫描电子显微镜对玄武岩纤维进行分析，观察纤维表面的形貌特征，实验中所采用的放大倍数为 1 000 倍，如图 6-24 所示。

(a)未处理的玄武岩纤维

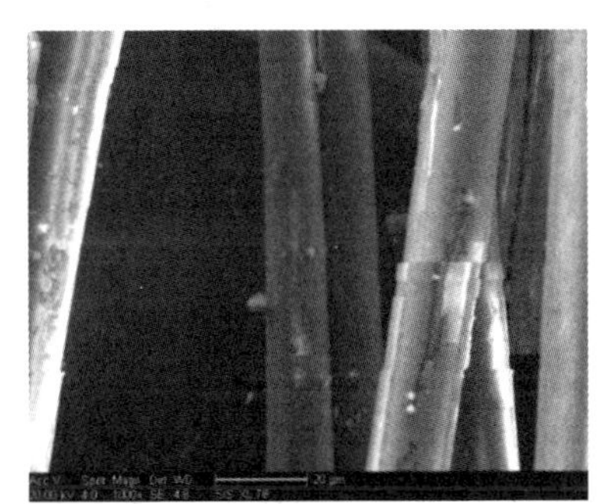

(b)表面处理的玄武岩纤维

图 6-24　玄武岩纤维 SEM 图

6.8.3　约束层静态力学性能

试样制备：E-51 型环氧树脂真空脱泡，以 D230 固化剂按比例混合均匀分别加入不同添加量的改性后的玄武岩纤维再进行脱泡处理，浇注到模具中进行固化，如图 6-25 所示。

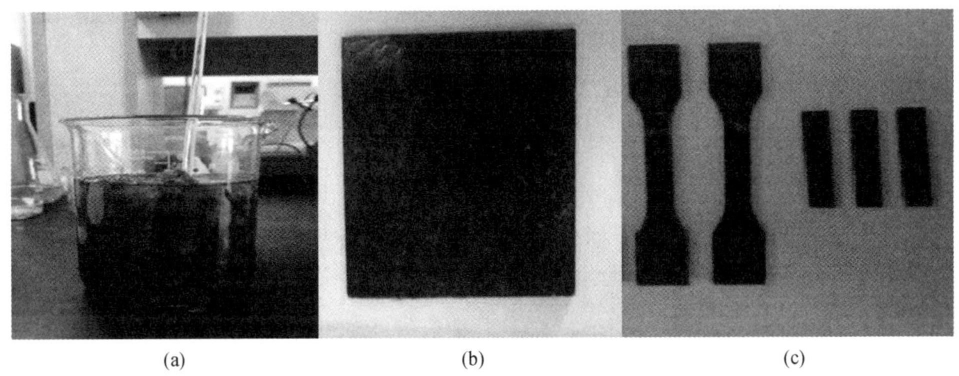

(a)　　(b)　　(c)

图 6-25　约束层试样制备

约束层静态力学性能如表 6-6 所示。

表 6-6　约束层静态力学性能

试样编号	1	2	3	4
冲击强度/(kJ/m^2)	10.3	18.6	19.2	12.0
硬度/(邵 A)	93	96	98	99

6.9　约束阻尼复合材料的制备及性能研究

首先根据不同单层材料的研究结果,制备并选用不同阻尼温域分布的阻尼层材料及模量比较高的约束层材料,其后将不同阻尼层材料与约束层材料进行复合,从而制备出不同系列的复合阻尼材料,最终,通过对复合约束阻尼材料进行动态力学性能测试与分析,探讨影响复合约束阻尼材料阻尼性能的因素。

6.9.1　约束阻尼复合材料的制备

1. 约束层的制备

按照 6.8.1 节所示的方法制备约束阻尼复合材料的约束层。

2. 阻尼层的制备

按照 5.3.2 节的方法处理铜丝网,按照 6.6.2 节中的方法制备 PU/EP IPN 弹性体材料。

3. 复合约束阻尼材料的制备

以聚四氟乙烯模具,分别浇注出环氧树脂约束层和带有铜丝网络的聚氨酯阻尼层,将两层进行粘接,制得的样品于室温放置一周后进行测试。

6.9.2　约束阻尼复合材料的 DMA 温度谱

在阻尼复合材料中引入质量弹簧模型,把聚氨酯弹性体看成弹簧,具有质量的铜丝网络作为振子,形成局域共振,在黏弹性耗能的同时,外部的振动与内部的质量块发生谐振,使振动逐渐衰减,因此,从阻尼复合材料的整体结构上看,和内部的质量块的局域共振与外部的黏弹性耗能协同作用可提高阻尼复合材料的阻尼性能。

在 1 Hz 下,约束阻尼复合材料的 $\tan\delta$ 随温度变化的曲线,如图 6-26 所示,

18 ℃对应为材料的 T_g,此时 tan δ 最大,tan δ_{max} 达到 1.64,说明约束阻尼结构可以获得很高的阻尼性能,但随着温度的升高材料的 tan δ 先升高再降低,有效温域(tan δ>0.3)达 40 ℃以上。最大储能模量 8.0×10^9 Pa,最大耗能模量 7.0×10^8 Pa。总体来说,约束型阻尼复合材料无论是加入铜丝网还是未加铜丝网均具备宽温域、高阻尼性能,是一种良好的阻尼减振材料。

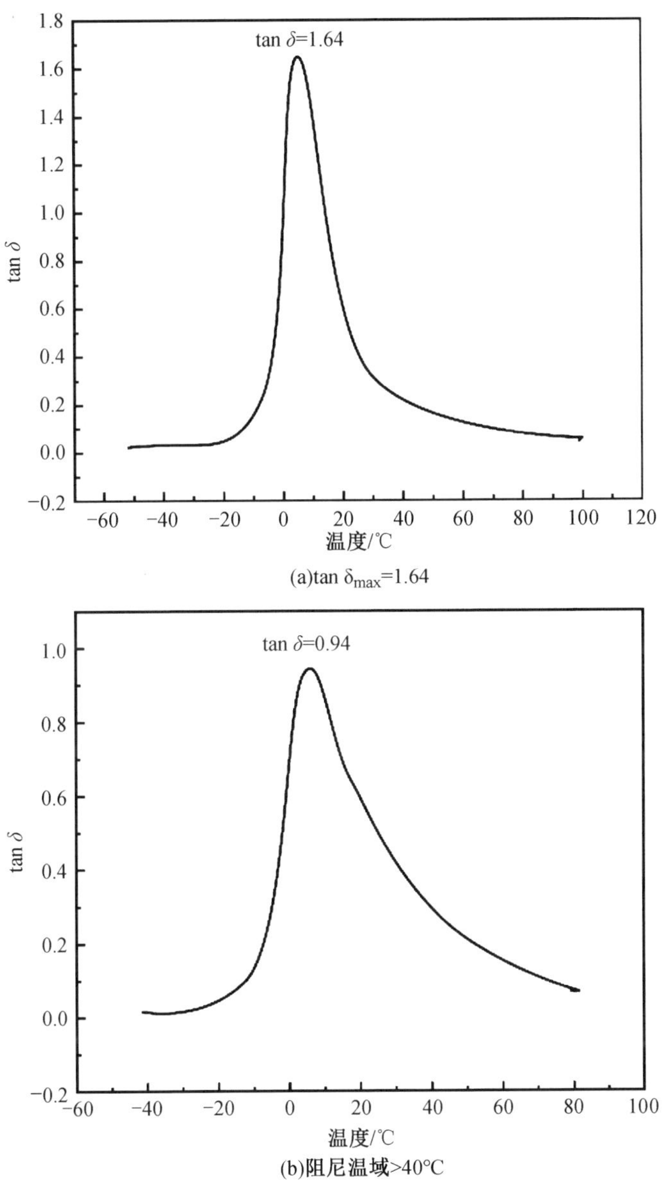

(a)tan δ_{max}=1.64

(b)阻尼温域>40℃

图 6-26　约束阻尼复合材料 DMA 测试图

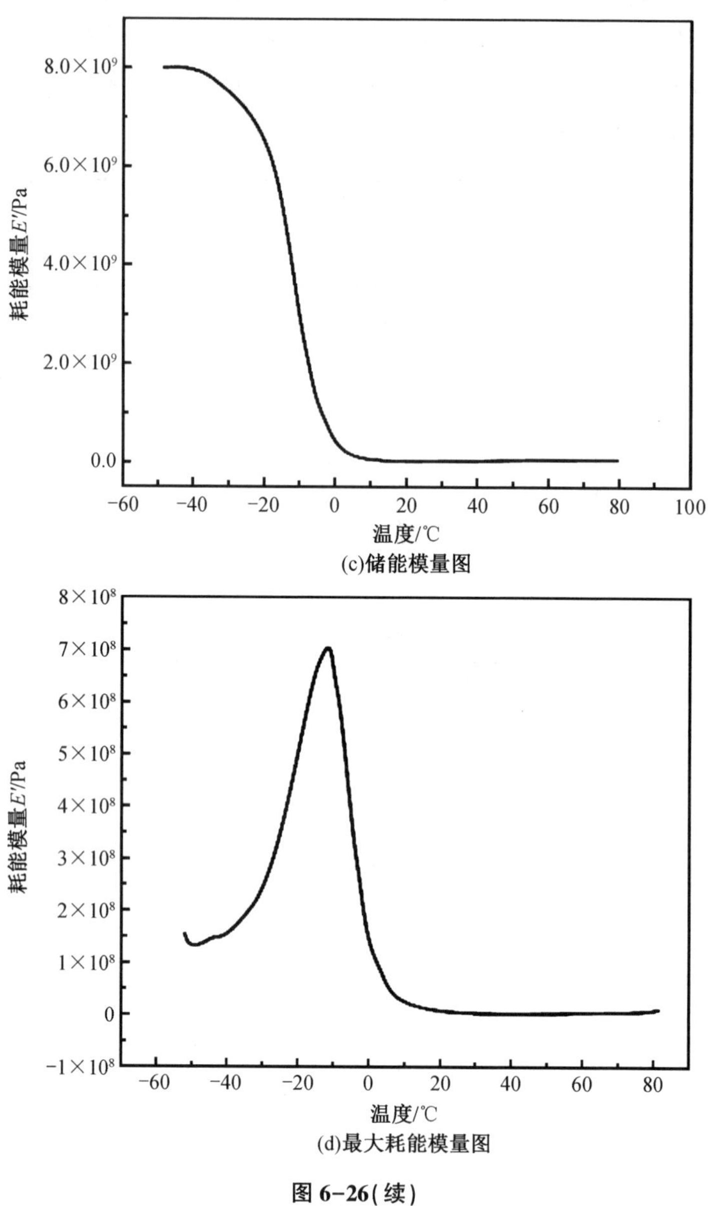

(c)储能模量图

(d)最大耗能模量图

图 6-26(续)

6.9.3　约束阻尼复合材料的频率谱

采用 DMA 悬臂梁压缩模式，扫描频率为 1 Hz、10 Hz、100 Hz。加入铜丝网的约束阻尼复合材料的 tan δ 随频率变化的曲线如图 6-27 所示，由图可知，复合材料 tan δ 随频率的增加呈升高趋势。材料在 1 Hz、10 Hz、100 Hz 下：阻尼损耗因子 tan δ>0.5 时，阻尼温域为-10~30 ℃，ΔT>40 ℃，并且 100 Hz 下，损耗因子最大为 1.13，阻尼温域最宽，在高温区温度为 39.8 ℃（tan δ=0.5）。这说明约束阻尼复合材料在低频处具有良好的阻尼性能，这是由于铜丝网的引入，起到了金属支架的作用，起到了局域共振的作用，不仅使得阻尼层模量增加，还很大地拓宽了有效阻尼温域。

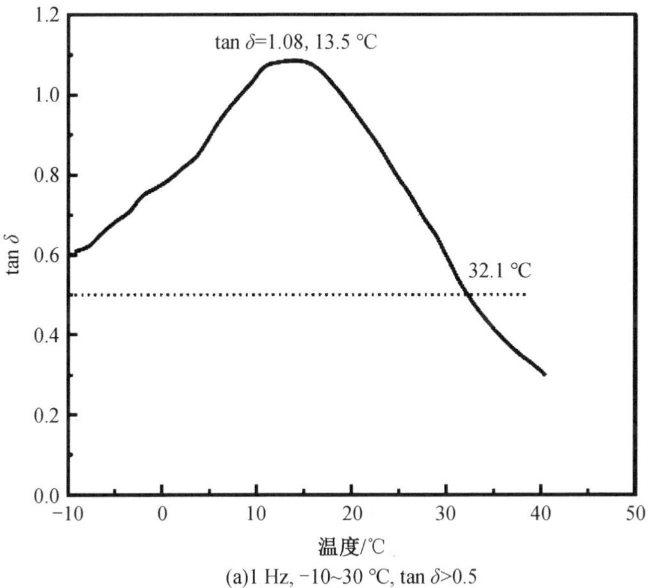

(a)1 Hz, −10~30 ℃, tan δ>0.5

图 6-27　约束阻尼复合材料 tan δ 随频率的变化

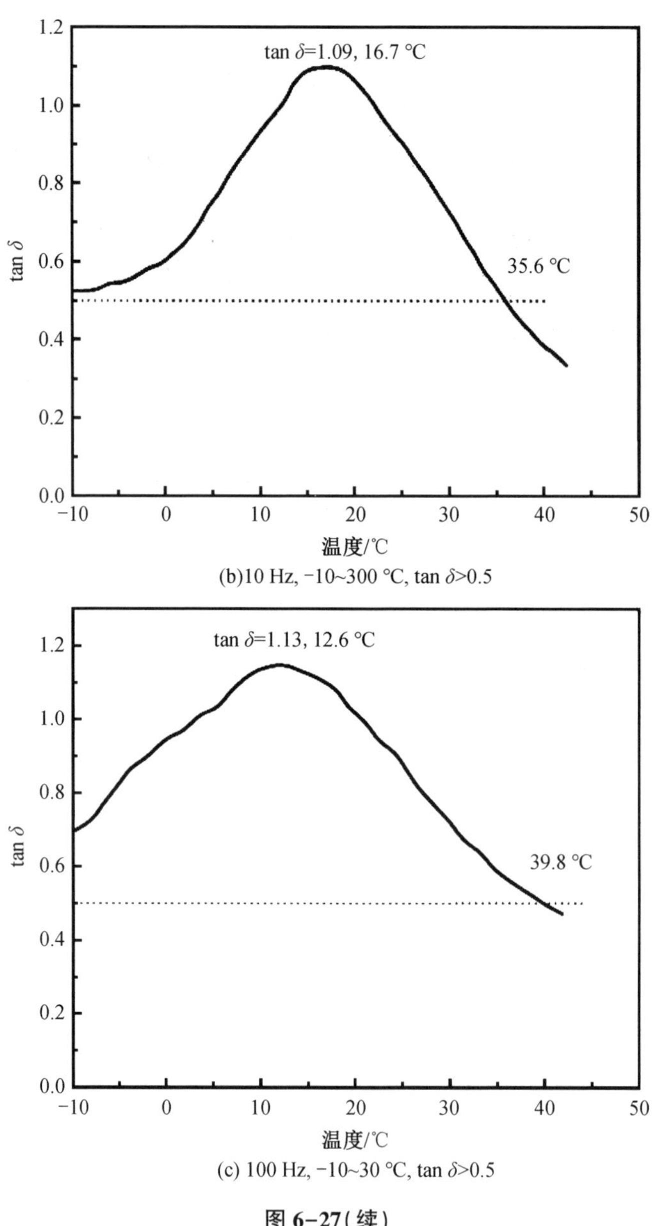

(b)10 Hz, −10~300 ℃, tan δ>0.5

(c) 100 Hz, −10~30 ℃, tan δ>0.5

图 6-27(续)

6.10　本章小结

本章主要对聚氨酯阻尼层基体材料进行了改性研究,研究内容主要包括聚氨酯-环氧树脂互穿网络、玄武岩鳞片、铜丝网对聚氨酯基体材料的影响;加入编织好的铜丝网络,通过局域共振理论,探索其对聚氨酯弹性体阻尼性能的影响。通过分子结构设计及固化工艺的控制,制备了不同种类的阻尼层材料,通过 SEM、DSC、DMA、万能电子拉力机等对材料的性能进行了测试,得出以下结论。

(1)阻尼层采用聚氨酯-环氧树脂互穿网络,利用 PU-EP 部分互穿形成的微相分离可以获得较宽温域的阻尼材料。

(2)玄武岩鳞片对复合材料性能的影响:在聚氨酯-环氧树脂互穿网络中加入玄武岩鳞片,利用无机填料片层间的相对滑移耗散更多的能量,对阻尼损耗因子有一定的贡献,但是阻尼温域却减小,说明鳞片的加入要配合其他改性方法才能获得高阻尼、宽温域的高性能阻尼材料。

(3)铜丝网/阻尼复合材料,加入铜丝网后材料的阻尼温域从 30 ℃拓宽到>50 ℃,T_g 也明显向高温方向移动,说明局域共振理论对复合材料的阻尼性能起到了作用,因此采用铜丝网络复合材料作为阻尼层材料。

(4)复合材料约束层,以环氧树脂 E-51 为基体,以玄武岩短切纤维作为功能改性剂,采用 D230 为固化剂,随着玄武岩短切纤维的加入提高约束阻尼复合材料的储能模量,阻尼性能较好,以此作为约束型复合材料的约束层。

(5)约束阻尼复合材料由刚性较大的环氧树脂约束层及柔性的聚氨酯阻尼层复合而成,本研究以约束层、阻尼层复合铜丝网制备成约束阻尼复合材料。结果表明,约束阻尼复合材料的损耗因子无论是随温度的变化还是频率的变化都能达到-10~30 ℃温域内损耗因子>0.5,且阻尼温域较宽,低频处性能良好。因此,引入局域共振理论的约束阻尼复合材料可以作为阻尼减振材料使用。

第7章 聚氨酯空心球复合材料的制备与性能研究

聚氨酯空心球复合材料作为一种新型材料,具备许多独特优势。首先,聚氨酯材料本身具有良好的弹性和耐磨性,它的特殊结构使其能够耗散大量的能量,空心球内部充满了气体,使其能够在受力时产生弹性变形,并通过分子摩擦和气体的压缩来吸收和耗散能量。其次,聚氨酯空心球复合材料具有出色的耐久性和抗腐蚀能力,这一特点使其能够长期稳定地发挥阻尼效果,不易受外界环境的影响而损坏。与传统的阻尼材料相比,聚氨酯空心球复合材料具有更长的使用寿命和更好的性能稳定性,这使得它在工程领域中具备了更高的应用价值。聚氨酯空心球复合材料作为一种具有潜在优势的材料为结构振动控制提供了新的可能性。

7.1 空心玻璃微珠复合阻尼隔声材料

空心玻璃微球(HGM)是一种透明的、微米级的无机非金属材料,其结构特点为中空的密闭球体,主要由碱石灰硼硅酸盐组成。这些微球的粒径范围通常为20~250 μm,而壁厚则仅为几微米,拥有一个坚硬的外部球壳,内部则填充有空气、二氧化碳或稀薄的氮气等气体。

HGM因其独特的性质而备受瞩目,包括低密度、极低的吸水率、出色的导热性控制以及卓越的隔音能力。当与聚合物结合形成复合材料时,HGM能够显著降低材料的质量和膨胀系数,同时赋予材料优异的热隔绝和声隔绝性能。

与其他填充材料相比,HGM展现出了一系列显著的优势。其中空结构赋予其轻质特性,同时保证了良好的流动性。此外,HGM还具有高电绝缘强度、出色的耐磨性和耐腐蚀性,能够有效防止辐射,并具有低吸水率和稳定的化学性能。这些特点使得HGM成为一种成本效益高的填充剂选择。更重要的是,HGM的粒径分布广泛,不同大小的颗粒可以相互补充,从而更有效地填充空隙。

因此,作为一种多功能填充剂,HGM在橡胶、塑料、涂料、玻璃钢、乳化炸药、石油钻探、航空航天、深海管道保温以及储氨等多个领域得到了广泛应用。它不仅是一种重要的新型节能材料,还因其轻质和清洁的特性而具有非常广阔的应用前景。

7.1.1　HGM 复合阻尼材料的制备

1. HGM 偶联剂改性

HGM 是由内部惰性气体和外部硬质玻璃组成,呈球状体结构,可有效提高聚氨酯材料的机械和声学性能,本书采用的 HGM 的 SEM 照片如图 7-1 所示,可以看出,其粒径为 10~40 μm。

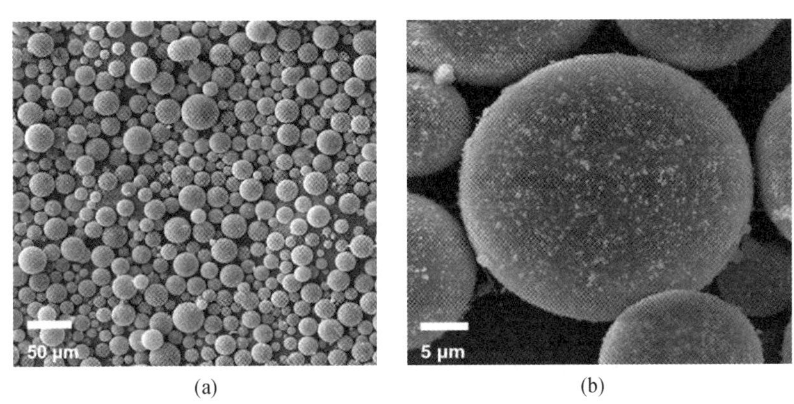

图 7-1　空心玻璃微珠 SEM 照片

由于 HGM 表面含有羟基,导致与聚氨酯相容性较差,可能会削弱 HGM 增强聚氨酯的性能。为了增强 HGM 与聚氨酯材料的界面结合力,提高聚氨酯材料性能,采用 KH550 硅烷偶联剂对 HGM 进行表面改性处理,将其表面由羟基修饰为氨基,实现对 HGM 表面改性的目的。KH550 硅烷偶联剂改性 HGM 表面的原理是:在溶液中,KH550 水解,分子链一端生成硅醇键;硅醇键与 HGM 表面的羟基脱水缩合,HGM 表面改性为氨基。

2. HGM 的制备过程

由于 HGM 的粒径为微米级,团聚现象比较弱,因此本项目采用机械搅拌和三辊研磨的方式对其进行分散,工艺步骤如下。

(1)将聚氨酯预聚体和模具于 80 ℃烘箱中充分预热,将表面处理后的空心玻璃微珠称量后加入已预热的聚氨酯预聚体中,搅拌并三辊机辊压三遍,加入固化剂,真空脱泡后浇注到已预热的模具中,并放入 80 ℃烘箱中固化 16 h。

(2)固化完成后脱模,放置 7 d 后进行性能测试。

7.1.2 HGM 复合阻尼材料力学性能研究

研究表明,当 HGM 为 5 phr① 时,在制备上会出现两个问题:一是加入大量的 HGM 后,基体黏度迅速增大,导致分散效果不佳;二是混合液体固化速度过快,内部气泡未脱出之前即发生固化,致使试样缺陷较多。为了研究空心玻璃微珠对聚氨酯机械性能和声学性能的影响,本节将以 HGM 质量份数为变量,质量份数分别为 0、0.5、1、2、3(phr) 制备一系列 HGM 增强聚氨酯的试样。从图 7-2 中可以看出,未添加 HGM 的聚氨酯弹性体呈透明状态,当 HGM 加入后,试样的外观逐渐变白,且随着含量的增加,白色程度逐渐增大。

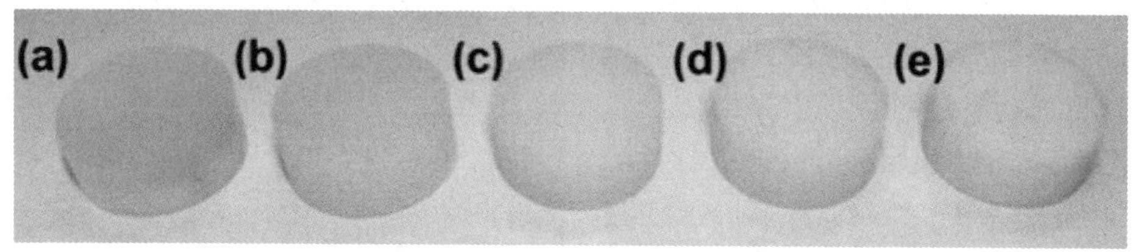

图 7-2 空心玻璃微珠增强聚氨酯复合材料

为探究 HGM 含量对聚氨酯机械性能的影响,本节对 HGM 增强聚氨酯的拉伸性能进行研究。不同 HGM 含量聚氨酯复合材料的拉伸强度如图 7-3 所示,从图中可以看出,拉伸强度随着 HGM 的增加先增加后减小,拉伸强度在 HGM 含量为 0.5 phr 时达到最大值 2.3 MPa,较未增强试样提高了 9%,断裂伸长率为 400%。

7.1.3 HGM 复合阻尼材料吸声性能研究

HGM 类似气泡,可以使声波发生折射与散射,发生波形转换,使纵波转换为剪切波,后者的波形会更加容易地被吸收到黏弹性材料中,为探究 HGM 含量对声学性能的影响,本研究测试了不同 HGM 含量增强聚氨酯的吸声系数,如图 7-4 所示。

从图 7-4 中可以看出,用量为 0.5 phr 和 3 phr 时,复合材料在低频处 2~10 kHz 吸声系数较未增强的试样有所提高,当用量为 1 phr 和 2 phr 时,吸声系数较未增强试样下降明显,平均吸声系数不足 0.1。综上研究表明,单层的复合材料不能获得较高的吸声性能,因此,我们下面将采用多层复合结构开展研究。

① phr 是 part per hundreds of rubber(or resin)的缩写,表示对每 100 份(以质量计)橡胶(或树脂)添加的份数。

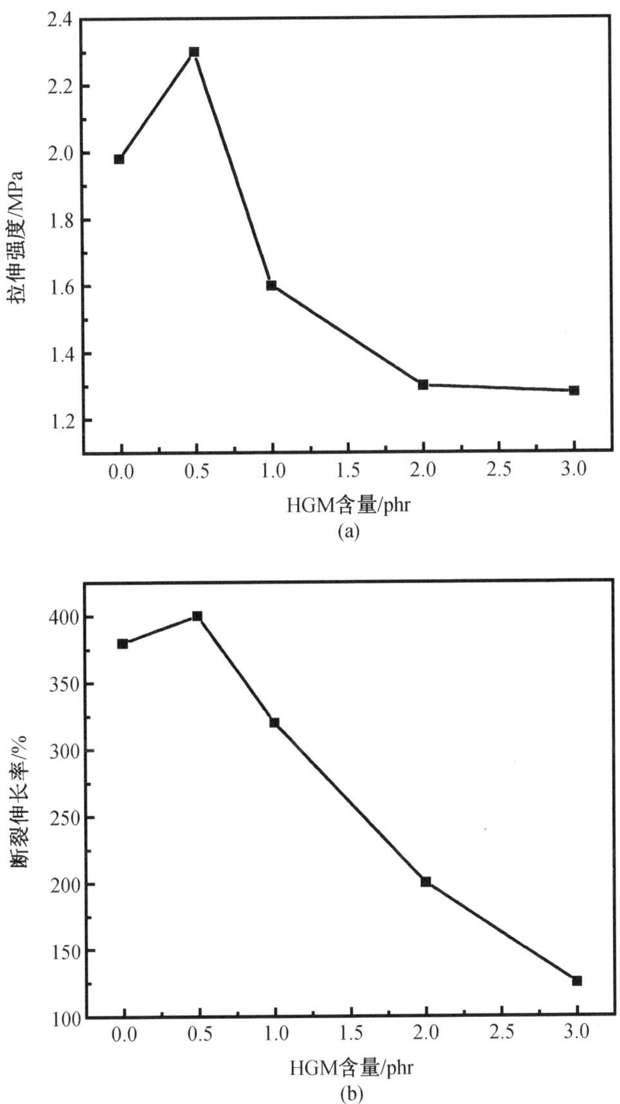

(a)

(b)

图 7-3　空心玻璃微珠增强聚氨酯复合材料拉伸强度

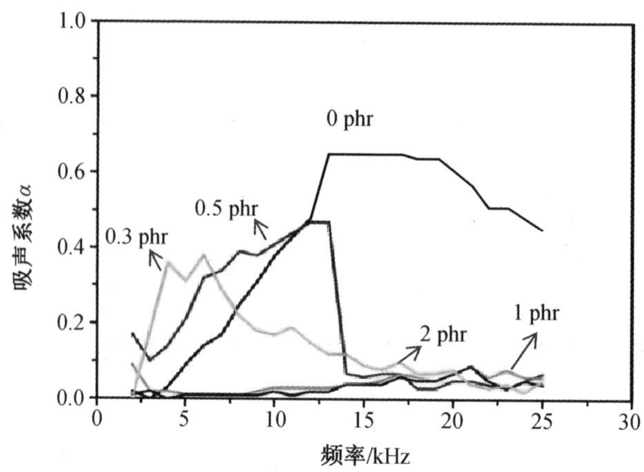

图 7-4　空心玻璃微珠增强聚氨酯复合材料吸声系数

多层复合结构隔声材料,两层均为聚氨酯材料,透声层为聚氨酯透声弹性体材料,位于复合结构的表层,吸声层为聚氨酯基体与空心玻璃微珠和石墨烯的复合吸声材料,层数和厚度可调控(可自由组合),对低频和中高频的噪声均具有较好的隔声效果,且整体结构质量轻、易加工。

7.1.4　HGM 复合阻尼材料隔声性能研究

表层透声层材料为聚氨酯透声材料,声阻抗与水相匹配,可以提高声波的透过性能,减少声波在材料表面的反射;基层吸声层材料由聚氨酯与空心玻璃微珠复合材料制成,其中聚氨酯透声层的厚度为 2 mm,聚氨酯吸声层的厚度为 6 mm,示意图如图 7-5 所示。

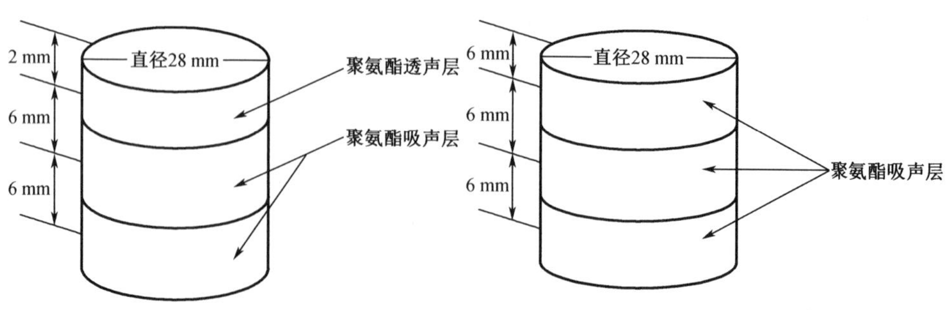

图 7-5　多层复合结构示意图

由图 7-6 可知,多层复合结构中,三层均为吸声层(厚度为 18 mm)的隔声量为 20 dB,加透声层(厚度为 14 mm)的隔声量为 24 dB,满足了以较小的厚度获得较大隔声量的初衷。

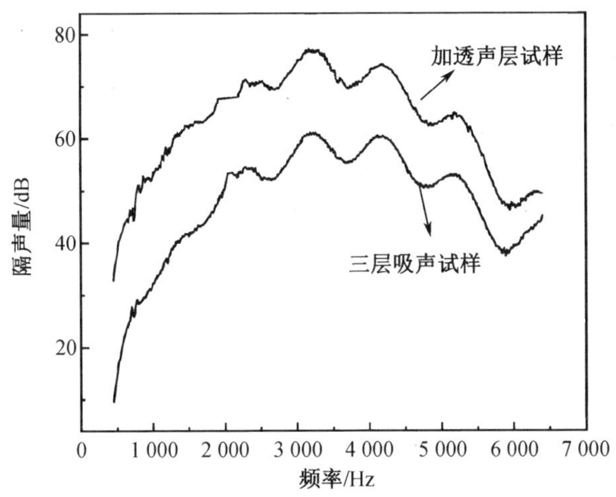

图 7-6　多层复合结构隔声性能

目前,只能在海洋环境中直接测量水下噪声,实验成本高,周期长,测量结果受海底和海面多种干涉等影响,故本研究设计了一种混响水箱进行螺旋桨模拟水下噪声的测量。

7.1.5　混响水箱的设计模拟水下噪声的测量

如图 7-7 所示,混响箱体前后两端内壁表面均开设有滑槽,两个滑槽内部均设有螺纹杆,螺纹杆外壁螺纹连接有滑块。混响水箱使用水泵抽吸第二箱体内部的水,水经过混响箱体和连通管输送到第二箱体内,使水形成循环,然后摇动两个螺纹杆旋转,驱动两个滑块带动螺旋桨组件移到混响箱体内,可以任意调节螺旋桨组件的位置,使用起来更加方便,启动螺旋桨组件旋转,同时使用水听器检测螺旋桨组件旋转产生的噪声,然后将检测的噪声数据发送给采集器。

该混响水箱包括混响箱体和第二箱体。第二箱体设在混响箱体一侧,且混响箱体和第二箱体之间通过连通管相连通,混响箱体前后两端内壁表面均开设有滑槽,两个滑槽内部均设有螺纹杆,螺纹杆外壁螺纹连接有滑块,两个滑块之间设有螺旋桨组件,混响箱体内腔固定设有水听器,水听器设在螺旋桨组件下方。

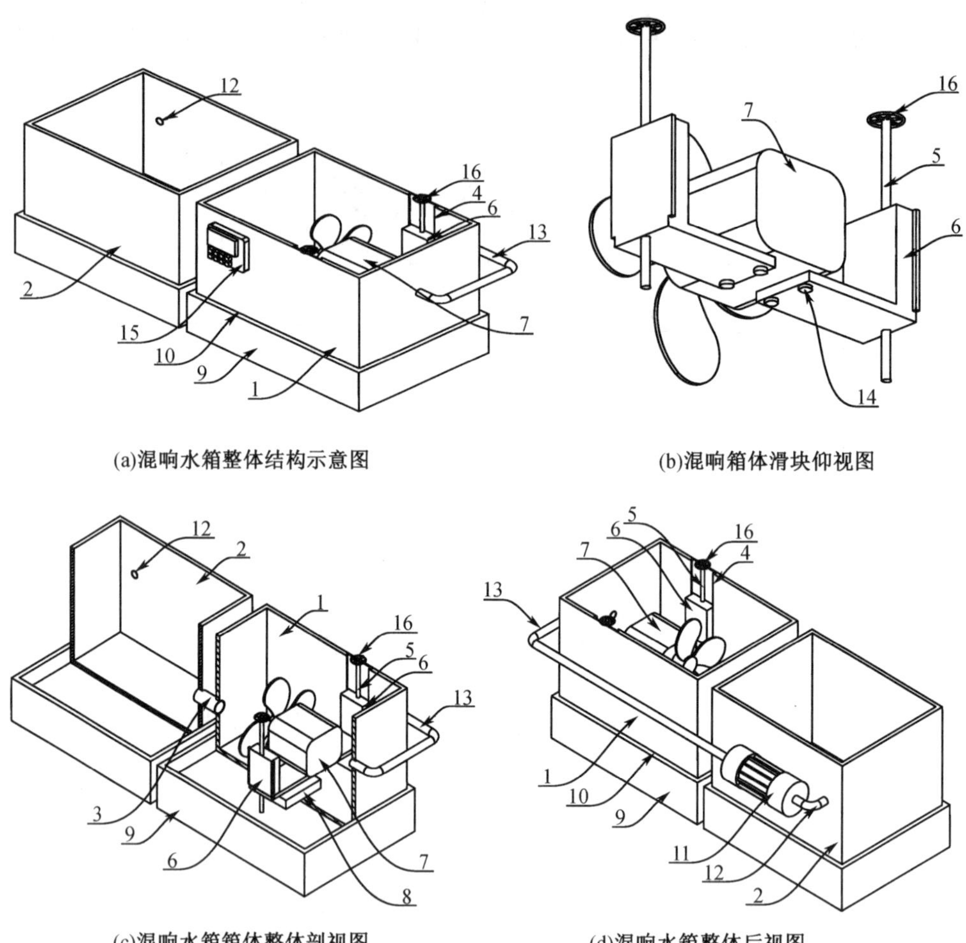

(a)混响水箱整体结构示意图

(b)混响箱体滑块仰视图

(c)混响水箱箱体整体剖视图

(d)混响水箱整体后视图

1—混响箱体;2—第二箱体;3—连通管;4—滑槽;5—螺纹杆;6—滑块;
7—螺旋桨组件;8—水听器;9—底座;10—凹槽;11—水泵;12—进水管;
13—出水管;14—螺栓;15—控制器;16—把手。

图 7-7　混响水箱示意图

混响水箱测试示意图如图 7-8 所示。

混响水箱噪声测量参数如表 7-1 所示。

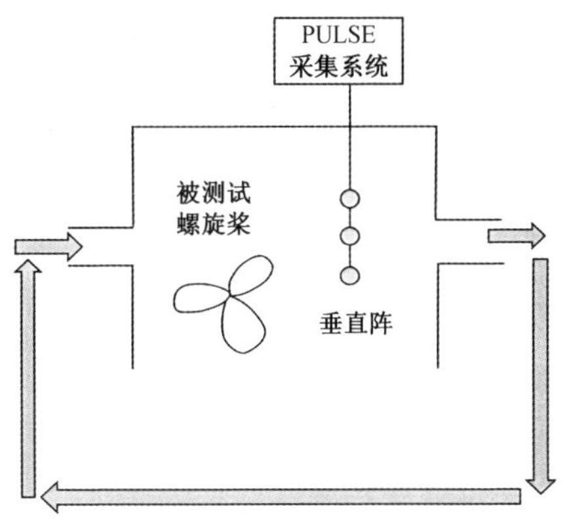

图 7-8 混响水箱测试示意图

表 7-1 混响水箱噪声测量参数 单位:dB

测量工况	复合结构	垂直阵	水平阵
推进器挡位 1	背景噪声	80.8	80.8
	吸声一层	78.5	77.4
	吸声两层	75.3	75.5
	吸声三层	70.0	71.2
	透声一层加吸声两层	65.0	66.1
推进器挡位 2	背景噪声	82.4	82.4
	吸声一层	74.3	75.2
	吸声两层	71.6	70.8
	吸声三层	67.8	68.1
	透声一层加吸声两层	67.2	68.0
推进器挡位 3	背景噪声	83.9	83.9
	吸声一层	78.8	77.3
	吸声两层	73.5	74.5
	吸声三层	68.3	69.0
	透声一层加吸声两层	66.2	65.4

表 7-1(续)

测量工况	复合结构	垂直阵	水平阵
推进器挡位 4	背景噪声	83.7	83.7
	吸声一层	77.2	77.3
	吸声两层	75.3	74.4
	吸声三层	70.0	68.4
	透声一层加吸声两层	68.1	66.0
推进器挡位 5	背景噪声	85.9	85.9
	吸声一层	80.3	81.2
	吸声两层	75.4	76.3
	吸声三层	70.1	71.1
	透声一层加吸声两层	68.3	68.0

经过测量,除个别工况螺旋桨噪声降低小于 15 dB,其余工况噪声降低量均大于 15 dB,与驻波管小样测试结果相比有所降低,经分析是由于声管中声波可以全部入射到试样表面,而混响水箱中,由于声波散射使得不能所有声波都被材料吸收。用吸声的方法来降低噪声,在噪声控制过程中极为普遍。当声波入射到材料表面时,首先有一部分声波在材料表面上反射,剩下一部分声波透入材料内部,达到材料的另一侧,透入材料内部的声波,由于其具有黏滞性和热传导效应而被消耗掉,使得材料具有吸声效果。聚氨酯的物理性能是通过分子运动呈现出来的,通过对聚氨酯的链段结构、聚集结构的分析可进一步了解聚氨酯分子的运动规律,从而解开聚氨酯材料与复合结构对水声吸声性能的影响规律。在梯度聚氨酯中既有纵波传播又有横波传播,横波引起较大的剪切变形,使入射波能量被大量消耗掉,从而达到较好的吸声效果,但是在低频段,发生波形转化时可能会破坏材料表面阻抗匹配特性而使吸声性能下降。

7.2　聚氨酯/金属空心球复合材料的阻尼隔声性能

近年来,随着结构工程和振动控制领域的不断发展,对新型材料在提高结构性能和抗振能力方面的需求逐渐增大。聚氨酯复合金属空心球作为一种具有潜在优势的材料引起了研究人员的广泛关注。其独特的结构和材料组合使其具备良好的弹性和阻尼性能,为结构振动控制提供了新的可能性。

本节以聚氨酯树脂与 316L 不锈钢空心球(316L HS)通过浇注法制备了新型聚氨酯/金属空心球复合材料。316L HS 采用 KH550 偶联剂进行表面处理,以增加与聚合物的界面结合力。制备了纯聚氨酯试样与 PU/316L HS 复合试样,进行动态力学测试以及热分解性能测试。本研究旨在探究聚氨酯/金属空心球复合材料作为一种新型结构材料在阻尼性能方面的潜在应用。通过对其材料特性、制备工艺、阻尼性能和热分解性能的综合分析,总结了该材料在阻尼性能和热性能方面的优势和挑战,并探讨了未来研究的方向和发展趋势,在结构工程和振动控制领域的应用提供理论依据。

7.2.1　性能测试与表征

1. 纯组分聚氨酯 P6 DMA 测试

单悬臂夹具, 升温速率 5 ℃/min, −25~150 ℃, 振幅 6 μm。

2. 聚氨酯 P6/金属空心球 DMA 测试

三点弯曲夹具, 升温速率 5 ℃/min, −25~150 ℃, 振幅 6 μm。

3. 热失重测试

德国耐驰 TG209F3 型热失重测试仪,氮气气氛下,从室温以升温速率 10 ℃/min 加热到 700 ℃。

7.2.2　试验过程

1. 纯组分聚氨酯 DMA 试样

按一定比例将多元醇和异氰酸酯及催化剂、扩链剂充分混合,进行抽真空除去气泡,然后倒入 DMA 试样模具中,在真空烘箱 80 ℃固化 4 h。

2. 聚氨酯 P6/金属空心球 DMA 试样

首先用 KH550 硅烷偶联剂对不锈钢空心球(316L HS)表面进行改性处理,最后将改性 316L HS、多元醇和异氰酸酯及催化剂、扩链剂充分混合,进行抽真空除去气泡,然后倒入 DMA 试样模具中,在真空烘箱 80 ℃固化 4 h。工艺示意图如图 7-9 所示。

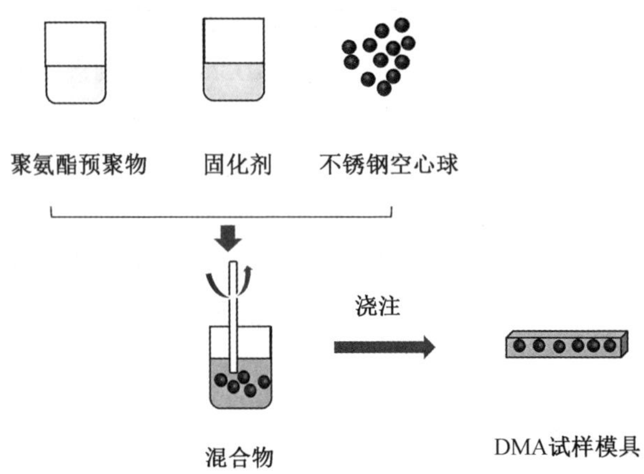

图 7-9　聚氨酯 P6/金属空心球试样工艺示意图

7.2.3　硅烷偶联剂 KH550 分子改性机理

首先将硅烷偶联剂 KH550、水、无水乙醇按照一定配比混合,在 50 ℃下进行水解 1 h,形成硅烷醇。然后将 316L HS 添加到水解的硅烷醇溶液中,在 70 ℃下反应 2 h,最后真空烘箱烘干燥得到表面改性的 316L HS。

KH550 分子中含有硅烷和氨基两种官能团,硅烷水解后可以与 316L HS 表面的羟基(—OH)反应生成化学键,将氨基接枝到 316L HS 表面。这些氨基官能团可以与聚氨酯树脂中的异氰酸酯官能团发生反应,从而实现 316L HS 与聚氨酯基体之间的有效结合。316L HS 硅烷偶联剂改性机理见图 7-10。

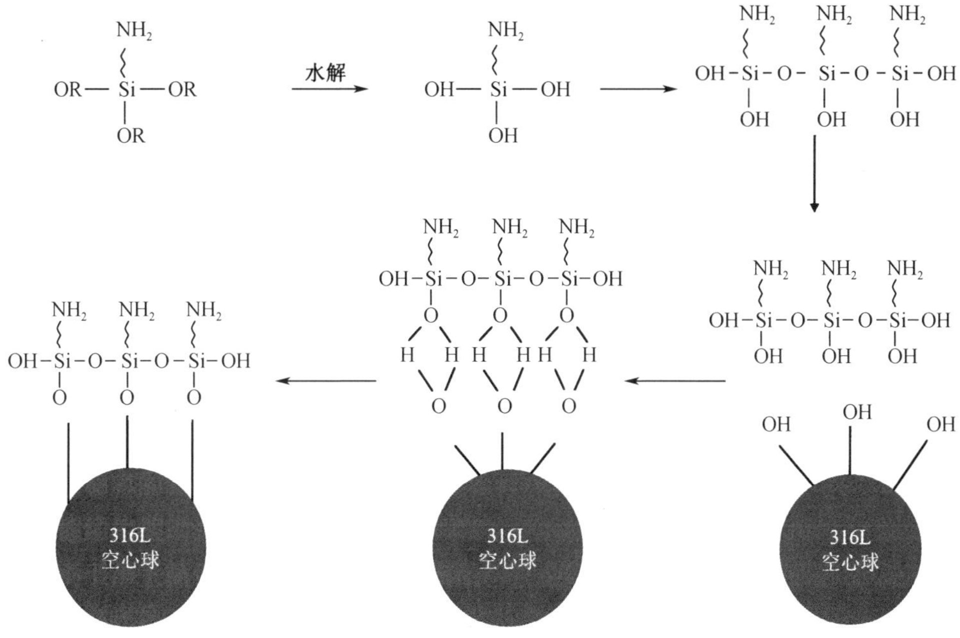

图 7-10　316L HS 硅烷偶联剂改性机理

7.2.4　聚氨酯 P6 与聚氨酯 P6/316L HS DMA 测试分析

从聚氨酯 P6 与 P6/316L DMA 测试(图 7-11)可以看出,在-20~140 ℃区间,纯组分聚氨酯 P6 与单层 316L 储能模量变化分为 3 个阶段,聚氨酯 P6/316L HS 在初始储能模量为-25 ℃时,4 200 MPa,由于金属空心球的作用,复合材料的刚性较大,抗变形能力强。纯聚氨酯 P6 初始储能模量为-25 ℃时,1 446 MPa,与之相差近 3 倍。随着温度升高,聚氨酯 P6/316L HS 储能模量急剧下降,在-25~65 ℃区间,储能模量从 4 200 MPa 下降到 1 590 MPa,这是由于聚氨酯 P6/316L HS 中的聚氨酯弹性体相对于 316L HS 变形能力受温度影响较大。在 65~90 ℃区间,储能模量从 1 590 MPa 下降到 58 MPa。在 90~140 ℃随之进入平台区。而纯聚氨酯 P6 随温度升高呈平缓下降趋势,在-25~55 ℃区间,储能模量从 1 446 MPa 下降到 890 MPa。在 55~80 ℃储能模量呈线性下降,变化幅度较大从 890 MPa 下降到 44 MPa,然后在 80~140 ℃区间进入平台区。

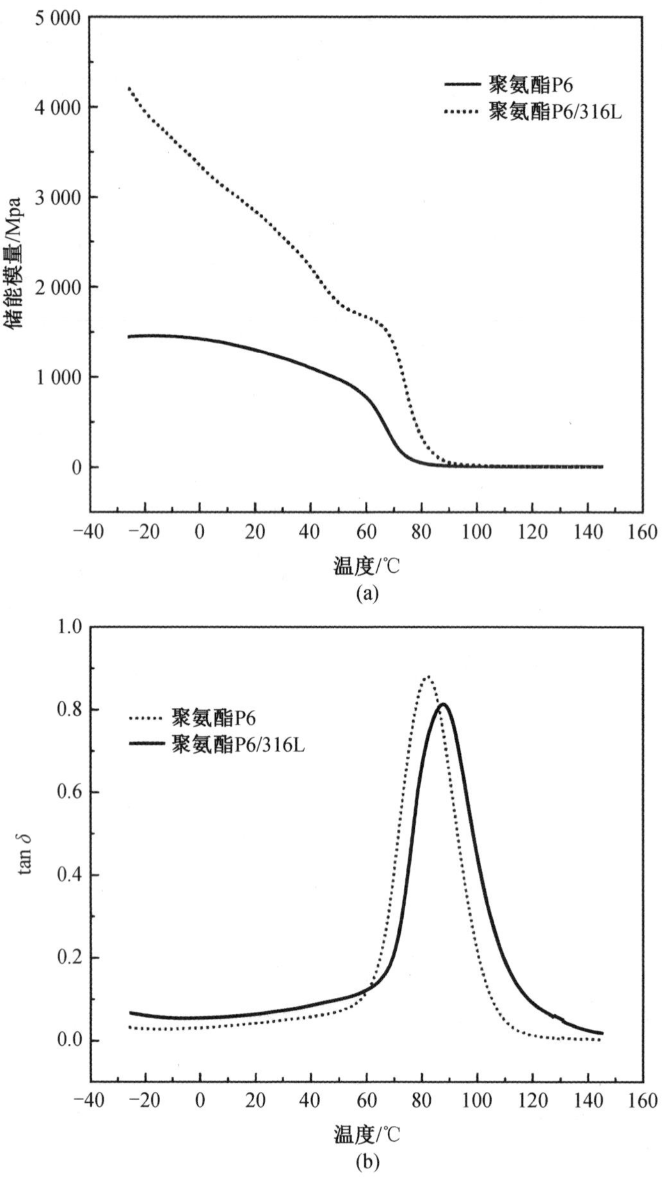

图 7-11　聚氨酯 P6 与 P6/316L DMA 测试

从阻尼损耗因子 tan $\delta-T$ 关系图可以看出纯聚氨酯 P6 的玻璃化转变温度为 88 ℃，损耗因子为 0.81，有效阻尼温域为 67～97 ℃，$\Delta T=30$ ℃，而聚氨酯 P6/316L HS 玻璃化转变温度为 82 ℃，损耗因子为 0.81，有效阻尼温域为 72～105 ℃，$\Delta T=$ 33 ℃。纯聚氨酯 P6 相对于聚氨酯 P6/316L HS 的有效阻尼温度向高温区偏移，玻璃化转变温度相差 6 ℃,损耗因子略有降低,可能由于金属球的加入与聚氨酯形成界面作用,从而改变了聚氨酯分子交联结构及分子链的运动状态而导致。总之,金属空心球的加入对聚氨酯的阻尼性能影响不大。

7.2.5　聚氨酯 P6 的热分解性能测试

聚氨酯 P6 固化物在氮气氛围下,由室温升温至 700 ℃,升温速率为 10 ℃/min,热重曲线如图 7-12 所示。从图中可以看出,样品质量损失随着温度的上升出现了阶梯式的下降 ,并出现 2 个拐点。热分解过程主要分为三个阶段;第一阶段为 109. 30~273. 45 ℃,失重百分比为 26. 68%,峰值分解温度为 206. 88 ℃,此阶段主要是异氰酸酯开始分解挥发所致;第二阶段为 273. 45~444. 77 ℃,整体失重最快最多,失重百分比为 63. 69%,热分解速率最快的峰值温度为 338. 37 ℃。是由于残渣中大量的多元醇开始分解并生成水蒸气、CO、CO_2 等气态物质;第三阶段为 444. 77~480. 43 ℃,失重百分比为 3. 44%,峰值温度为 492. 11 ℃,是由之前剩余的残渣中的碳化物少量氧化所致,最后在 700 ℃下残余率为 6. 19%。通过作图得到聚氨酯 P6 的起始分解温度为 109. 30 ℃,5%失重的分解温度为 151. 36 ℃,10%失重的分解温度为 180. 43 ℃,终止分解温度为 480. 43 ℃。

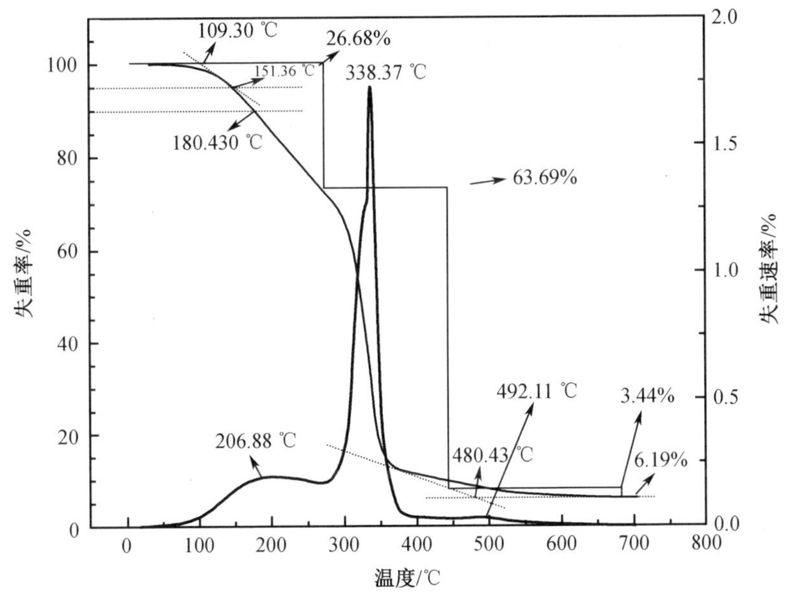

图 7-12　聚氨酯 P6 热重曲线图

7.3 本章小结

本章节通过分子结构设计及固化工艺的控制，制备了不同种类的空心球复合聚氨酯材料，制备一系列的聚氨酯基多层复合材料，通过设计不同的声学结构，主要研究其声学性能，主要结论如下。

7.3.1 HGM 对复合材料性能的影响

(1)在聚氨酯-环氧树脂互穿网络中加入表面改性的空心玻璃微珠，说明空心玻璃微珠的加入要配合其他改性方法及复合多层结构才能获得高阻尼、宽温域的高性能阻尼材料。

(2)通过制备一系列的聚氨酯基多层复合材料，设计不同的声学结构，研究了阻抗梯度变化对声波耗散的物理机制，得到三层均匀吸声层(厚度为 18 mm)的隔声量为 20 dB 加透声层(厚度为 14 mm)的隔声量为 24 dB，实现了以较小的厚度获得较高的吸声降噪效果。

7.3.2 聚氨酯 P6 树脂与 316L 不锈钢空心球(316L HS)

通过浇注法制备了新型聚氨酯/金属空心球复合材料。316L 不锈钢空心球采用 KH550 偶联剂进行了表面处理。制备了纯聚氨酯试样与 PU/316L HS 复合试样，通过动态力学测试以及热分解性能测试。

(1)聚氨酯 P6/316L HS 的初始储能模量相对于纯聚氨酯 P6 初始储能模量高出近 3 倍，随着温度升高聚氨酯 P6/316L HS 储能模量变化较大。

(2)纯聚氨酯 P6 的玻璃化转变温度为 88 ℃，有效阻尼温域为 67～97 ℃，ΔT=30 ℃而聚氨酯 P6/316L HS 玻璃化转变温度为 82 ℃，有效阻尼温域为 72～105 ℃，ΔT=33 ℃。纯聚氨酯 P6 相对于聚氨酯 P6/316L HS 的有效阻尼温度向高温区偏移。

(3)热分解性能测试表明，聚氨酯 P6 的热分解主要分为三个阶段，起始分解温度为 109.30 ℃，在温度区间 273.45 ℃～444.77 ℃，整体失重最快最多，失重百分比为 63.69%，热分解速率最快的峰值温度为 338.37 ℃，终止分解温度为 480.43 ℃，最后在 700 ℃下残余率为 6.19%。

传统的结构材料通常在外力作用下会出现共振现象,这会导致结构的疲劳和损坏。而聚氨酯复合金属空心球的引入,为解决这一问题提供了新的可能性。其独特的结构和复合材料的优势使得其具备出色的阻尼性能。聚氨酯材料本身具有优异的耐久性和抗腐蚀能力,而由金属复合形成的空心球内部充满了气体,使其具备良好的吸能和耗能特性,这使得它在工程领域中具备了更高的应用价值。聚氨酯复合金属空心球作为一种具有潜在优势的材料,为结构振动控制提供了新的可能性。

参考文献

[1] 张晓蕾. 聚氨酯阻尼材料的结构设计及其性能研究[D]. 天津:河北工业大学,2015.

[2] 陈爱国,叶家玮. 船舶表面状况对船舶性能的影响及其应对措施[J]. 船海工程, 2008,37(2):36-39.

[3] 张宗宝. 船底防护涂层动态性能研究[D]. 大连:大连海事大学,2009.

[4] 栾鑫,段继周,陈永伟,等. 两种船用防污涂层实海挂片表面细菌群落多样性分析[J]. 应用于环境生物学报,2013,19(3):471-477.

[5] 赵玉强,许文来. 舰船表面仿生高分子涂料的防污特性研究,2018,8(4):202-201.

[6] 肖稳,周学杰,马启国,等. 表面微结构在防污涂料中的研究进展[J]. 材料保护,2016,49(10):83-89.

[7] 于世长. 低表面能自清洁防污涂层的制备、结构与性能的研究[D]. 青岛:青岛科技大学,2015.

[8] 王健君,钟娅. 环境友好型海洋船舶防污涂料研究进展[J]. 船舶物资与市场,2020 (8):3-4.

[9] 刘宁. 聚氨酯弹性体阻尼性能的研究[D]. 北京:北京化工大学,2013.

[10] 张云,杨松,艾迎春,等. 船舶低表面能防污涂料现状及展望[J]. 全面腐蚀控制,2020,34(7):42-45.

[11] 郭翠红,李昌诚,于良民. 船舶防污涂料现状及发展趋势[J]. 上海涂料,2016,54(2):28-31.

[12] 胥震,欧阳清,易定和. 海洋污损生物防除方法概述及发展趋势[J]. 腐蚀科学与防护技术,2012,24(3):192-198.

[13] 罗爱梅,蔺存国,王利,等. 鲨鱼表皮的微观形貌观察及其防污能力评价[J]. 海洋环境科学,2009,28(6):715-718.

[14] 楼彤,白秀琴,袁成清,等. 船舶表面微结构防污技术研究进展[J]. 表面技术,2019,48(1):102-113.

[15] 赵丹阳,孙鹏翔,王敏杰,等. 鲨鱼皮微沟槽结构复制技术研究[J]. 大连理工

大学学报,2012,52(3):362-366.
[16] 白秀琴,袁成清,严新平.基于表面能协同调控的材料表面防污性能设计[J].船海工程,2016,45(1):55-60.
[17] 谭鸿,张怡,何威,等.新型抗菌防污聚氨酯材料的研究[C].武汉:全国高分子学术论文报告会,2015.
[18] 齐祥昭,鲁文辉,牛长睿.涂料行业 VOC 污染控制政策法规研究[J].中国涂料,2015,30(2):9-13.
[19] 马春风,吴博,徐文涛,等.海洋防污高分子材料的发展[J].高分子通报,2013(9):87-95.
[20] 王运利.无溶剂涂料用超支化聚酯的合成与改性[D].广州:华南理工大学,2013.
[21] 陆刚.聚氨酯涂料现状及发展趋势[J].化学工业,2013,31(1):23-26.
[22] 王云云,杨建军,张建安,等.无溶剂聚氨酯弹性体的制备及其应用[J].涂料技术与文摘,2013,34(5):3-6.
[23] 解来勇,洪飞,刘剑洪,等.海洋防污高分子材料的综合设计和研究[J].高分子学报,2012(11):1-13.
[24] 周英菊,宋刚,齐育红.PEG 含量对聚乙二醇聚氨酯涂层防污性能的影响[J].西部皮革,2017,39(6):26-28.
[25] 吴志静.周期结构的振动行为与隔振性能研究[D].哈尔滨:哈尔滨工业大学,2015.
[26] 闫晓琦,尹朝辉,罗顺,等.聚氨酯阻尼材料的研究进展[J].中国胶粘剂,2018,27(4):46-49.
[27] 张若平,王以鹏.车身地板阻尼材料的优化研究[J].噪声与振动控制,2018,38(S1):254-258.
[28] 文庆珍,刘巨斌,王源升,等.聚氨酯弹性体隔声性能的研究[J].海军工程大学学报,2004,16(1):63-66.
[29] 杨雪,王源升,余红伟.梯度聚氨酯吸声性能的优化[J].武汉理工大学学报,2006,28(10):35-37.
[30] 苟川平,陈尔凡,马驰.无机填料对聚氨酯阻尼材料性能影响的研究进展[J].辽宁化工,2012,41(5):475-477,480.
[31] 郭艳宏,陈蓉蓉,宋川,等.有机杂化聚氨酯/乙烯基树脂材料阻尼性能的研究[J].材料导报,2009,23(12):29-31.
[32] 曹雯,安琪.各向异性周期阵列结构吸声材料优化设计[J].环境科学与技术,

2017,40(S2):269-272.

[33] 王永刚.宽温域高阻尼丁基橡胶材料的研究[D].青岛:青岛科技大学,2010.

[34] 胡开放,刘志琴,潘广勤,等.丁基橡胶的应用研究技术进展[J].广州化工,2010,38(11):53-54.

[35] 蒋洪罡,苏正涛,黄艳华,等.苯基硅橡胶的隔声性能研究[J].有机硅材料,2014,28(2):94-96.

[36] 罗仡科,李广龙,黄磊,等.EPDM/EVA共混隔音材料性能研究[J].特种橡胶制品,2013,34(6):76-78.

[37] 张超.弹性波在周期结构中的传播机理研究[D].重庆:重庆大学,2016.

[38] 罗本彪.一维非线性周期结构和超材料中声波的传播特性的研究[D].南京:南京大学,2018.

[39] 邢俊.基于声子晶体的地铁轨道弹性垫层波阻单元设计研究[D].成都:西南交通大学,2017.

[40] 陈怀军,赵文霞,郝长春.一种具有宽频效应的声学超构材料[J].西北师范大学学报(自然科学版),2015,51(4):26-30.

[41] 田斌.声子晶体声传播特性研究进展及其在船舶行业中的应用[J].青岛科技大学学报(自然科学版),2017,38(4):47-53.

[42] 周旻,耿军军,袁加歆.聚氨酯基复合降噪层与吸声层的设计与性能研究[J].环境科学与技术,2016,39(12):155-157.

[43] 冯梓鑫,韩峰,冯盟,等.约束层阻尼对飞机壁板隔声特性的影响[J].噪声与振动控制,2016,36(3):76-78.

[44] 陈源,田丰,周敬东,等.敷设二维周期块状阻尼结构的薄板声辐射数值计算[J].噪声与振动控制,2014,34(1):92-94.

[45] 朱兴一,钟盛,叶安珂,等.声子晶体禁带特性及局域共振现象的试验研究[J].人工晶体学报,2014,43(11):2852-2859.

[46] 朱帅.周期阻尼三明治层合板声辐射特性研究[D].株洲:湖南工业大学,2014.

[47] 姜燕坡.应用于高速列车的多层阻尼复合材料声学性能研究[D].长春:吉林大学,2013.

[48] 王刚.声子晶体局域共振带隙机理及减振特性研究[D].长沙:国防科学技术大学,2005.

[49] 曾广武,肖伟,程胜远.多组声子晶体复合结构的隔声性能[J].振动与冲击,2007,26(1):80-83.

[50] 郁殿龙. 基于声子晶体理论的梁板类周期结构振动带隙特性研究[D]. 长沙:国防科学技术大学,2006.

[51] 李康,张维杰,晏雄. 粉末丁腈橡胶复合材料吸声隔声性能的研究[J]. 天津纺织科技,2011(1):5-7,12.

[52] 沈礼,吴九汇,陈花玲. 声子晶体结构在汽车制动降噪中的理论研究及应用[J]. 应用力学学报,2010,27(2):293-297.

[53] 郭创奇. 聚氨酯基复合材料的阻尼及水声吸声性能研究[D]. 上海:上海交通大学,2007.

[54] 孟丹. 约束阻尼复合材料的制备及性能研究[D]. 武汉:武汉理工大学,2010.

[55] 刘天赐. 嵌段共聚物基低表面能聚氨酯膜材料的制备及其性能研究[D]. 南京:东南大学,2023.

[56] 张诚,盛江峰,吴鸿飞,等. 聚合物基阻尼材料研究进展[J]. 浙江工业大学,2005,33(1):83-87.

[57] 王勇,周祖福,梅启林,等. 新型高分子阻尼材料的研究[J]. 武汉理工大学学报,2000,22(4):22-24.

[58] 王国全,王秀芬,华幼卿. 聚合物改性[M]. 北京:中国轻工业出版社,2000.

[59] 陈兵勇,马国富,阮学声. 宽温域高阻尼橡胶材料研究进展[J]. 世界橡胶工业,2004(11):33-37,48.

[60] 李永清,朱锡,石勇. 高性能阻尼高聚物体系分子设计研究进展[J]. 化学推进剂与高分子材料,2007(4):17-21.

[61] 文庆珍,朱金华,王源升,等. 高阻尼性能聚氨酯的结构设计与研究[J]. 武汉理工大学学报,2005(3):11,18.

[62] 朱金华,文庆珍,姚树人. 聚氨酯弹性体的相区相容性和阻尼性能研究[J]. 应用化学,2001(5):416-418.

[63] 刘会强. 高阻尼聚氨酯弹性体的研究[D]. 天津:河北工业大学,2009.

[64] 刘立洁,刘明光. 聚氨酯/环氧树脂互穿网络聚合物性能研究[J]. 聚氨酯工业,2017,32(05):63-65.

[65] 胡晓兰,梁国正. 聚氨酯/环氧树脂 IPN 的研究[J]. 化工新型材料,2001,29(8):21-24.

[66] 马伟. 聚氨酯/乙烯基树脂互穿聚合物网络的研究进展[J]. 弹性体,2008,18(1):70-74.

[67] 秦川丽,蔡俊,唐冬雁,等. PU/VER IPN 材料阻尼性能的研究[J]. 2003(7):36-42.

[68] 晏雄,张慧萍,住田雅夫.新型减振高分子复合材料研究[J].高分子材料科学与工程,2001,17(5):86-89.
[69] 马敏.碳纳米管/铌镁锆钛酸铅/环氧树脂基压电阻尼材料的制备及性能研究[D].北京:北京化工大学,2009.
[70] 晏雄,张慧萍,住田雅夫.应用压电陶瓷的减振复合材料研究[J].中国纺织大学学报,2000(2):29-32.
[71] 晏雄,张慧萍,住田雅夫.CPE/DZ/VGCF 复合材料动态粘弹性研究[J].高分子材料科学与工程,2002(3):165-168.
[72] 刘其霞,丁新波,张慧萍,等.有机杂化阻尼材料动态力学性能的影响因素探讨[J].玻璃钢/复合材料,2007(2):54,58.
[73] 吕明哲,李普旺,黄茂芳,等.用动态热机械分析仪研究橡胶的低温动态力学性能[J].中国测试技术,2007,33(3):27-29.
[74] 温维佳,沈平.局域共振的光子、声子功能材料[J].研究快讯,2004,33(2):106.
[75] 赵宏刚,温激鸿,温熙森.局域共振吸声特性的实验与理论分析[J].中国测试技术,2007,33(3):27-29.
[76] 姜恒.多尺度结构功能材料在水下声隐身中的应用基础研究[D].哈尔滨:哈尔滨工程大学,2009.
[77] 中华人民共和国化学工业部.1992 聚氨酯预聚体中异氰酸酯基含量的测定:HG/T 2409—1992[S].北京:中国标准出版社,1992.
[78] 刘晓东.电位滴定法测定聚氨酯中游离-NCO 的含量[J].化学工程师,2002(2):28-29.
[79] 文庆珍,龚沈光,朱金华,等.聚氨酯阻尼材料的结构设计及其动态力学性能的研究[J].海军工程大学学报,2006,18(6):40-44.
[80] 赵小平.浇注型聚氨酯弹性体复合材料的制备及性能研究[D].哈尔滨:哈尔滨工程大学,2008.
[81] 赵学雷.基于噪声控制的中空玻璃微球复合材料制备及其隔声性能的研究[D].上海:上海海洋大学,2022.
[82] YANGL L,NIUY Y,DU S M,et al. Research progress of toughening epoxy resins [J]. Thermosetting resin,2021,36(1):55-60.
[83] PANG V,THOMPSON Z J,JOLY G D,et al. Francis. Adhesion strength of block copolymer toughened epoxy on aluminum[J]. ACS Applied polymer materials, 2020,2(2):464-474.

[84] HENG Z G, ZENG Z, ZHANG B, et al. Enhancing mechanical performance of epoxy thermosets via designing a block copolymer to self-organize into "core-shell" nanostructure[J]. RSC Advances, 2016(6): 77030-77036.

[85] TANG B, KONG M Q, YANG Q, et al. Toward simultaneous toughening and reinforcing of trifunctional epoxies by low loading flexible reactive triblock copolymers[J]. Rsc Advances, 2018, 8(31): 17380-17388.

[86] DU C. Patent Analysis on self-assembly of amphiphilic block copolymer[J]. Henan Science and Technology, 2016(8): 67-70.

[87] SCHACHER F H, RUPARP A, MANNERS I. Functional block copolymers: nanostructured materials with emerging applications [J]. Cheminform, 2012, 51(32): 7898-7921.

[88] ANTONIETTI M, FÖRSTER S. Vesicles and liposomes: a self-assembly principle beyond Lipids[J]. Advanced materials, 2003, 15(16): 1323-1333.

[89] HOLDER S J, SOMMERDIJK N A J, SOMMERDIJK N, et al. New micellar morphologies from amphiphilic block copolymers: disks, toroids and bicontinuous micelles[J]. Polymer chemistry, 2011, 2(5): 1018-1028.

[90] SHRAVANHI T R, KENNETH K C, MCDANIEL C J, et al. Micropttemed sufaces for reduing the risk of Caheter-Asociated urinary tract infection: an in vitro study on the effect of sharklet micropattemed sufaces to inhibit baclerial colonizalion and migration of uropathogenic escherichia COLI[J]. Jourmal of Endourology, 2011, 25(9): 1547-1552.

[91] SULLIVAN T, REGAN F. Marine diatom settlement on microtextured mateials in static field tials[J]. Joumal of Materials Science, 2017, 52(10): 5846-5856.

[92] BAI X Q, XIE G T, FAN H, et al. Study on biomimetic preparation of shell surface microstructure for ship antifouling[J]. Wear, 2013, 306(1): 285-295.

[93] MYAN F W Y, WALKER J, PARAMOR O. The interaction of marine fouling organisms with topography of varied scale and gcometry: a review [J]. Biointerphases, 2013, 8(1): 30-42.

[94] SCARDINO A J, HARVEY E, DE NYS R. Testing attachment point theory: diatom attachment on microtextured poly imide biomimics[J]. Biofouling, 2006, 22(1): 55-60.

[95] SCHILP S, ROSENHAHN A, PETTITT M E, et al. Physicochemical properties of (ethylene glycol) containing self-assembled monolayers relevant for protein and

algal cell resistance[J]. Langmuir,2009,25(17):10077-10082.

[96] YANG H J. XU J B,PISPAS S,et al. Hybrid copolymerization of ε-caprolactoneand methyl methacrylate[J]. Macromolecules. 2012(45):3312-3317.

[97] SCHULTZ M P,BENDICK,J A,HOLM,E R,et al. Economic Impact of Biofouling on a Naval Surface Ship[J]. Biofouling. 2011(27):87-98.

[98] HEO S B,JEON Y S,KIM S I,et al. Bioinspired adhesive coating on PET film for antifouling surface modification[J]. Macromobecular Research,2014,22(2):203-209.

[99] LIU L Y,LIU Q S,ANURADHA S. Polyacrylamide:evaluation of ultralow fouling properties of a traditional material[J] . ACS Symposium Series. 2012(1120),661-676.

[100] CHRISTOPH R,KLAUS K. Environmental chemistry of organosiloxanes[J]. Chemical Reviews,2015,115(1):466-524.

[101] GAO F, ZHANG G, ZHANG Q, et al. Improved antifouling properties of poly(ether sulfone) membrane by incorporating the amphiphilic comb copolymer with mixed poly(ethylene glycol) and poly(dimethylsiloxane) brushes [J]. Industrial & Engineering Chemistry ResearchInd,2015,54(45):8789-8800.

[102] MARLENE L,ANDRE M,CHRISTINE B. Fouling release coatings:a nontoxic alternative to biocidal antifouling coatings[J]. Chemical Reviews,2012,112(8):4347-4390.

[103] MARLENE L,ANDRE M,CHRISTINE B. Well-defined graft copolymers of tert-butyldimethylsily lmethacrylate and poly(dimethysiloxane) macromonomers synthesized by RAFT polymerization[J]. Polymer Chemistry,2013,4(11):3282-3492.

[104] ZHU X Y,GUO S F,DOMINIK J,et al. Multilayers of fluorinated amphiphilic polyions for marine fouling prevention[J]. Langmuir,2014,30(1):288-296.

[105] DETTY M R,CIRIMINNA R,BRIGHT F V,et al. Environmentally benign solgel antifouling and foul-releasing coatings[J]. Accounts of Chemical Research,2014,47(2):678-687.

[106] BELLOTTI N,ROMAGNOLI R. Assessment of zinc salicylate as antifouling product for marine coatings [J]. Industrial & Engineering Chemistry Research,2014,53(38):14559-14564.

[107] GARDNER G C ,O'LEARY M E ,HANSEN S, et al. Neural networks for prediction

of acoustical properties of polyurethane foams[J]. Applied Acoustics,2002,64(2): 229-242.

[108] ABRAMOVICH H, GOVICH D, GRUNWALD A. Damping measurements of laminated composite materials and aluminum using the hysteresis loop method [J]. Progress in Aerospace Sciences,2015(78):8-18.

[109] AUMJAUD P,SMITH C W,EVANS K E. A novel viscoelastic damping treatment for honeycomb sandwich strures [J]. Composite Structures, 2015 (119): 322-332.

[110] LIANG Q,HE Y L,REN Q L,et al. A detailed studyon Phonon transport in thin silicon membranes with phononic crystal nanostructures[J]. Applied Energy, 2018(227):731-741.

[111] JING W Z, LI F M, ZHANG C Z . Vibration band-gap properties of three-dimensional Kagome lattices using the spectral element method[J]. Journal of Sound and Vibration,2015(341):162-173.

[112] WU Z J,LI F M,WANG Y Z . Study on vibration characteristics in periodic plate structures using the spectral element method [J]. Acta Mechanica, 2013, 224(5):1089-1101.

[113] LIU Z,ZHANG X,MAO Y,et al. Locally resonant sonic materials[J]. Science, 2000,289(5485):1734-1736.

[114] XU H,JIN C,ZHOU H,et al. Active noise equalization of vehicle low frequency interior distraction level and its optimization[J]. SAE International Journal of Passenger Cars-Mechanical Systems,2016,12(3):025541.

[115] WANG X P, JIANG P, CHEN T N, et al. Frequency characteristics of defect states in a two-dimensional phononic crystal with slit structure[J]. International Journal of Modern Physics B,2016,32(5):135189.

[116] PIMPALKHARE N,KUMAR G,VADDI Y K,et al. Interior noise reduction in a passenger vehicle through mode modulation of backdoor [J]. SAE Technical Paper,2016-28-0058. doi:10. 427/2016-28-0058.

[117] LUO Q T, TONG L Y. Design and testing for shape control of piezoelectric structures using topology optimization [J]. Engineering Structures, 2015, 97 (15):90-104.

[118] YU D, LIU Y, WANG G, et al. Flexural vibration band gaps in Timoshenko beams with locally resonant structures[J]. Journal of Applied Physics, 2006,

100(12):124901.

[119] OUDICH M,LI Y,ASSOUAR B M,et al. A sonic band gap based on the locally resonant phononic plates with stubs[J]. New Journal of Physics, 2010, 12(8):083049.

[120] HSU J C. Local resonances-induced low-frequency band gaps in two-dimensional phononic crystal slabs with periodic stepped resonators[J]. Journal of Physics D:Applied Physics,2011,44(5):055401.

[121] YU D L,WEN J H,SHEN H J,et al. Propagation of flexural wave in periodic beam on elastic foundations[J]. Physics Letters A,2012,376(4):626-630.

[122] ROMERO G V,SANGHEZ P J V,GARCLA R L M. Tunable wideband bandstop acoustic filter based on two-dimensional multiphysical phenomena periodic systems[J]. Journal of Applied Physics,2011,110(1):014904 (1-8).

[123] LIN K C,LIN C W. Finite deformation of 2-D laminated curved beams with variable curvatures[J]. International Journal of Non-linear Mechanics, 2011(46):1293-1304.

[124] FUNG K H,LI X,HUANG W,et al. Measurement of sound transmission loss properties in single & multi-layered systems-a comparative study between two-room and standing wave Tube techniques[J]. SAE International Journal of Passenger Cars-Mechanical Systems,2011,4(2):1231-1240.

[125] SUN S Y,HSU J C,WU T T. Resonant slow modes in phononic crystal plates with periodic membranes[J]. Applied Physics Letters,2010,97(3):2022.

[126] FRIIS L,OHLRICH M. Coupling of Flexural and longitudinal wave motion in a periodic structure with asymmetrically arranged transverse beams[J]. Journal of the Acoustical Society of America,2005,118(5):3010-3020.

[127] FRINGUELLINO M,GUGLIELMONE C. Progressive impedance method for the classical analysis of acoustic transmission loss in multilayered walls[J]. Applied Acoustics,2000,59(3):275-285.

[128] HO K M,CHENG C K,YANG Z. Broadband locally resonant sonic[J]. Applied Physics Letters,2003,83(26):5566-5568.